4 応用化学シリーズ

化学工学の基礎

柘植秀樹
上ノ山周
佐藤正之
国眼孝雄
佐藤智司
........[著]

朝倉書店

応用化学シリーズ代表

佐々木義典　千葉大学名誉教授

第4巻執筆者

柘植秀樹　慶應義塾大学名誉教授
上ノ山周　横浜国立大学大学院工学研究院機能の創生部門教授
佐藤正之　前群馬大学教授
国眼孝雄　前東京農工大学教授
佐藤智司　千葉大学大学院工学研究科共生応用化学専攻教授

『応用化学シリーズ』

発刊にあたって

　この応用化学シリーズは，大学理工系学部2年・3年次学生を対象に，専門課程の教科書・参考書として企画された．

　教育改革の大綱化を受け，大学の学科再編成が全国規模で行われている．大学独自の方針によって，応用化学科をそのまま存続させている大学もあれば，応用化学科と，たとえば応用物理系学科を合併し，新しく物質工学科として発足させた大学もある．応用化学と応用物理を融合させ境界領域を究明する効果をねらったもので，これからの理工系の流れを象徴するもののようでもある．しかし，応用化学という分野は，学科の名称がどのように変わろうとも，その重要性は変わらないのである．それどころか，新しい特性をもった化合物や材料が創製され，ますます期待される分野になりつつある．

　学生諸君は，それぞれの専攻する分野を究めるために，その土台である学問の本質と，これを基盤に開発された技術ならびにその背景を理解することが肝要である．目まぐるしく変遷する時代ではあるが，どのような場合でも最善をつくし，可能な限り専門を確かなものとし，その上に理工学的センスを身につけることが大切である．

　本シリーズは，このような理念に立脚して編纂，まとめられた．各巻の執筆者は教育経験が豊富で，かつ研究者として第一線で活躍しておられる専門家である．高度な内容をわかりやすく解説し，系統的に把握できるように幾度となく討論を重ね，ここに刊行するに至った．

　本シリーズが専門課程修得の役割を果たし，学生一人ひとりが志を高くもって進まれることを希望するものである．

　本シリーズ刊行に際し，朝倉書店編集部のご尽力に謝意を表する次第である．

　2000年9月

シリーズ代表　佐々木義典

はじめに

われわれが文明社会の中で持続的に快適な生活をしていくためには，これまで築き上げてきた生活や産業に関係する技術を，環境や資源の厳しい条件の下でさらに向上させ，世界に貢献する必要がある．

化学工学(ケミカルエンジニアリング)は化学系企業や化学製品を素材として扱う企業のエンジニアとしてのプロになるためには，必ず習得しておかなければならない必須科目である．米英においては化学系の学生は工学部のケミカルエンジニアか理学部のケミストかの2領域に大別されている．日本では化学系学科が設立された時の歴史的経緯から応用化学系の教育がウエイトを占めているが，これからは応用化学系の学生もきちんと化学工学を履修し，その基礎を習得していることが要求される．

本書は応用化学シリーズ全8巻中の1冊で，応用化学系，工業化学系，物質化学系の大学2，3年生を対象に化学工学の基礎を身につけてほしいと思い編纂されている．化学工学はそのカバーする領域が近年急速に拡大しているが，化学工学の基本となる，化学工学量論，流動，伝熱，分離操作，反応工学について例題を加えて，なるべくわかりやすくをモットーに編集されている．また，演習問題を解くことによって，確実に実力が身につくように考えられている．第1章は柘植，第2章は上ノ山，第3章は佐藤(正)，第4章は国眼，第5章は佐藤(智)が担当した．各章を通して基本的な統一を図るよう多少の調整をしたが，むしろ担当執筆者の個性を消さないようにした．

本書を執筆するにあたっては千葉大学名誉教授の野崎文男先生，朝倉書店編集部の方々に大変お世話になった．ここに，感謝の意を表する次第である．

2000年9月

執筆者を代表して　柘植秀樹

目　　　次

1. 化学工学の基礎 …………………………………………………………… 1
1.1 化学工学の魅力 ……………………………………………………… 1
1.2 化学工学計算の基礎 ………………………………………………… 3
1.2.1 単　　位 …………………………………………………… 3
1.2.2 次元と次元解析 …………………………………………… 4
1.3 物質収支およびエネルギー収支 …………………………………… 6
1.3.1 保　存　則 ………………………………………………… 6
1.3.2 物　質　収　支 …………………………………………… 7
1.3.3 エネルギー収支 …………………………………………… 15
1.4 気体の状態方程式 …………………………………………………… 22
1.4.1 理想気体法則 ……………………………………………… 22
1.4.2 実在気体の状態式 ………………………………………… 22
1.5 相平衡と単位操作 …………………………………………………… 25
1.5.1 純物質の蒸気圧 …………………………………………… 26
1.5.2 理想溶液の法則 …………………………………………… 26
1.5.3 平衡関係と物質収支 ……………………………………… 30

2. 流 体 と 流 動 ……………………………………………………………… 35
2.1 流れの基礎項目 ……………………………………………………… 35
2.1.1 さまざまな流体と粘度 …………………………………… 35
2.1.2 レイノルズ数と流動状態 ………………………………… 37
2.1.3 流線と流管 ………………………………………………… 40
2.1.4 基礎方程式 ………………………………………………… 41
2.1.5 エネルギーの保存則 ……………………………………… 42
2.2 円管内の流れ ………………………………………………………… 46
2.2.1 管　内　層　流 …………………………………………… 46

2.2.2 管内乱流 ……………………………………………………… 47
  2.2.3 管摩擦係数と流体輸送 ………………………………………… 50
  2.2.4 粗面管の場合の流速分布と管摩擦係数 ……………………… 52
  2.2.5 直管部以外での圧力損失 ……………………………………… 53
 2.3 物体まわりの流れ ……………………………………………………… 56
  2.3.1 境界層内の流れ ………………………………………………… 56
  2.3.2 流体中の物体に作用する力 …………………………………… 59
  2.3.3 円柱背後の流れ ………………………………………………… 61
 2.4 流動状態の計測 ………………………………………………………… 62
  2.4.1 流　速　計 ……………………………………………………… 62
  2.4.2 流　量　計 ……………………………………………………… 66
 2.5 流れの可視化 …………………………………………………………… 69
  2.5.1 実験的可視化手法 ……………………………………………… 69
  2.5.2 数値シミュレーション ………………………………………… 71

3. 熱移動（伝熱） …………………………………………………………… 77
 3.1 は じ め に ……………………………………………………………… 77
  3.1.1 伝熱機構の概要と事例 ………………………………………… 77
 3.2 伝　導　伝　熱 ………………………………………………………… 79
  3.2.1 伝導伝熱の基本式 ……………………………………………… 79
  3.2.2 無限平板の定常伝熱 …………………………………………… 80
  3.2.3 中空円筒半径方向の定常伝熱 ………………………………… 83
  3.2.4 中空球半径方向の定常伝熱 …………………………………… 84
  3.2.5 非定常熱移動の考え方 ………………………………………… 84
 3.3 対　流　伝　熱 ………………………………………………………… 86
  3.3.1 ニュートンの冷却の法則 ……………………………………… 86
  3.3.2 強制対流伝熱 …………………………………………………… 86
  3.3.3 自然対流伝熱 …………………………………………………… 90
  3.3.4 水　平　平　板 ………………………………………………… 91
  3.3.5 対流と伝熱の組合せ …………………………………………… 92
 3.4 放　射　伝　熱 ………………………………………………………… 93

3.4.1　完全黒体と灰色体 …………………………………… 93
   3.4.2　電磁波の波長と放射 …………………………………… 94
   3.4.3　放　射　率 ……………………………………………… 95
   3.4.4　固体表面の形状と形態係数 …………………………… 96
 3.5　その他の伝熱 ……………………………………………… 100
   3.5.1　沸　騰　伝　熱 ……………………………………… 100
   3.5.2　凝　縮　伝　熱 ……………………………………… 101
 3.6　熱　交　換　器 …………………………………………… 101
   3.6.1　総括熱伝達係数の定義 ………………………………… 102
   3.6.2　熱交換器の種類 ………………………………………… 102
   3.6.3　対数平均温度差 ………………………………………… 102
 3.7　温度測定方法 ……………………………………………… 104

4.　物　質　分　離 ……………………………………………… 112
 4.1　分離技術序論 ……………………………………………… 112
   4.1.1　分離の原理と分離技術 ………………………………… 112
   4.1.2　分離装置と分離係数 …………………………………… 113
   4.1.3　分離に要するエネルギー ……………………………… 115
 4.2　平衡法による分離技術 …………………………………… 116
   4.2.1　蒸　　　留 ……………………………………………… 116
   4.2.2　ガ　ス　吸　収 ………………………………………… 127
 4.3　速度差分離技術—膜分離法 ……………………………… 138
   4.3.1　膜分離技術 ……………………………………………… 139
   4.3.2　濃度分極と物質移動係数 ……………………………… 140
   4.3.3　阻　止　率 ……………………………………………… 143
   4.3.4　限界流束と溶質排除 …………………………………… 144
   4.3.5　浸　透　圧 ……………………………………………… 145
   4.3.6　膜分離の透過モデル …………………………………… 146
   4.3.7　膜の構造，素材とモジュール ………………………… 147
   4.3.8　膜によるガス混合物の分離 …………………………… 148

5. 反応工学 ……………………………………………………… 154
5.1 均一系反応における反応速度論 ……………………… 154
- 5.1.1 反応速度 ……………………………………………… 154
- 5.1.2 反応速度式 …………………………………………… 155
- 5.1.3 反応速度定数の温度依存性 ………………………… 156
- 5.1.4 反応器の種類と反応流体の流れ形式 ……………… 157
- 5.1.5 微分法による反応速度解析 ………………………… 158
- 5.1.6 積分法による反応速度解析 ………………………… 162
- 5.1.7 複合反応の反応速度解析 …………………………… 168
- 5.1.8 連続流通式反応器に関連する諸量 ………………… 170

5.2 不均一系反応における反応速度論 …………………… 171
- 5.2.1 不均一系反応 ………………………………………… 171
- 5.2.2 気相接触反応 ………………………………………… 172
- 5.2.3 ガス境膜内物質移動抵抗 …………………………… 174
- 5.2.4 吸着平衡 ……………………………………………… 175
- 5.2.5 吸着速度 ……………………………………………… 177
- 5.2.6 ラングミュア-ヒンシェルウッド型触媒反応速度式 … 178
- 5.2.7 反応速度式の積分形 ………………………………… 180
- 5.2.8 固体細孔内拡散と触媒有効係数 …………………… 181
- 5.2.9 気固系反応 …………………………………………… 183

5.3 反応装置・反応操作設計の基本事項 ………………… 187

参 考 文 献 ……………………………………………………… 192
演習問題解答 …………………………………………………… 194
付　　　表 ……………………………………………………… 199
索　　　引 ……………………………………………………… 203

1

化学工学の基礎

本章では化学工学の基礎となる物質収支およびエネルギー収支などの化学工学量論ならびに相平衡論について勉強してみよう.

1.1 化学工学の魅力

化学工学(ケミカルエンジニアリング chemical engineering)って何!「高校

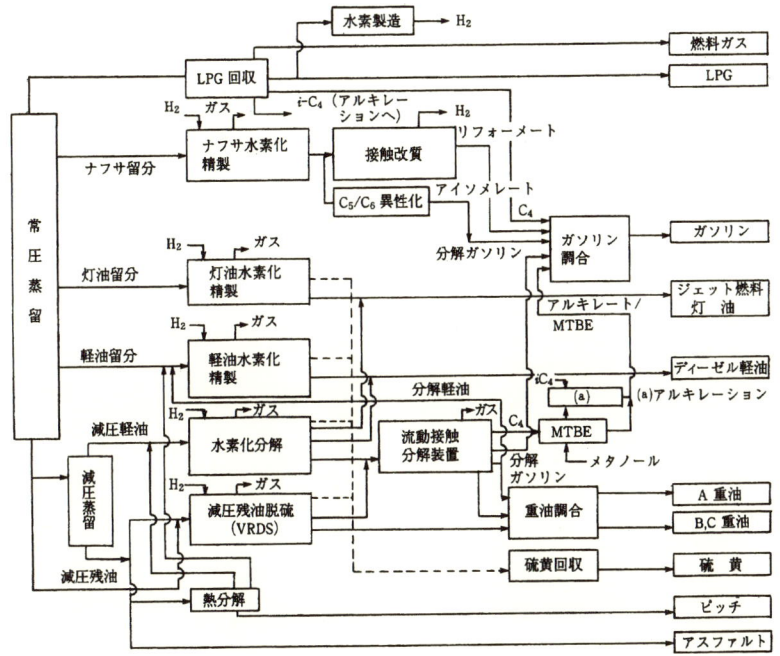

図1.1 石油精製プロセス(「高純度化技術大系」(第3巻), p.859, フジテクノシステム, 1997).

で習わなかったよな」と思う方が多いだろう．しかし，高校の教科書には出てこないが，化学工学は石油化学をはじめとして，あらゆる化学工業の発展の基礎となった工学だ．実験室でのビーカーを使った実験から工業規模の化学装置を設計する場合には化学工学を身につけていないと，化学技術者として，世界的に認めてもらえない．

　図1.1は石油から生産される化学物質の流れ図とプロセスを示したもので，ナフサのうち，特に沸点が30～100℃の軽質ナフサの大部分は石油化学プロセスを経て，身のまわりの家電製品，自動車，プラスチック容器などの原料となっている．図1.2にはこの石油精製プロセスの心臓部である常圧蒸留塔の概略図を示した．図1.3にはその写真を示したが，精製プロセスのなかでもひときわ大きいことがわかる．

　さらに，機能性材料，バイオテクノロジー，メディカルテクノロジーなどの先端技術ならびに地球環境問題も，物質とエネルギーの有効利用を目指した化学工学的な見方からの解決が待ち望まれている．皆さんがこうした化学工学に興味を持ち，本書をマスターし，さらに上級コースへの道を進まれることを期待している．

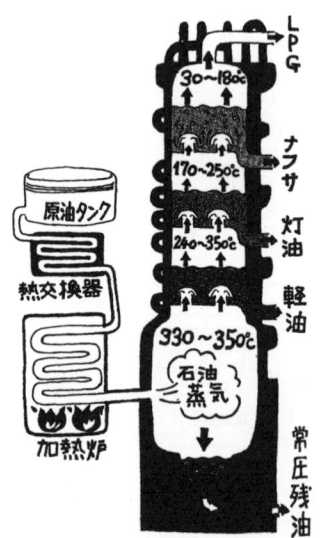

図1.2　常圧蒸留塔の概略図
（提供：日石三菱株式会社）

図1.3　常圧蒸留塔（右）と減圧蒸留塔（左）
（提供：日石三菱株式会社）

┌─── 技術者資格試験 ─────────────────────────────┐

アメリカでは Professional Engineer という技術者資格の制度がある．通常の場合は認定を受けた大学のコースを修了したら，まず Fundamental Engineer (FE) の試験を受ける．合格したら企業などの技術者として4年以上の経験を積み，Professional Engineer (PE) 試験を受け，合格すれば州政府に登録し，正式の PE となり，名刺にも肩書きとして書くことができる．社会的にも責任ある技術者であることが認められ，尊敬される．

さて，この FE 試験 (1996年) の内容を見てみよう．午前中4時間の共通問題，午後4時間の専門問題が試験される．化学に関係した部分を見てみよう．

◆ 共通問題 (120題)
120題の内訳は以下の通り．
化学…9％，計算機…5％，力学…8％，電気回路…10％，経済…4％，倫理…4％，流体力学…7％，材料科学…7％，数学…20％，材料力学…7％，静力学…10％，熱力学…9％　計100％
化学に関連した部分の内容は以下のようになる．
化学：酸塩基，平衡，式，電気化学，無機化学，動力学，金属・非金属，有機化学，酸化・還元，周期律表，物質の状態，溶液，量論関係
材料科学：原子構造，結晶，腐食，拡散，材料，二相図，物性，製造法と試験
熱力学：第1法則，第2法則，有効度-可逆性，サイクル，エネルギー・熱・仕事，理想気体，混合気体，相変化，エンタルピー，エントロピー，自由エネルギー

◆ 専門問題 (60題)（ジャンル：化学）
物質・エネルギー収支…15％，輸送現象…10％，伝熱…10％，物質移動…10％，化学熱力学…10％，反応工学…10％，プロセス制御…5％，プロセス設計・経済評価…10％，プロセス装置設計…5％，プロセスの安全性…5％，計算機・数値解析…5％，汚染防止…5％　計100％

本書と関連した部分は物質・エネルギー収支 (15％)，輸送現象 (10％)，伝熱 (10％)，物質移動 (10％)，反応工学 (10％) となり，午後の化学の専門問題の50％程度となる．日本でも，こうした資格制度の導入が検討されている．本書の内容をきっちり勉強して，将来に備えよう．

└───────────────────────────────────────┘

1.2　化学工学計算の基礎

1.2.1　単　　位

水の4℃での密度は $1.00\,\mathrm{g\,cm^{-3}}$ であるが，密度のような物理量は数値と単位の積で表される．単位を $\mathrm{kg\,m^{-3}}$ に変えると数値も1000と変わる．したがって，

単位を統一して計算する必要がある．現在世界的に普及しているのは国際単位系 (SI unit) で，表のような基本単位と組立単位からできている．本書では SI 単位系を主として用いている．

	物理量	単位の記号	単位の名称	基本単位・組立単位による定義
基本単位	長さ	m	metre	
	質量	kg	kilogramme	
	時間	s	second	
	温度	K	Kelvin	
	物質量	mol	mole	
	電流	A	Ampere	
	光度	cd	candela	
組立単位	力	N	Newton	$kg\ m\ s^{-2} = J\ m^{-1}$
	圧力	Pa	Pascal	$kg\ m^{-1}\ s^{-2} = N\ m^{-2}$
	エネルギー，仕事，熱量	J	Joule	$kg\ m^2\ s^{-2} = N\ m$
	動力，仕事率	W	Watt	$kg\ m^2\ s^{-3} = J\ s^{-1}$

このほかに長さ，質量，時間，温度の 4 つの基本量からなる絶対単位系，質量の代わりに力（重量）を用いた 4 つの基本量からなる重力単位系，さらに質量も力も基本量とした工学単位系も用いられている．

【例題 1.1】 有用な鉱物資源を豊富に含むマンガン団塊があるといわれる海底 5000 m の絶対圧 P_t [kPa] を求めよ．ただし，海水の密度 ρ は $1.01 \times 10^3\ kg\ m^{-3}$ とする．

解． 圧力 P は単位面積に働く力で，液柱の高さ（液高）h，重力加速度 g ($= 9.81\ m\ s^{-2}$) とすると $P = h\rho g = (5000\ m)(1.01 \times 10^3\ kg\ m^{-3})(9.81\ m\ s^{-2}) = 4.95 \times 10^7\ kg\ m^{-1}\ s^{-2} = 4.95 \times 10^7\ N\ m^{-2} = 4.95 \times 10^7\ Pa = 49.5\ MPa$
大気圧 $P_0 = 1\ atm = 0.1013\ MPa$．
したがって，海底の絶対圧（全圧）$P_t = P + P_0 = 49.5 + 0.1013 = 49.6\ MPa$

こうした計算をする際には桁数にも注意が必要である．例えば，水道水の供給に使用される塩ビ管の直径を 100 cm (=1 m) とするのと 1 cm とするのではパイプの値段やパイプを地下に埋める工事費を考えると大きな違いがでてくる．

1.2.2 次元と次元解析

長さ (length)，質量 (mass)，時間 (time) の基本量の次元 (dimension) を L，

M,T で表すと,密度の次元は ML^{-3},圧力の次元は $ML^{-1}T^{-2}$ となる(本当かな.チェックしてみよう).

複雑な現象を理論式で解くことができないときには,次元解析(dimensional analysis)を用い次元的に統一された実験式で整理することが多い.例えば実験式の左辺が速度の次元($=LT^{-1}$)のときは右辺も速度の次元の項でなければならない.この式の両辺を速度の次元で割ると次元のない無次元数(項)となり,これを1つの変数として扱える.代表的な無次元数として管内を流れる流体の状態を示す**レイノルズ数**(Reynolds number) $Re=Du\rho/\mu$ がある.D は管の直径($=$L),u は流体の速度($=LT^{-1}$),ρ は流体の密度($=ML^{-3}$),μ は流体の粘度($=ML^{-1}T^{-1}$)である.Re が無次元数であることを確認しよう.

【例題1.2 次元解析】 液体の表面張力を測定する方法に次の液滴法がある.

① 静止空気中に,ノズルからゆっくりと液滴を生成させたときにできる液滴の体積 V は,ノズルの直径 d,液の密度 ρ,表面張力 σ,重力加速度 g の関数であるとして,次元解析を行え.

② いろいろな系で実験を行い,次の相関式を得た.

$$\frac{V}{d^3}=16.4\left(\frac{d^2\rho g}{\sigma}\right)^{-1.02} \tag{A}$$

いま,$d=5.0$ mm のノズルを用い,液滴の体積を測定したところ,1滴が 0.0280 cm³ であった.液体の密度が 800 kg m⁻³ であるとき,その表面張力 σ [N m⁻¹] を求めよ.

解. 次元解析の原理は「m 個の基本単位を用いて表せる n 個の物理量の関係は,$n-m$ 個の無次元数の関数として表せる」というバッキンガム(Buckingham)の Π(パイ)定理で示される.

① $\quad V=d^a\rho^b\sigma^c g^e \tag{a}$

液滴体積 V が物理量のべき乗の積で表せるとする.式(a)を次元 M,L,T を用い書き直す.

$$L^3=(L)^a\left(\frac{M}{L^3}\right)^b\left(\frac{M}{T^2}\right)^c\left(\frac{L}{T^2}\right)^e \tag{b}$$

両辺の次元が等しくなる必要があるから,次の関係が M,L,T について満足されていなければならない.

$$M:0=b+c \tag{c-1}$$

$$\text{L}：3 = a - 3b + e \tag{c-2}$$

$$\text{T}：0 = -2c - 2e \tag{c-3}$$

基本単位数が3で物理量が5個だから無次元数は $5-3=2$ 個となる．a, b, c を e で表すと，

$$a = 3 + 2e \tag{d-1}$$

$$b = e \tag{d-2}$$

$$c = -e \tag{d-3}$$

となる．これを式(a)に代入し，整理すると

$$\frac{V}{d^3} = \left(\frac{d^2 \rho g}{\sigma}\right)^e \tag{e}$$

したがって2つの無次元数で整理できることがわかる．一般的には両者が関数関係にあるとして次のように書く．

$$\frac{V}{d^3} = \Phi\left(\frac{d^2 \rho g}{\sigma}\right) \tag{f}$$

実験式としては

$$\frac{V}{d^3} = a\left(\frac{d^2 \rho g}{\sigma}\right)^b \tag{g}$$

として，実験的に d, ρ, σ, g を変え，液滴体積 V を測定して，係数 a と指数 b を決定することになる．

② ここでは実験相関式として $a=16.4$，$b=-1.02$ と得られているので，式(A)にSI単位系に統一した数値を代入する．すなわち，$d=5.0\times10^{-3}$ m，$V=0.028\times10^{-6}$ m³，$\rho=800$ kg m^{-3} である．

これより $\sigma=0.225$ N m^{-1} と求まる．

1.3 物質収支およびエネルギー収支

1.3.1 保存則

質量保存則および**エネルギー保存則**（＝熱力学第1法則）をある閉じた系について考えると

$$\boxed{系内の蓄積量} = \boxed{系への入量} - \boxed{系からの出量} + \boxed{系内での生成量} - \boxed{系内での消費量} \tag{1.1}$$

系内での生成や消費がなければ，式(1.1)は簡単に式(1.2)となる．

$$\boxed{系内の蓄積量} = \boxed{系への入量} - \boxed{系からの出量} \tag{1.2}$$

装置内の挙動が時間的に変化しない状態を定常状態(steady state)という．この場合は系内の蓄積量は0なので，式(1.2)は

$$\boxed{系への入量} = \boxed{系からの出量} \tag{1.3}$$

となる．

1.3.2 物質収支

物質収支は質量保存則のことで，英語では **Material Balance** あるいは **Mass Balance** といわれる．化学反応を伴わない物理プロセスと化学反応を伴う化学プロセスについて例をあげて説明しよう．

a. 物理プロセス

n個の成分がプロセスに関係する場合は，各成分についてのn個の物質収支式と1個の物質全量についての収支式がかけるが，数学的に独立な式はn個である．以下の例題でその応用方法を見てみよう．

【例題1.3 蒸発操作】 10 wt％のショ糖水溶液1000 kg h^{-1}を減圧蒸発缶で連続的に蒸発させ，40 wt％の濃縮ショ糖水溶液L [kg h^{-1}]と水蒸気V [kg h^{-1}]を得た．フローシートを図1.4に示す．おのおのの流量LとVを求めよ．

解． このプロセスは水とショ糖の2成分系である．原料ショ糖水溶液流量をW [kg h^{-1}]，ショ糖の組成をa [wt％]，また濃縮ショ糖水溶液の組成をb [wt％]とする．

全量(水とショ糖)についての物質収支より

$$W = L + V \tag{a}$$

溶質(ショ糖)についての物質収支より

$$W\frac{a}{100} = L\frac{b}{100} \tag{b}$$

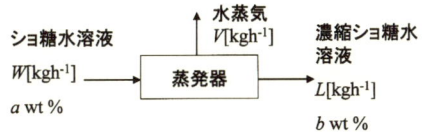

図1.4 蒸発プロセス

これより

$$L = W\left(\frac{a}{b}\right) = 1000\left(\frac{10}{40}\right) = 250 \text{ kg h}^{-1}$$

$$V = W - L = 1000 - 250 = 750 \text{ kg h}^{-1}$$

【例題 1.4 混合操作】 ある水路中を流れる水の流量 W [kg h^{-1}] を知るために a [wt %] の食塩（トレーサー）水溶液を流量 T [kg h^{-1}] で注入し，十分に下流の地点で水中の食塩濃度を測定したら b [wt %] であった（図 1.5）．

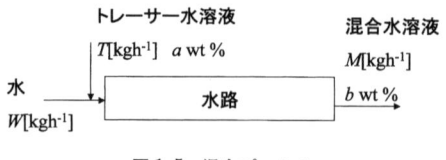

図 1.5 混合プロセス

① 水の流量 W を求める式を導け．
② $a = 10$ wt %，$b = 0.1$ wt %，$T = 50$ kg h^{-1} のとき，水の流量 W [kg h^{-1}] を求めよ．

解． 下流でのトレーサーを含む水の流量を M [kg h^{-1}] とする．
全量についての物質収支より

$$W + T = M \tag{a}$$

トレーサーについての物質収支より

$$T\frac{a}{100} = M\frac{b}{100} \tag{b}$$

これより

$$W = T\left(\frac{a}{b} - 1\right) \tag{c}$$

② を解くために与えられた数値を式 (c) に代入する．

$$W = T\left(\frac{a}{b} - 1\right) = 50\left(\frac{10}{0.1} - 1\right) = 4950 \text{ kg h}^{-1}$$

【例題 1.5 蒸留操作】 ベンゼン（標準沸点 80.1 ℃）-トルエン（標準沸点 110.6 ℃）2 成分系混合溶液を蒸留操作で分離する．混合液の組成は低沸点成分ベンゼンのモル分率 x で表す．図 1.6 に示すように，低沸点成分の組成 x_F なる原料を流量 F [mol h^{-1}] で蒸留塔に送り，蒸留塔の塔頂より組成 x_D なる留出液を D [mol h^{-1}] で，また塔底より組成 x_W なる缶出液を W [mol h^{-1}] で得た．

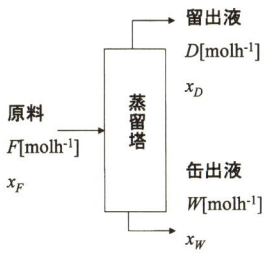

図 1.6 蒸留プロセス

① D と W を求める式を導け．
② $x_F=0.60$, $x_D=0.95$, $x_W=0.05$, $F=100 \text{ mol h}^{-1}$ であるとき D と W を求めよ．

解． ① 全量についての物質収支より
$$F=D+W \tag{a}$$
低沸点成分についての物質収支より
$$Fx_F=Dx_D+Wx_W \tag{b}$$
これより
$$D=F\frac{x_F-x_W}{x_D-x_W} \tag{c}$$
$$W=F\frac{x_D-x_F}{x_D-x_W} \tag{d}$$

② 与えられた数値を式(c)と(a)に代入する．
$$D=100\frac{0.60-0.05}{0.95-0.05}=61.1 \text{ mol h}^{-1}$$
$$W=F-D=100-61.1=38.9 \text{ mol h}^{-1}$$

【例題 1.6 2本の連続精留塔を用いた蒸留操作】 50 mol％のメタノール水溶液を第1精留塔に 100 kmol h^{-1} で供給し，塔頂より 80 mol％のメタノール水溶液を 40 kmol h^{-1} で留出させた．塔底缶出液は，別系統から 30 kmol h^{-1} で送られてくる 30 mol％メタノール水溶液と混合され，第2精留塔へ原料として供給される．第2塔では塔頂より 60 mol％のメタノール水溶液を 30 kmol h^{-1} で留出させる．以下の量を求めよ．

① 第1精留塔の缶出液の流量 [kmol h^{-1}] とメタノール組成 [mol％]
② 第2精留塔に供給される混合原料の流量 [kmol h^{-1}] とメタノール組成

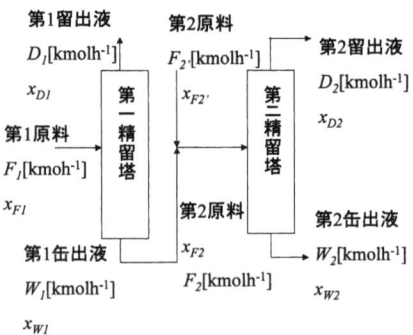

図1.7 2本の連続精留塔による蒸留プロセス

[mol %]

③ 第2精留塔の缶出液の流量 [kmol h^{-1}] とメタノール組成 [mol %]

解． 図1.7のように記号を決める．メタノール水溶液はメタノールと水の2成分系溶液で，メタノールが低沸点成分であるので，xはメタノール組成 [mol分率] を表し，第1塔，第2塔に添字1と2をつける．

第1塔での全物質収支より，第1塔の塔底缶出液量 W_1 は

$$W_1 = F_1 - D_1 = 100 - 40 = 60 \text{ kmol h}^{-1}$$

第1塔でのメタノールの物質収支より，第1塔底缶出液組成 x_{W1} は

$$x_{W1} = \frac{Fx_{F1} - D_1 x_{D1}}{W_1} = \frac{(100)(0.50) - (40)(0.8)}{60} = 0.30 = 30 \text{ mol \%}$$

② 第2塔の原料流量 F_2 は

$$F_2 = W_1 + F_{2'} = 60 + 30 = 90 \text{ kmol h}^{-1}$$

また，x_{W1}，$x_{F2'}$ ともに 30 mol % なので，原料組成は $x_{F2} = 0.30$．

③ 第2塔での全物質収支より，第2塔の塔底缶出液量 W_2 は

$$W_2 = F_2 - D_2 = 90 - 30 = 60 \text{ kmol h}^{-1}$$

第2塔でのメタノールの物質収支より，第2塔底缶出液組成 x_{W2} は

$$x_{W2} = \frac{F_2 x_{F2} - D_2 x_{D2}}{W_2} = \frac{(90)(0.30) - (30)(0.60)}{60} = 0.15 = 15 \text{ mol \%}$$

b. 化学プロセス

化学反応を伴うプロセスでは，物質全量についての物質収支が1個，化学反応に関与しない元素からなる成分の物質収支が m 個，化学反応に関与する元素か

らなる成分の物質収支が n 個書けるが，このうち独立な物質収支式は $m+n$ 個である．以下の例題でその応用方法を見てみよう．

【例題 1.7　燃焼反応】 エタン (C_2H_6) $100\ \mathrm{kmol\ h^{-1}}$ を 50 % の過剰空気率で燃焼器により燃焼させたところ，エタンの全量が燃焼し，燃焼したエタンの 80 % が反応 (A) で CO_2 を，また 20 % が反応 (B) で CO を生成した．このとき，湿り基準で燃焼器出口ガス中の各成分の組成 [mol %] を求めよ．

$$C_2H_6 + 7O_2/2 \longrightarrow 2CO_2 + 3H_2O \tag{A}$$

$$C_2H_6 + 5O_2/2 \longrightarrow 2CO + 3H_2O \tag{B}$$

ただし，過剰空気率の定義は式 (C) で与えられる．

$$\text{過剰空気率 (\%)} = [\text{供給空気量} - \text{理論空気量}] \times \frac{100}{\text{理論空気量}} \tag{C}$$

解． 式 (C) の理論空気量とは，供給されたすべての C, H を

$$C + O_2 \longrightarrow CO_2 \tag{a}$$

$$H_2 + O_2/2 \longrightarrow H_2O \tag{b}$$

の反応により CO_2, H_2O にするのに必要な空気量を示す．

計算基準を問題に示されているエタン $100\ \mathrm{kmol\ h^{-1}}$ とする．

反応 (A) により，エタン $100\ \mathrm{kmol\ h^{-1}}$ を空気中の O_2 で完全燃焼するには $100 \times (7/2) = 350\ \mathrm{kmol\ h^{-1}}$ の理論 O_2 が必要となる．

燃焼反応では空気は N_2 : 79 mol % と O_2 : 21 mol % の混合物と考えるから，理論空気量は $350 \times (100/21) = 1667\ \mathrm{kmol\ h^{-1}}$ となる．

過剰空気率が 50 % であるから式 (C) より供給空気量は $1667 \times (1+0.50) = 2500\ \mathrm{kmol\ h^{-1}}$ となる．

したがって，供給 O_2 量は $2500 \times (21/100) = 525\ \mathrm{kmol\ h^{-1}}$，供給 N_2 量は $2500 \times (79/100) = 1975\ \mathrm{kmol\ h^{-1}}$ となる．

次の物質収支の表で成分，入量（燃焼器入口での流量），燃焼器内での生成量（− は反応で消失，＋ は反応で生成），出量（燃焼器出口での流量）と出口組成を示す．

反応 (A) により $80\ \mathrm{kmol\ h^{-1}}$ の C_2H_6 と $280\ \mathrm{kmol\ h^{-1}}$ の O_2 が消費され，$160\ \mathrm{kmol\ h^{-1}}$ の CO_2 と $240\ \mathrm{kmol\ h^{-1}}$ の H_2O が生成される．また，反応 (B) から $20\ \mathrm{kmol\ h^{-1}}$ の C_2H_6 と $50\ \mathrm{kmol\ h^{-1}}$ の O_2 が消費され，$40\ \mathrm{kmol\ h^{-1}}$ の CO と $60\ \mathrm{kmol\ h^{-1}}$ の H_2O が生成される．入量と生成量より出量が計算される．

成　分	入量 [kmol h⁻¹]	生成量 [kmol h⁻¹]	出量 [kmol h⁻¹]	組成 [mol %]
C_2H_6	100	-100	0	0
O_2	525	$-280-50$	195	7.3
N_2	1975	0	1975	74.0
CO_2	0	160	160	6.0
CO	0	40	40	1.5
H_2O	0	$240+60$	300	11.2
合　計	2600		2670	100.0

湿り基準(wet basis) であるから，反応 (A) と (B) で生じた H_2O を含んだ出量合計 2670 kmol h⁻¹ を基準として各成分の組成を計算する．**乾き基準**(dry basis) の場合には反応 (A) と (B) で生じた H_2O を含まない出量合計 2370 kmol h⁻¹ を基準として各成分の組成を計算すればよい．

化学プロセスの構成は次のように大きく分類できる．

① 直列型プロセス (図 1.8)

精製した原料を反応器に仕込み，反応後生成物を分離装置で製品と副生成物に分離する．

② リサイクルパージ型プロセス (図 1.9)

反応器に原料を仕込み，反応生成物を分離装置で製品と未反応原料，不純物などに分離する．未反応原料を循環原料として反応器に**リサイクル**する．反応で製品になった原料の補給のために**補給原料**(fresh feed) を新たに反応器に供給する．また，不純物がプロセス内に蓄積すると触媒活性が低下するなどの理由で一部を系外に**パージ**(purge・放出) する．

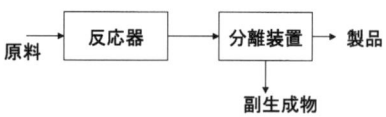

図 1.8　直列型プロセス

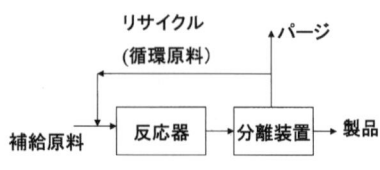

図 1.9　リサイクルパージ型プロセス

物質収支を考える際の手順は次のようになる．
① プロセスのフローシートを書く．
② 物質収支に関与するデータ（例えば組成，流量，圧力，温度）を整理する．
③ 計算の基準を明確にする．例えば，原料 100 kmol h^{-1} を基準とする．
④ 基準に基づいて物質収支式をたてて，解く．この際プロセスの前後で量の変化しない手がかり物質（例えば N_2）に着目する．

【例題 1.8 エタノール製造プロセス】 エチレンを水和してエタノールを製造するプロセスを考える．

$$C_2H_4 + H_2O = C_2H_5OH \tag{A}$$

この反応は触媒反応器を1回通過するだけでは完結せず，水および生成したエタノールを凝縮分離した後，未反応エチレンを循環している．反応器入口のエチレンに対する水のモル比は 0.6 に保たれており，エチレンの1回通過当たりの転化率（単通転化率）は 4.2 % である．次の問に答えよ．

① 本プロセスのフローシートを書け．
② エチレンの循環比（＝循環原料中のエチレンのモル数／補給原料中のエチレンのモル数）を求めよ．
③ 補給原料組成 [mol %] を求めよ．
④ エチレンの総括転化率（＝反応したエチレンのモル数／補給原料中のエチレンのモル数）を求めよ．

解．①プロセスフローシートを図 1.10 に示す．循環原料がエチレン（C_2H_4）で，補給原料がエチレンと水である．

②反応器入口での C_2H_4：100 mol h^{-1} を基準とすると，入口での H_2O 流量は 100 mol h^{-1}×0.6＝60 mol h^{-1} となる．反応器での物質収支表を作成する．

C_2H_4 の単通転化率が 4.2 % であるので入量 100 mol h^{-1} に対し 4.2 mol h^{-1} が消費されることになる．したがって，100−4.2＝95.8 mol h^{-1} がリサイクルされる．すなわち，C_2H_4 の循環比＝95.8/4.2＝22.8．

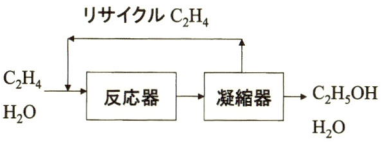

図 1.10 エタノール製造プロセス

成　分	入量 [mol h^{-1}]	生成量 [mol h^{-1}]	出量 [mol h^{-1}]
C_2H_4	100	−4.2	95.8
H_2O	60	−4.2	55.8
C_2H_5OH	0	4.2	4.2

③補給原料組成は次表で示される．

成　分	流量 [mol h^{-1}]	組成 [mol %]
C_2H_4	4.2	6.5
H_2O	60	93.5
合　計	64.2	100

④反応したエチレンのモル数と補給原料中のエチレンのモル数はともに1時間当たり4.2 mol だから総括転化率は $(4.2/4.2) \times 100 = 100$ % となる．

【例題1.9　メタンと塩素の反応】　メタンと塩素から，次の反応により塩化メチル CH_3Cl と二塩化メチレン CH_2Cl_2 が生成する．

$$CH_4 + Cl_2 \longrightarrow CH_3Cl + HCl \tag{A}$$

$$CH_3Cl + Cl_2 \longrightarrow CH_2Cl_2 + HCl \tag{B}$$

図1.11はプロセスの概略を示したものである．b 点におけるメタンと塩素の反応器への供給モル比は5：1で，塩素の1回通過当たりの転化率は100％である．反応器出口での，CH_3Cl と CH_2Cl_2 のモル比は4：1であった．反応器より生成物は冷却器に送られ，CH_3Cl と CH_2Cl_2 は凝縮し，さらに蒸留塔に送られる．また，冷却器を出たガスはガス吸収塔に送られ，HCl は100％吸収される．CH_4 はガスとして再び反応器にリサイクルされる．CH_3Cl を 1000 kg h^{-1} 製造するとして，次の量を求めよ．

①　補給原料の流量 [kmol h^{-1}]
②　CH_4 のリサイクル流量 [kmol h^{-1}]

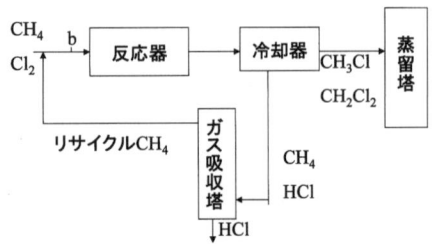

図1.11　メタンと塩素の反応プロセス

解．1 mol の Cl_2 のうち反応 (A) で a [mol]，反応 (B) で $(1-a)$ [mol] が消費されるとする．

$$CH_4 + Cl_2 \longrightarrow CH_3Cl + HCl \tag{A}$$
$$\quad a \qquad a \qquad\qquad a \qquad\quad a$$
$$CH_3Cl + Cl_2 \longrightarrow CH_2Cl_2 + HCl \tag{B}$$
$$1-a \quad 1-a \qquad\quad 1-a \qquad 1-a$$

b 点での CH_4 100 mol h^{-1} を基準にとると，メタンと塩素の供給比が 5:1 であることから，Cl_2 は 20 mol h^{-1} となる．

反応器での物質収支は次表のようになる．

成　分	入量 [mol h^{-1}]	生成量 [mol h^{-1}]	出量 [mol h^{-1}]	$a=5/6$ の時の出量 [mol h^{-1}]
CH_4	100	$-20a$	$100-20a$	83.3
Cl_2	20	-20	0	0
CH_3Cl	0	$20a-20(1-a)$	$20(2a-1)$	13.3
CH_2Cl_2	0	$20(1-a)$	$20(1-a)$	3.3
HCl	0	20	20	20

反応器出口での CH_3Cl と CH_2Cl_2 のモル比が 4:1 であるから $CH_3Cl/CH_2Cl_2 = 20(2a-1)/20(1-a) = 4/1$ より $a = 5/6$

CH_3Cl の分子量は 50.5，したがって，CH_3Cl：1000 kg h^{-1} = 1000/50.5 = 19.8 kmol h^{-1} を製造することになるのだが，本解法では b 点での CH_4 100 mol h^{-1} を基準として解いてきたために，生成する CH_3Cl は表からわかるように 13.3 mol h^{-1} である．そこで比例計算を行うための比率（スケール因子と呼ぶ）を求めると，スケール因子は 19.8 kmol h^{-1}/13.3 mol h^{-1} = 1.49×10^3 [－] となる．

①補給原料は CH_4：$100-83.3 = 16.7$ mol h^{-1}，Cl_2：20 mol h^{-1} だから合計 $16.7 + 20 = 36.7$ mol h^{-1} スケール因子を考慮して $(36.7)(1.49 \times 10^3) = 54.6 \times 10^3$ mol h^{-1} = 54.6 kmol h^{-1}

②リサイクルする CH_4 は表より 83.3 mol h^{-1} だからスケール因子を考えると $83.3 \times (1.49 \times 10^3) = 124 \times 10^3$ mol h^{-1} = 124 kmol h^{-1}

1.3.3　エネルギー収支

熱力学第 1 法則によりエネルギーは保存されるので，エネルギー収支 (energy balance) を書くと次式となる．

> 系内に蓄積されるエネルギー量 = 系への流入物質の有するエネルギー量
> − 系からの流出物質の有するエネルギー量
> ± 系内で発生または吸収されるエネルギー量
> ± 系外から流入または系外へ流出するエネルギー量　　　　(1.4)

a. エネルギー形態

化学工学では **1 kg の物質を基準**にエネルギーを考える．

① 運動エネルギー：流速を u とすると $u^2/2$ [J kg^{-1}]
② 位置エネルギー：Z を基準面からの高さとすると Zg [J kg^{-1}]
③ 内部エネルギー：E [J kg^{-1}]
④ エンタルピー：H [J kg^{-1}] は P を圧力 [Pa]，v を比容 [m^3 kg^{-1}] とすると $H = E + Pv$
⑤ 熱：Q [J kg^{-1}]（熱が系内に流入するとき：＋，熱が系外に流出するとき：−）
⑥ 仕事：W [J kg^{-1}]（系が外部より仕事をしてもらうとき：＋，系が外部に仕事をするとき：−）
⑦ 全エネルギー：U [J kg^{-1}] は内部エネルギー，位置エネルギー，運動エネルギーの和で表される．

$$U = E + Zg + \frac{u^2}{2} \tag{1.5}$$

b. 非流通系のエネルギー収支

系の容積が一定の場合（定容系）：$\Delta E = Q$　　　　(1.6)

内部エネルギー変化は系内外の熱変化と等しい．

系の圧力が一定の場合（定圧系）：$\Delta H = Q$　　　　(1.7)

系のエンタルピー変化と系内外の熱変化と等しい．

c. 定常，流通系のエネルギー収支

定常状態にある流体 1 kg について図 1.12 のように断面 1 と断面 2 の間でエネルギー収支をとると，系内の蓄積エネルギー量は 0 だから，

> 断面1より系内へ流入する物質の有するエネルギー量 ± 断面1と2の間で
> 系外から系内へ流入または流出するエネルギー量（熱，仕事）
> = 断面2より系外へ流出する物質の有するエネルギー量　　　　(1.8)

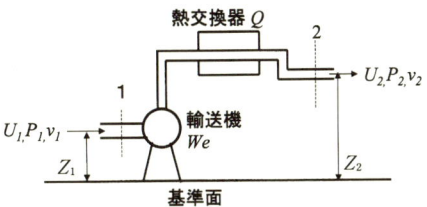

図 1.12 流通系のエネルギー収支

すなわち，エネルギー収支式は次式で表される．

$$Z_1 g + \frac{u_1^2}{2} + P_1 v + E_1 + Q + W = Z_2 g + \frac{u_2^2}{2} + P_2 v + E_2 \tag{1.9}$$

【例題 1.10 パイプ内の流動】 サイホンの原理を利用して，水（密度 $\rho=1000$ kg m^{-3}）を十分に大きい貯水槽 A から 5.1 m 下の水槽 B へ管断面積 5.0 cm^2 のパイプでくみ出している．1.0 m^3 の水をくみ出すのに要する時間 [s] を求めよ．ただし，パイプ内の摩擦損失は無視できるとする．また，貯水槽 A と水槽 B はともに大気圧下で操作されるとする（図 1.13）．

解． 全エネルギー収支は，系内にポンプ，熱交換器がなく，パイプ内の摩擦損失が無視できることから，次式でかける．

$$Z_A g + \frac{u_A^2}{2} + \frac{P_A}{\rho} = Z_B g + \frac{u_B^2}{2} + \frac{P_B}{\rho} \tag{a}$$

貯水槽 A と水槽 B はともに大気圧下で操作されているから，

$$P_A = P_B = 0.1013 \text{ MPa}$$

エネルギー収支を貯水槽 A の水面 ① と水槽 B に入るパイプ出口近傍 ② でとると，貯水槽 A は十分に大きいので $u_A=0$ としてよいから，

$$u_B^2/2 = (Z_A - Z_B) g \tag{b}$$

重力加速度 $g=9.81$ m s^{-2} であるから，

$$u_B = [2(Z_A - Z_B) g]^{0.5} = [2 \times 5.1 \times 9.81]^{0.5} = 10 \text{ m s}^{-1}$$

すなわち，パイプ内の水流量 Q は，パイプの断面積を S とすると

$$Q = u_B S = 10 \times (5 \times 10^{-4}) = 5 \times 10^{-3} \text{ m}^3 \text{ s}^{-1}$$

したがって，1 m^3 の水をくみ出すのに必要な時間は，

$$1 \text{ m}^3 / 5 \times 10^{-3} \text{ m}^3 \text{ s}^{-1} = 200 \text{ s}$$

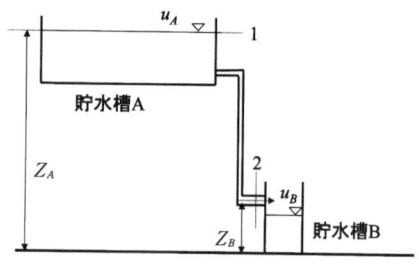

図 1.13　パイプ内の流動

d. 物理プロセスのエンタルピー変化

物理プロセスのエンタルピー変化 ΔH は次式のように温度変化による顕熱変化と相変化による潜熱変化 L の和で表される．

$$\Delta H = \sum \int C_P dT + \sum L \tag{1.10}$$

ここで，1 mol の物質の温度を 1 K だけ上昇させるのに必要な熱量を，モル比熱，分子熱，分子熱容量 [J mol^{-1} K^{-1}] といい，式 (1.10) 中の C_P は定圧モル比熱である．気体の定圧モル比熱は，温度 T [K] の関数として表される．

$$C_P = a + bT + cT^2 + dT^3 \tag{1.11}$$

ただし，a, b, c, d は物質に固有の定数で，化学工学便覧を参照されたい．なお，1 kg の物質を基準に考える時は熱容量 [J kg^{-1} K^{-1}] という．

【例題1.11　水蒸気の加熱】　0.1013 MPa，273.2 K の水 1 mol を 500 K の水蒸気に加熱したい．必要な熱量 [kJ mol^{-1}] を求めよ．

〔データ〕：水の定圧熱容量：$c_{pL} = 4.187$ kJ kg^{-1} K^{-1}
　　　　　水蒸気の定圧熱容量：$c_{pV} = 1.97$ kJ kg^{-1} K^{-1}
　　　　　水の蒸発潜熱 (373.2 K)：$L = 2257$ kJ kg^{-1}

解． 必要な熱量 Q は水 1 kg 当たりで考えると，式 (1.10) より

$$Q = \Delta H = c_{pL}(373.2 - 273.2) + L + c_{pV}(500 - 373.2)$$
$$= (4.187)(100) + 2257 + (1.97)(126.8) = 2.925 \times 10^3 \text{ kJ kg}^{-1}$$

水 1 mol は 18×10^{-3} kg だから

$$Q = (2.925 \times 10^3) \times (18 \times 10^{-3}) = 52.65 \text{ kJ mol}^{-1}$$

e. 化学プロセスのエンタルピー変化

エンタルピー変化を求める際，ヘス (Hess) の法則が用いられる．すなわち，

反応熱はその反応の初めの状態と終わりの状態だけで決まり，途中の経路によらない．したがって，反応器内の反応メカニズムが不明でも反応器入口と出口のエンタルピーの差からエンタルピー収支を計算できる．エンタルピー計算など熱化学においては，1 atm，25 ℃ を標準状態としている．まず，エンタルピー変化の計算に必要な基本データをあげてみよう．

① 標準生成熱 (standard heat of formation)：ΔH_f，標準状態で，物質 1 mol がその元素から生成されるときのエンタルピー変化を示す．なお，1 atm，25 ℃ で安定な集合状態の元素のエンタルピーの値は 0 とする．

② 標準燃焼熱 (standard heat of combustion)：ΔH_c，標準状態で，物質 1 mol が完全燃焼するときに発生する熱量である．

③ 標準反応熱 (standard heat of reaction)：ΔH_R，反応生成物と反応物質の生成熱の差として得られる．

$$\Delta H_R = \sum \Delta H_{f,P} - \sum \Delta H_{f,R} \tag{1.12}$$

ここで，$\Delta H_{f,P}$ は反応生成物 (product) の標準生成熱，$\Delta H_{f,R}$ は反応物質 (reactant) の標準生成熱．

ΔH_R が負であれば発熱反応 (exothermic reaction)，ΔH_R が正であれば吸熱反応 (endothermic reaction) である．

したがって，任意の温度 T [K] におけるある物質 a のエンタルピー ΔH_a は，標準生成熱と，25 ℃ からある状態までのエンタルピーの増加分の和として与えられる．

$$\Delta H_a = \Delta H_f + \Delta H_{298-T} \tag{1.13}$$

化学プロセスのエンタルピー変化を求めることは，**物質収支と熱収支の組み合せ問題を解く**ことにほかならない．手順としてはまず，**物質収支**を計算し，それに基づいて**熱収支**を計算することになる．

【例題 1.12 メタンの水蒸気分解反応】 メタンを水蒸気で接触分解し，

$$CH_4(g) + H_2O(g) \longrightarrow CO(g) + 3H_2(g) \tag{A}$$

なる反応 (A) で H_2 を製造する際には，副反応として次の水性ガス反応 (B) が同時に起こる．

$$CO(g) + H_2O(g) \longrightarrow CO_2(g) + H_2(g) \tag{B}$$

CH_4 1 kmol h^{-1} に対し，H_2O を 2.5 kmol h^{-1} の比率で 300 ℃ で供給し，1000 ℃ で反応器を去る．このとき，CH_4 は完全に分解する．また，出口ガス中には CO

が 15 mol %（湿り基準）含まれていた．
① 反応器出口ガス中の湿り基準の組成 [mol %] を求めよ．
② 本反応では反応器から熱を除去するのか，あるいは加えるのか．
③ CH_4 100 N m³ h⁻¹ 当たりの熱量 [kJ h⁻¹] を求めよ．なお，N m³ は標準状態（0 ℃，1 atm）での体積 [m³] を示す．

〔データ〕

成　分	ΔH_f [kJ mol⁻¹]	$\overline{C}_p$ [kJ mol⁻¹ K⁻¹]	
		25〜300 ℃	25〜1000 ℃
CH_4 (g)	-74.87	0.044	0.061
H_2O (g)	-241.89	0.035	0.039
CO_2 (g)	-393.64	0.042	0.050
CO (g)	-110.53	0.030	0.032
H_2 (g)	—	0.029	0.030

なお，各成分の (g) は気体であることを示している．

解． 基準：CH_4 1 mol h⁻¹ を基準にとる．CH_4 は完全に分解するから，

$$CH_4(g) + H_2O(g) \longrightarrow CO(g) + 3H_2(g) \tag{A}$$

1 mol h⁻¹　　1 mol h⁻¹　　1 mol h⁻¹　3 mol h⁻¹

生成した CO 1 mol h⁻¹ のうち x [mol h⁻¹] が反応 (B) に進むとする．

$$CO(g) + H_2O(g) \longrightarrow CO_2(g) + H_2(g) \tag{B}$$

x [mol h⁻¹]　x [mol h⁻¹]　　　x [mol h⁻¹] x [mol h⁻¹]

物質収支の表を作成する．

成　分	入　量 [mol h⁻¹]	生成量 [mol h⁻¹]	出量① [mol h⁻¹]	出量② [mol h⁻¹]	組　成 [mol %]
CH_4	1	-1	0	0	0
H_2O	2.5	$-(1+x)$	$1.5-x$	1.325	24.1
CO	0	$1-x$	$1-x$	0.825	15.0
CO_2	0	x	x	0.175	3.2
H_2	0	$3+x$	$3+x$	3.175	57.7
合　計	3.5		5.5	5.5	100

題意より $(1-x)/5.5 = 0.15$ したがって $x = 0.175$．この x の値を出量①に入れ計算した結果を出量②に示す．反応器出口ガスの湿り基準の組成は表に示すようになる．

② 反応器入口のエンタルピー：ΔH_1

CH_4：(1) $[-74.87 + (0.044)(300-25)] = -62.77$ kJ h⁻¹

H_2O：$(2.5)[-241.89+(0.035)(300-25)]=-580.66$ kJ h^{-1}

合計：$\Delta H_1 = -643.43$ kJ h^{-1}

反応器出口のエンタルピー：ΔH_2

H_2O：$(1.325)[-241.89+(0.039)(1000-25)]=-270.12$ kJ

CO：$(0.825)[-110.53+(0.032)(1000-25)]=-65.45$ kJ h^{-1}

CO_2：$(0.175)[-393.64+(0.050)(1000-25)]=-60.36$ kJ h^{-1}

H_2：$(3.175)[0+(0.030)(1000-25)]=92.87$ kJ h^{-1}

合計：$\Delta H_2 = -303.06$ kJ h^{-1}

$\Delta H = \Delta H_2 - \Delta H_1 = -(303.06-643.43)$ kJ h^{-1} $=340.4$ kJ h^{-1}

ΔH が正だから吸熱反応である．したがって，熱を反応器に加える．

③ 100 N m^3 h^{-1} = 100/22.4 = 4.46 kmol h^{-1} = 4.46×10^3 mol h^{-1}

② で求めた ΔH は CH_4 1 mol h^{-1} 当たりだから 100 N m^3 h^{-1} については

$\Delta H = (4.46\times10^3)(340.4$ kJ h$^{-1}) = 1.52\times10^6$ kJ h^{-1}

【例題 1.13　断熱型反応器】 断熱型反応器を用い，反応 (A) によりエタノールを脱水素してアセトアルデヒドを製造している．エタノールは反応器に 325 ℃ で供給され，エタノールの転化率は 40 % であるとしたとき，反応器出口での生成物の温度 [℃] を求めよ．

$$C_2H_5OH \longrightarrow CH_3CHO + H_2 \qquad (A)$$

なお，各成分の 25 ℃ での標準生成熱 ΔH_f [kJ mol^{-1}] と平均定圧モル比熱 C_p [kJ mol^{-1} K^{-1}] は次のように与えられる．

成　分	ΔH_f [kJ mol^{-1}]	C_p [kJ mol^{-1} K^{-1}]
C_2H_5OH (g)	−240	0.10
CH_3CHO (g)	−170	0.08
H_2 (g)	0	0.03

解． 物質収支をとる基準として反応器入口でのエタノール 100 mol h^{-1} をとる．エタノールの転化率が 40 % であるから，反応器での物質収支の表が次のように書ける．

物質収支の表と与えられた熱力学データの表より以下の計算を行う．反応器入口ガスのエンタルピーを ΔH_1 とすると，

$$\Delta H_1 = \Delta H_f + C_p \Delta T$$
$$= (100)[-240+(0.1)(325-25)]$$

$= -21000 \text{ kJ h}^{-1}$

成　分	入量 [mol h^{-1}]	生成量 [mol h^{-1}]	出量 [mol h^{-1}]
C$_2$H$_5$OH (g)	100	-40	60
CH$_3$CHO (g)	0	40	40
H$_2$ (g)	0	40	40

反応器出口ガスのエンタルピーを ΔH_2，出口温度を t [℃] とすると，

$$\Delta H_2 = \Sigma \Delta H_f + \Sigma C_p \Delta T$$
$$= (60)[-240+(0.1)(t-25)]+(40)[-170+(0.08)(t-25)]$$
$$\quad +(40)[0+(0.03)(t-25)]$$
$$= -21200+(10.4)(t-25) \text{ kJ h}^{-1}$$

断熱反応器だから反応器入口と出口でのガスのエンタルピーは等しくなければならない．したがって，$\Delta H_1 = \Delta H_2$

すなわち，　　$-21000 = -21200 + 10.4 \times (t-25)$

これを解いて　　$t = 44.2$ ℃

しかし，これでは温度が下がりすぎることになってしまうので，断熱反応器を用いるのが妥当か否かを再検討する必要があることがわかる．

1.4　気体の状態方程式

1.4.1　理想気体法則 (ideal gas law)

基本的な理想気体の状態方程式としてよく知られている．

$$pV = nRT \tag{1.14}$$
$$pv = RT \tag{1.15}$$

ここで，p は気体の圧力，V は体積，v は分子容あるいはモル体積で 1 mol 当たりの体積，T は絶対温度，n はモル数，R は気体定数 (gas constant) で，8.314 J mol^{-1} K^{-1} = 82.06 cm^3 atm mol^{-1} K^{-1} = 1.987 cal mol^{-1} K^{-1} である．

1.4.2　実在気体の状態式

a.　状態方程式を用いる方法

理想気体法則では気体分子自身の体積 b と気体分子相互間に働く引力 a/v^2 を無視している．そこで，1 mol の気体について補正した式 (1.16) をファンデルワールス (van der Waals) の式，a, b をファンデルワールス定数と呼ぶ．

$$\left(p+\frac{a}{v^2}\right)(v-b)=RT \tag{1.16}$$

b. 圧縮因子を用いる方法

実在気体の理想気体からのずれを**圧縮係数** (compressibility factor) z で表すと

$$pV=znRT \tag{1.17}$$
$$pv=zRT \tag{1.18}$$

ここで，z は**対臨界圧** (reduced pressure) $p_r\,(=p/p_c)$，**対臨界温度** (reduced temperature) $T_r(=T/T_c)$ の関数で，p_c と T_c は気体と液体の区別がなくなる**臨界点** (critical point) を示す臨界圧力と臨界温度である．対臨界値が同一ならば，物質によらず z の値は同じという**対応状態原理** (principle of corresponding state) が成立し，図 1.14 の圧縮係数線図がかける．

【例題 1.14 エチレンの分子容】 エチレンの 250 ℃，1000 atm での分子容 v [m³ mol⁻¹] を ① 理想気体法則，② 圧縮係数線図を用いて求めよ．ただし，エチレンの臨界定数は $T_c=283.1$ K，$p_c=50.5$ atm である．

解． ① 理想気体法則 (1.15) より

$$v=\frac{RT}{p}=\frac{8.314\times(250+273.2)}{1000\times(1.013\times10^5)}=4.29\times10^{-5}\ \mathrm{m^3\ mol^{-1}}$$

② 対臨界温度

$$T_r=\frac{T}{T_c}=\frac{523.2}{283.1}=1.848$$

対臨界圧力

$$p_r=\frac{p}{p_c}=\frac{1000}{50.5}=19.80$$

図 1.14 の圧縮係数線図 (b) の高圧範囲より圧縮係数 $z=1.73$ と読み取れる．したがって式 (1.18) より

$$v=\frac{zRT}{p}=\frac{1.73\times8.314\times523.2}{1000\times(1.013\times10^5)}=7.43\times10^{-5}\ \mathrm{m^3\ mol^{-1}}$$

理想気体の場合の 1.73 倍となる．

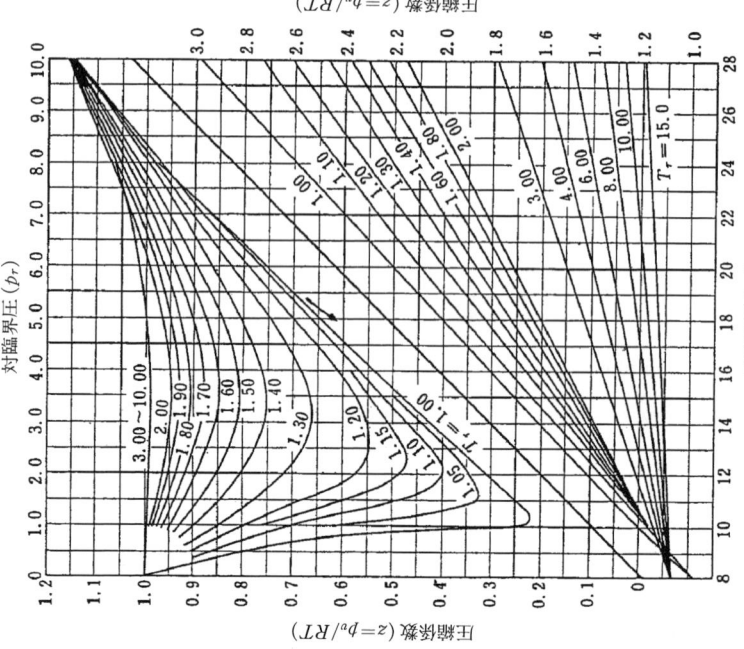

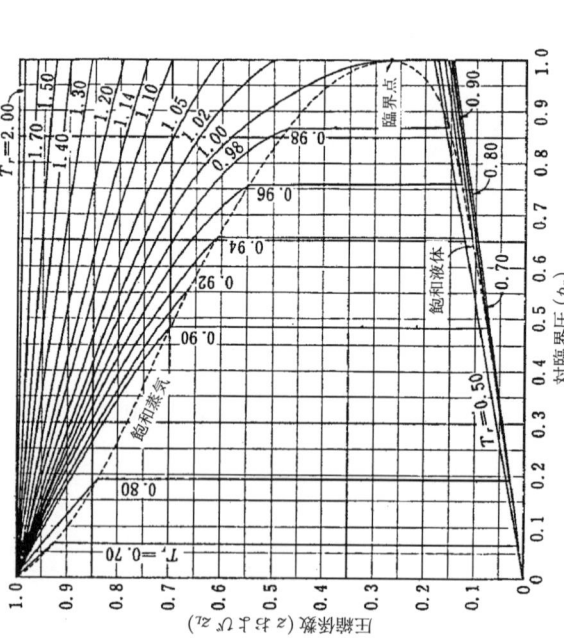

図 1.14 圧縮係数線図〈江口 彌:化学工学量論, 化学同人, 1973 より〉

超臨界流体

液体と気体の区別がなくなる臨界点を超えた温度,圧力に置かれた流体は超臨界流体と呼ばれ,特徴ある性質で注目されている.なかでも,工業的によく用いられているのが CO_2 (臨界温度 31.1 ℃,臨界圧力 72.8 atm) で,図に示すように臨界点近傍で温度,圧力を若干変化させると密度が大きく変化する.密度は分子間距離に対応するから,温度,圧力を操作することにより超臨界 CO_2 を溶媒として用いると,固体や液体の溶解度や拡散係数をコントロールすることができる.最も大規模に行われているのが超臨界 CO_2 を用いたコーヒーや紅茶からのカフェイン抽出プロセスで,現在年間 5 万トンのプラントが稼動中である.

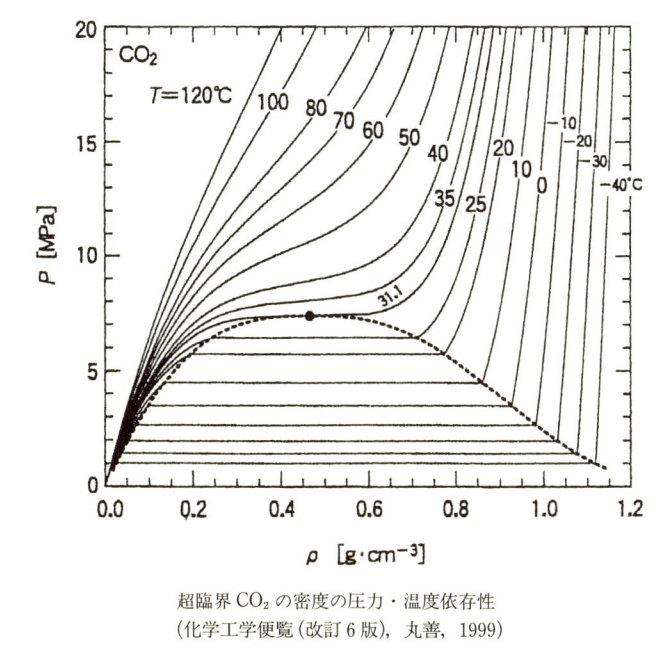

超臨界 CO_2 の密度の圧力・温度依存性
(化学工学便覧(改訂 6 版),丸善,1999)

1.5 相平衡と単位操作

気液系,液液系など異相間の物質移動の速度は他の条件が同じならば,平衡状態からのずれにより決まる.回分操作の場合は所要時間,連続操作の場合は装置の大きさを決定する際に,この物質移動速度が重要となる.相平衡と密接に関連した単位操作の関係は次表のようになる.単位操作とは化学プロセスで物質に組

相平衡の種類	単位操作
蒸気圧	蒸発,蒸留,乾燥,調湿
気体の液体中への溶解	ガス吸収,放散
固体の液体中への溶解	溶解,晶析
吸着平衡	吸着,クロマトグラフ
気液平衡	蒸留
液液平衡	抽出

成,状態,エネルギーなどの変化を与えるための操作法をまとめたものである.

1.5.1 純物質の蒸気圧

温度 T と純物質の蒸気圧 P の関係は次の式で与えられる.

① クラペーロン(Clapeyron)の式

$$\frac{dP}{dT} = \frac{\lambda}{T(v_G - v_L)} \tag{1.19}$$

ここで,λ は T [K] におけるモル蒸発潜熱 [J mol^{-1}],v_G, v_L は気体,液体の分子容 [m^3 mol^{-1}] で,$v_G \gg v_L$,$v_G = RT/P$ (理想気体法則),λ が一定と仮定すると次のクラウジウス-クラペーロン(Clausius-Clapeyron)の式と呼ばれる.

$$\ln \frac{P}{P_0} = \frac{\lambda}{R}\left(\frac{1}{T_0} - \frac{1}{T}\right) \tag{1.20}$$

② アントワン(Antoine)の式

$$\ln P = A - \frac{B}{C + T} \tag{1.21}$$

ここで,T は温度 [K],A, B, C は液体に固有の定数で,化学工学便覧にデータが収録されている.

1.5.2 理想溶液の法則

a. 理想溶液

理想溶液 (ideal solution) は混合しても容積の増減がなく,発熱や吸熱も起こさない溶液のことである.理想溶液の例としては①希薄溶液,②化学的性質が非常に類似している同族列炭化水素(例えばベンゼン-トルエン),同族アルコール(例えばメタノール-エタノール)があげられる.

b. ヘンリーの法則

気体の液体中への溶解度 C は温度が低いほど,気体分圧 p が大きいほど大き

い．一定温度で C が小さい範囲では p と C は比例する．これをヘンリー (Henry) の法則といい，式 (1.22-1～3) で表される．ここで，C は平衡にある溶液中の溶質の濃度 [kmol m^{-3}]，p は平衡にある気相中の溶質の分圧 [Pa]，x は平衡にある溶液中の溶質のモル分率 [—]，y は平衡にある気相中の溶質のモル分率 [—]，ヘンリー定数は H [m^3 Pa mol^{-1}]，K [Pa]，m [—] で表される．ヘンリー定数が小さいほどガスの溶解度は大きい．

$$p = HC \tag{1.22-1}$$

$$p = Kx \tag{1.22-2}$$

$$y = mx \tag{1.22-3}$$

【例題 1.15】 1 atm，20 ℃ で空気中のアンモニア分圧が 19.2 mm Hg のときアンモニアの水への溶解度は 3.3 g NH$_3$/100 g H$_2$O である．

① ヘンリーの法則が成立するとして，ヘンリー定数 H [Pa m^3 mol^{-1}]，K [Pa]，m [—] を求めよ．ただし，溶液の密度は 1.00 g cm^{-3} とする．

② 1 atm，20 ℃ で NH$_3$ 10 mol %，空気 90 mol % の混合気体 1.00 m^3 を 50 kg の水と接触させ，温度，圧力一定のまま平衡に達したとする．このときの NH$_3$ の液相中の濃度 [kmol m^{-3}] と気相中の濃度 [mol %] および，気相の容積 [m^3] を求めよ．ただし，溶液の密度は 1.00 g cm^{-3}，空気は水に不溶とし，水の蒸発はないものとする．

解． ① アンモニアの分子量は 17 だから，溶液中の溶質濃度 C は

$$C = \frac{3.3 \times 10^{-3}/17}{(100+3.3)(10^{-6})} = 1.88 \frac{\text{k mol}}{\text{m}^3 \text{(solution)}}$$

1 atm は水銀柱 760 mm だから

$$p = \frac{19.2}{760} = 2.526 \times 10^{-2} \text{ atm} = (2.526 \times 10^{-2}) \times (1.013 \times 10^5) = 2.56 \times 10^3 \text{ Pa}$$

したがって，

$$H = \frac{p}{C} = \frac{2.56 \times 10^3}{1.88 \times 10^3} = 1.36 \frac{\text{Pa m}^3}{\text{mol}}$$

水の分子量は 18 だから

$$x = \frac{3.3/17}{3.3/17 + 100/18} = 0.0338$$

したがって，

$$K = \frac{p}{x} = \frac{2.56 \times 10^3}{0.0338} = 7.57 \times 10^4 \text{ Pa}$$

$$m = \frac{y}{x} = \frac{2.526 \times 10^{-2}}{0.0338} = 0.747$$

②NH_3 と空気の混合気体のモル数は理想気体法則から

$$n = \frac{pV}{RT} = \frac{(1.013 \times 10^5)(1.00)}{(8.314)(20+273.2)} = 41.56 \text{ mol}$$

混合気体中の NH_3 のモル数は $41.56 \times 0.10 = 4.16$ mol,NH_3 の a [mol] が水に溶けるとすると $y = mx$ より

$$\frac{4.16-a}{41.56-a} = 0.747 \frac{a}{a+(50 \times 10^3)/18} = \frac{0.747\,a}{a+2778}$$

これを解くと $a = 4.12$ mol

気相中の濃度は

$$100y = \frac{4.16-4.12}{41.56-4.12} \times 100 = 0.107 \text{ mol \%}$$

液相中の濃度は

$$C = \frac{4.12}{(50 \times 10^3 + 4.12 \times 17) \times 10^{-3}} = 0.0823 \text{ kmol m}^{-3}$$

気相の容積は

$$V = \frac{nRT}{p} = \frac{(41.56-4.12)(8.314)(293.2)}{1.013 \times 10^5} = 0.901 \text{ m}^3$$

c. ラウールの法則

理想溶液の気液平衡関係はラウール (Raoult) の法則で表せる.

$$p_i = P_i x_i \tag{1.23}$$

すなわち p_i(気相中の成分iの分圧)は,P_i(平衡温度における成分iの蒸気圧)と x_i(液相中の成分iのモル分率)の積で表される.A-B 2成分系についてラウールの法則を適用してみよう.全圧を Π とする.

$$p_A = P_A x_A \tag{1.24-1}$$

$$p_B = P_B x_B = P_B(1-x_A) \tag{1.24-2}$$

$$\Pi = p_A + p_B = P_A x_A + P_B(1-x_A) \tag{1.25}$$

A を低沸点成分とし,x, y を低沸点成分の液相,気相のモル分率とすると,

$$\Pi = P_A x + P_B(1-x) \tag{1.26}$$

$$y = \frac{p_A}{\Pi} = \frac{P_A x}{\Pi} \tag{1.27}$$

したがって，

$$\frac{y}{1-y} = \frac{P_A x}{P_B(1-x)} = \left(\frac{P_A}{P_B}\right)\left(\frac{x}{1-x}\right) = \alpha_{AB}\frac{x}{1-x} \tag{1.28}$$

$\alpha_{AB} = P_A/P_B$ で，相対揮発度あるいは比揮発度(relative volatility)という．

$$y = \frac{\alpha_{AB} x}{1+(\alpha_{AB}-1)x} \tag{1.29}$$

例えばベンゼン-トルエン系では

80.1℃(ベンゼンの標準沸点)では，$\alpha_{AB} = 2.60 = \alpha_0$

110.6℃(トルエンの標準沸点)では，$\alpha_{AB} = 2.36 = \alpha_1$

平均相対揮発度 α_{av} は両沸点での α の相乗平均を用い，式(1.28)，(1.29)の α_{AB} として α_{av} を使用する．

$$\alpha_{av} = \sqrt{\alpha_0 \alpha_1} = \sqrt{(2.60)(2.36)} = 2.48$$

d. 非理想溶液の気液平衡

ラウールの法則に従わない系では，液活量係数(liquid activity coefficient) γ_A, γ_B を用い，理想溶液からのずれを示す．

$$p_A = \gamma_A P_A x_A = \Pi y_A \tag{1.30-1}$$
$$p_B = \gamma_B P_B x_B = \Pi y_B \tag{1.30-2}$$

理想溶液では $\gamma_A = 1$, $\gamma_B = 1$ となる．

$\gamma_A x_A = a_A$, $\gamma_B x_B = a_B$ を A, B 成分の活量(activity)という．この液活量係数 γ_A, γ_B を求めるためにマーギュレス(Margules)の式，ファン・ラール(van Laar)の式，ウイルソン(Wilson)の式，NRTL 式や UNIQUAC 式が用いられている．詳しくは化学工学便覧を参照されたい．

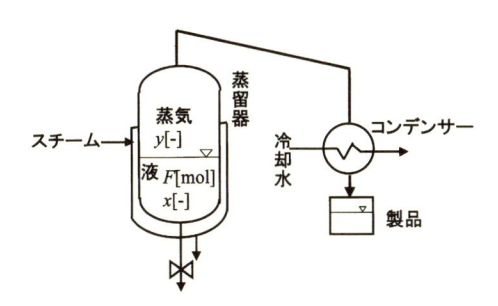

図 1.15 単蒸留装置

1.5.3 平衡関係と物質収支
a. 単 蒸 留

図 1.15 のような 2 成分系の単蒸留を考える．単蒸留 (simple distillation) は操作が簡単で，実験室ではよく利用される．工業的にはウイスキーの蒸留器として用いられている．

いま，ある時刻の蒸留器内の液量を F [mol]，液相中の低沸点成分のモル分率を x [—]，発生蒸気中の低沸点成分のモル分率を y [—] とする．この状態から，さらに dF [mol] だけ蒸気が蒸留器より発生したときの液相と気相の低沸点成分の物質収支より

$$d(Fx) = ydF \tag{1.31-1}$$

$$Fdx + xdF = ydF \tag{1.31-2}$$

$$\frac{dF}{F} = \frac{dx}{y-x} \tag{1.31-3}$$

この関係を最初の状態 (F_0, x_0) から任意の時刻の状態 (F_1, x_1) まで積分すると，**レイリー** (Rayleigh) **の式**が得られる．

$$\ln\frac{F_0}{F_1} = \int_{x_1}^{x_0} \frac{dx}{y-x} \tag{1.32}$$

仕込んだ原料のモル数と蒸留器から留出したモル数の比を留出率 β という．

$$\beta = \frac{F_0 - F_1}{F_0} \tag{1.33}$$

一般的には気液平衡関係から y と x の関係を式 (1.32) に代入し，数値積分あるいは図積分することになる．しかしながら，気液平衡関係がラウールの法則で与えられるとすると式 (1.32) は式 (1.34) となる．

$$\ln\frac{1}{1-\beta} = \ln\frac{F_0}{F_1} = \frac{1}{\alpha_{av}-1}\ln\frac{x_0(1-x_1)}{x_1(1-x_0)} + \ln\frac{1-x_1}{1-x_0} \tag{1.34}$$

したがって，式 (1.34) より x_0，β が与えられれば x_1 が求まる．

留出液の平均組成 x_D は物質収支より次式で得られる．

$$x_D = \frac{x_0 F_0 - x_1 F_1}{F_0 - F_1} = \frac{x_0 - (1-\beta)x_1}{\beta} \tag{1.35}$$

【例題 1.16】 40 mol % のベンゼン-トルエン 2 成分系混合溶液 300 g を蒸留器に入れ，大気圧下で単蒸留した．蒸留器内の残液組成がベンゼン 20 mol % のときの留出液量 [g] と留出液平均組成 [mol %] を求めよ．ただし，平均相対揮

発度は $\alpha_{av}=2.48$ とする．

解．式 (1.34) を用いると

$$\ln\frac{F_0}{F_1}=\frac{1}{\alpha_{av}-1}\ln\frac{x_0(1-x_1)}{x_1(1-x_0)}+\ln\frac{1-x_1}{1-x_0}=\frac{1}{2.48-1}\ln\frac{(0.4)(1-0.2)}{(0.2)(1-0.4)}+\ln\frac{1-0.2}{1-0.4}$$
$$=0.950$$

したがって，

$$\frac{F_0}{F_1}=2.586$$

ベンゼン (C_6H_6) とトルエン (C_7H_8) の分子量は 78 と 92 であるから，

$$F_0=\frac{300}{(0.4)(78)+(0.6)(92)}=\frac{300}{86.4}=3.472 \text{ mol}$$

したがって，

$$F_1=\frac{F_0}{2.586}=\frac{3.472}{2.586}=1.342 \text{ mol}$$

残留液の平均分子量は $0.2\times 78+0.8\times 92=89.2$ であるから，

$$F_1=1.342\times 89.2=119.8 \text{ g}$$

留出液量は

$$F_0-F_1=300-119.8=180.2 \text{ g}$$

留出液の平均組成は式 (1.35) より求まる．

$$x_D=\frac{x_0F_0-x_1F_1}{F_0-F_1}=\frac{0.4\times 3.472-0.2\times 1.342}{3.472-1.342}=0.526$$

b. 平衡フラッシュ蒸留

平衡フラッシュ蒸留 (equilibrium flash vaporization, EFV) は原料を連続的に供給，加熱し，減圧弁から低圧室に噴射（フラッシュ）させ，蒸気と液に分離する操作である．このとき，得られる蒸気と液の組成は平衡である．図 1.16 のように原料を連続的に加熱し，減圧弁からフラッシュ蒸留器に噴射すると，蒸気と液に分離する．このとき，気液の組成は平衡状態にある．この方法は最初は原油の粗い分離に用いられた．

2 成分系の平衡フラッシュ蒸留の全物質収支は

$$F=V+L \tag{1.36}$$

低沸点成分の物質収支

$$Fx_F=Vy+Lx \tag{1.37}$$

以上の式より

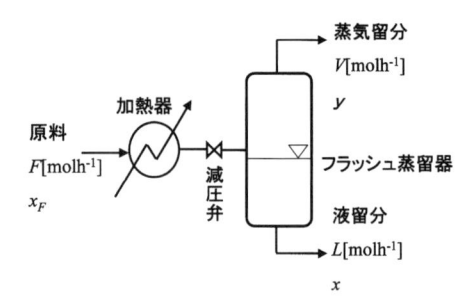

図 1.16 フラッシュ蒸留器

$$y = -\frac{L}{V}(x - x_F) + x_F \tag{1.38}$$

平衡関係 $y = f(x)$ と式 (1.38) の交点より (x, y) が求まる.

【例題 1.17】 n-ヘプタン (C_7H_{16}, 標準沸点 98.4 ℃) 40 mol％ と n-オクタン (C_8H_{18}, 標準沸点 125.6 ℃) 60 mol％ からなる 2 成分系混合液 100 kmol h^{-1} を大気圧下で平衡フラッシュ蒸留し, 平衡状態にある蒸気と液に分離する. 得られる蒸気流量と液流量が等しいとき, 液相留分と気相留分との組成 [mol fraction] を求めよ. なお, 本 2 成分系の平均相対揮発度 α_{av} は 2.20 で, ラウールの法則が適用できるとする.

解. $x_F = 0.40$, $L = V$ だから, 式 (1.38) より

$$y = -\frac{L}{V}(x - x_F) + x_F = -x + 2x_F = -x + 0.8 \tag{A}$$

一方, ラウールの法則より

$$y = \frac{\alpha_{av} x}{1 + (\alpha_{av} - 1)x} = \frac{2.20\,x}{1 + 1.20\,x} \tag{B}$$

式 (A) と (B) を解き, x を求めると, $x = 0.307$, $y = 0.494$.
液相留分と気相留分の組成 [mol fraction] は表のようになる.

成 分	液相組成	気相組成
C_7H_{16}	0.307	0.494
C_8H_{18}	0.693	0.506
合 計	1.000	1.000

【演習問題】

1.1 濃度の換算： モル分率が 0.50 のエタノール水溶液（密度 0.860 g cm^{-3}）を 1000 cm^3 つくるには，95 wt % エタノール水溶液と水を何 g ずつ混ぜればよいか．

1.2 次元解析： 液体中を気泡が上昇する時の速度 u を気泡の直径 d，液体の粘度 μ，液体の密度 ρ，表面張力 σ，重力加速度 g の関数であるとして次元解析を行え．

1.3 燃焼反応： プロパン 100 kmol h^{-1} を 4500 kmol h^{-1} の空気と一緒に燃焼炉に供給し，プロパンを燃焼させる．プロパンは 100 % 反応せず，CO_2，CO と H_2O が生成する．これらのデータから過剰空気率を計算したいができるか．計算できる場合には過剰空気率を求めよ．また，できないとすれば，他にどのようなデータが必要か述べよ．

1.4 反応系の物質収支： 反応 (A), (B) によりブタン，ブテンからブタジエンが製造されている．

$C_4H_{10} \longrightarrow C_4H_8 + H_2$ (A), $C_4H_8 \longrightarrow C_4H_6 + H_2$ (B)

補給原料は純粋なブタンで，リサイクルされたブテンと混合され，加熱炉を経て，反応器に送られる．反応器中では反応 (A) によるブタンの単通転化率は 100 %，反応 (B) によるブテンの単通転化率は 70 % であった．反応器を出たガスは，分離装置でブタジエン，ブテンと水素に完全に分離され，ブテンはすべてリサイクルされる．補給原料ブタン 100 kmol h^{-1} を基準にとり，次の問に答えよ．

① 本プロセスのフローシートを書け．
② 反応器での入量，生成量，出量の物質収支の表を書き，リサイクルされるブテン流量 [kmol h^{-1}] を求めよ．
③ 反応器出口ガスの組成 [mol %] を求めよ．

1.5 エンタルピー計算： 大気圧下で加熱器により 25 ℃ の水から 160 ℃ のスチームを生産している．水 1 kmol 当たり必要なエンタルピー [kJ] を求めよ．また，加熱器に 1.00×10^4 kJ h^{-1} の熱を加えたときのスチーム発生流量 [kg h^{-1}] を求めよ．

〔データ〕 水の 25〜100 ℃ での平均分子熱は $\bar{C}_p = 75.6 \times 10^{-3}$ kJ mol^{-1} K^{-1}，水の 100 ℃ での潜熱は $L = 40.7$ kJ mol^{-1}，水蒸気の分子熱は $C_p = 30.2 \times 10^{-3} + 9.93 \times 10^{-6} T + 1.12 \times 10^{-9} T^2$ [kJ mol^{-1} K^{-1}]．

1.6 エンタルピー収支： エタノールはエチレンの水和反応で製造されている．

C_2H_4 (g) + H_2O (g) = C_2H_5OH (g) (A)

エタノールの一部は副反応によりジエチルエーテルになる．

$2C_2H_5OH$ (g) = $(C_2H_5)_2O$ (g) + H_2O (g) (B)

反応器に供給される原料は 54 mol % の C_2H_4，37 mol % の H_2O と残りは不活性物質（記号は I を用いる）からなり，310 ℃ で供給される．反応器は 310 ℃ の等温で操作され，出口温度も 310 ℃ である．エチレンの反応器 1 回通過当たりの転化率は 5 % で，エタノールの収率（=生成したエタノールのモル数／消費されたエチ

レンのモル数) は 0.9 であった．反応器に供給される原料 100 mol h^{-1} を基準として，以下の問に答えよ．

① 反応器入口と出口での物質収支の表を書け．
② 反応器出口での生成物のエンタルピー ΔH_2 と反応器入口での原料のエンタルピー ΔH_1 との差 ΔH [kJ h^{-1}] を求めよ．
③ このプロセスでは反応器を加熱しているのか，冷却しているのかを示せ．
④ なぜエチレンの転化率を 5 % に抑えているのか．考えられる理由を述べよ．
⑤ 反応器の後にどのようなプロセスが必要になるかを，フローシートを書いて説明せよ．

成 分	ΔH_f [kJ mol^{-1}]	$\overline{C}_p$ [J mol^{-1} K^{-1}] (25〜310 ℃)
C$_2$H$_4$ (g)	52.2	58
H$_2$O (g)	−241.8	34
C$_2$H$_5$OH (g)	−234.8	110
(C$_2$H$_5$)$_2$O (g)	−218.3	165

1.7 *z 因子*： 125 m^3 (0 ℃，1 atm の条件下) の O$_2$ が入っている 1 m^3 の装置内の圧力は 40 atm であった．O$_2$ の臨界圧力は 49.7 atm，臨界温度は 154.4 K であるとして，次の問に答えよ．

(a) 装置内の温度 [K] を求めよ．
(b) この温度を保ったまま O$_2$ を液化するには，どうしたらよいかを述べよ．

1.8 *理想溶液*： ヘキサン 50 mol % とヘプタン 50 mol % からなる混合蒸気 100 mol を 1 atm，85 ℃ の容器に入れたところ気液に分離した．ヘキサン-ヘプタンの混合溶液は理想溶液とみなせるとして，平衡状態における液相と気相の量 [mol]，および気相と液相の各組成 [mol %] を求めよ．

〔データ〕 85 ℃ でのヘキサンの蒸気圧は 1233 mmHg，85 ℃ でのヘプタンの蒸気圧は 503 mmHg．

1.9 *単蒸留*： A 成分 40 mol % からなる A-B 2 成分系混合液 900 g を大気圧下で単蒸留した．留出率 $\beta = 0.4$ のとき留出液中の A 成分の平均組成は $x_D = 0.7$ [mol fraction] であった．この系は理想溶液とみなせるとして，平均比揮発度 α を求めよ．ただし，必要があれば，A および B 成分の分子量は各々 30 および 40 とする．

1.10 *フラッシュ蒸留*： A 成分 (低沸点成分) 40 mol % と B 成分 60 mol % からなる 2 成分系混合液 100 kmol h^{-1} を操作圧力 0.125 MPa で平衡フラッシュ蒸留し，蒸気と液に分離する．このとき得られる蒸気と液の組成は平衡状態にある．蒸気中の成分 A の組成が 60 mol % であるとき，得られる液と蒸気の流量 [kmol h^{-1}] を求めよ．なお，A-B 2 成分系の平均相対揮発度は 2.5 で，ラウールの法則が適用できるとする．

2

流体と流動

　流れは風のそよぎや川のせせらぎから台風や竜巻に見られる大規模なものに至るまで，私達のごく身近に見られる自然現象の1つであり，普段，私達は何気なくこれに接している．しかしながら化学工業の生産ライン上に並ぶ様々な装置内においては，この流動が決定的な役割を果たしているものが少なくない．

　本章では流体と流動の基本的な性質を学ぶことから始めて，これを定量的に表現あるいは計算する方法について述べる．

2.1　流れの基礎項目

2.1.1　さまざまな流体と粘度

　孔子の「川上の嘆」や，方丈記の冒頭の一節を引き合いに出すまでもなく，"流れ"は古来から多くの人々の関心を引きつけてきた．ルネッサンスが生んだ最大の天才 Leonardo da Vinci もその一人であり，彼は川の流れに立てた物体まわりの流れの様子を精緻なスケッチにして残している．

　流体 (fluid) とは気体と液体の総称であるが，その流れやすさあるいは流れにくさ，すなわち流体の内部摩擦に基づく**粘性** (viscosity) について，初めて定量的な記述をしたのは，Newton であった．彼は万有引力を世に知らしめた大著『Principia』の中で次のような仮説を述べている．

　「流体の諸部分の間に滑りやすさが欠けていることによって生じる抵抗は，その他の条件が等しければ，流体の諸部分が互いに引き離されていく速度に比例する．」これは今日**ニュートンの粘性法則** (Newton's law of viscosity) として知られているもので，式に表せば式 (2.1) のようになる．

$$\tau = \mu \frac{du}{dy} (=\mu \dot{\gamma}) \tag{2.1}$$

ここで，τ は**剪断応力** (shear stress) [Pa] と呼ばれ，上記した仮説の"滑りやすさが欠けていることによって生じる抵抗"に相当する．また du/dy は**剪断速度** (shear rate) [s^{-1}] またはずり速度と呼ばれる量を最も単純な場合について表記したものであり，"流体の諸部分が互いに引き離されていく速度"に相当する．すなわち剪断速度とは，ある方向（ここでは x 方向）の流速 u [m s^{-1}] が，それと垂直な方向（ここでは y 方向）に沿ってどのように変化するかという速度の空間勾配を表しており，$\dot{\gamma}$ で表示されることも多い．式 (2.1) はこの τ と $\dot{\gamma}$ が比例関係にあることを示しており，その比例定数 μ が粘度 [Pa s] と定義される．一般に式 (2.1) が成り立ち，μ が剪断速度によらず一定となる流体は，**ニュートン流体** (Newtonian fluid) と呼ばれる．水，油，空気などで高分子ではない流体は，ニュートン流体と考えてよい．ちなみに常温での水の粘度は約 10^{-3} Pa s である．

一方，液体の一部や混相流の中で，μ が一定とならず，$\dot{\gamma}$ や時間 t [s] に依存する流体は**非ニュートン流体** (non-Newtonian fluid) と呼ばれる．同流体の特性を体系的に取り扱う学問は**レオロジー** (rheology) と呼ばれ，Bingham によって 20 世紀前半に創始された．図 2.1 には τ と $\dot{\gamma}$ との関係を模式的に示している．A のように原点を通る直線で表されるのがニュートン流体であり，直線の勾配が粘度となる．一方，B, C は原点は通るが曲線となる流体であり，原点から曲線上のある 1 点に引いた直線の勾配は，**見かけ粘度** (apparent viscosity) あるいは非ニュートン粘度 η [Pa s] と呼ばれる．この η が $\dot{\gamma}$ の増大とともに減少する

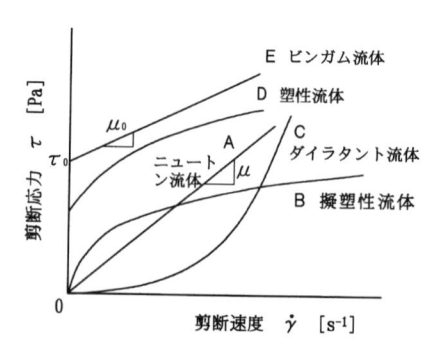

図 2.1　純粘性非ニュートン流体の流動特性曲線

流体Bは，**擬塑性流体**と呼ばれ，高分子水溶液やコロイド溶液に多く見られる．これとは逆に，ηが$\dot{\gamma}$の増大とともに増大する流体Cは**ダイラタント流体**と呼ばれ，微小な固体粒子を多量に含む塗料などの懸濁液に多く見られる．流体AからCまでのレオロジー流動特性は式(2.2)でまとめて表現することができる．

$$\eta = k\dot{\gamma}^{n-1} \tag{2.2}$$

式(2.2)はパラメーターnの値により，$0<n<1$のとき擬塑性流体(B)を，$n=1$のときニュートン流体(A)を，$n>1$のときダイラタント流体(C)をそれぞれ表現することができる．これに対して，原点を通らず剪断速度が0で降伏値をもつ流体は，**塑性流体**(D)と呼ばれており，非沈降性のスラリー，ペイント，粘土などがこれに当たる．降伏値をもち，かつ線形形状となる流体は，狭義には**ビンガム流体**(E)と呼ばれ，降伏応力τ_0[Pa]と塑性粘度μ_0を[Pa s]用いて，そのレオロジーは式(2.3)のように表現される．

$$\tau = \mu_0 \dot{\gamma} + \tau_0 \tag{2.3}$$

以上に述べた流体は，非ニュートン流体の中でも，時間的には変化がないもので，**純粘性流体**(purely viscous fluid)と総称される．これに対して，流体に剪断を与えれば与えるほど，見かけ粘度が変化する流体は**時間依存性流体**と呼ばれる．そのうち，ηが剪断を掛ける時間とともに減少する流体はチクソトロピック流体，逆に増大する流体はレオペクチック流体と呼ばれる．さらに，粘性と弾性の両性質をあわせもつものに**粘弾性流体**(viscoelastic fluid)があるが，やはり時間に関係した因子で表現される．これらの流体には通常のニュートン流体には見られない種々の特異な現象の観察されることが知られている．

このように非ニュートン流体のレオロジー特性は極めて多岐にわたっており，その特性の発現には，液体中に存在する微小固体粒子の流れに対する配向や，固体粒子同士の摩擦，壊砕，凝集あるいは液中への分散，さらには液自体のゾル-ゲル間の相変化など，多くの要因が介在しているものと考えられている．

2.1.2 レイノルズ数と流動状態

筒状の長い管すなわち円管内に水を流すとき，その流速が非常に遅いときには，水はきれいな層を成して流れるが，流速が速くなると，流れは乱れ，やがて大小の渦が入り乱れた様相を呈するようになる．この様子を最初に目に見える形に**可視化**(visualization)したのは，英国のO. Reynoldsであった．彼は流れの

中心に，染料を含む液を注入することにより，このことを実証しただけでなく，管径(管直径) D [m]，平均流速 u [m s^{-1}]，液の動粘度 ν [m^2 s^{-1}]($=\mu/\rho$ ただし ρ [kg m^{-3}] は流体の密度)をいろいろ変えて実験を行った結果，式(2.4)で定義される数値 Re が同じであれば，流れの状態は同じであることを見出した．

$$Re = \frac{uD}{\nu} = \frac{\rho u D}{\mu} \qquad (2.4)$$

Re [—] は彼の名前に因んだ，**レイノルズ数**(Reynolds number)と呼ばれる無次元数であり，2.1.4項で述べる N–S 方程式を無次元化する際に現れる．このレイノルズ数は，慣性力の粘性力に対する比として定義される値である．系の流動状態がレイノルズ数で規定されるという意義は大きく，系のスケールアップを考える際の基幹をなす数値であるとともに，発見者の名前を冠した数多い無次元数のなかでも最も重要なものといえよう．

前述したように，レイノルズ数が小さいときには粘性の影響が流れに対して支配的であるため，流れは秩序だった層状の流れとなり，**層流**(laminar flow)状態と呼ばれる．これに対してレイノルズ数が大きくなると粘性の影響よりも，慣性の効果が卓越してくるようになり，流れは乱れた**乱流**(turbulent flow)状態となる．1つの目安として，Re が 2100 以下では層流，4000 以上では乱流と考えてよく，その中間領域は，層流から乱流への**遷移域**(transition region)と呼ばれる．層流と乱流の境界を1つの値(例えば，2100)で示すこともあり，その値は**臨界レイノルズ数**(critical Reynolds number)Re_c [—] と呼ばれる．われわれが身のまわりで経験する流れは乱流状態である場合が圧倒的に多く，流体が気体である場合には Re が数十万になることも珍しくない．層流となるのはまず高粘度液体の場合である．水のように低粘度の液体では，管径が毛細管のように細い場合，もしくは流速が極めて遅い場合に層流になると考えてよい．

【例題2.1 レイノルズ数】 内径 15 mm の円管内を 20 ℃ の水が 5 m^3 h^{-1} で輸送されている．このときの管内の流れは層流か乱流か判定せよ．

解．$D = 15 \times 10^{-3}$ m，$\rho = 1000$ kg m^{-3}，$\mu = 1 \times 10^{-3}$ Pa s,

$$u = \frac{5}{60^2 \times 3.14 \times (15 \times 10^{-3})^2/4} = 7.86 \text{ m s}^{-1}$$

これらの値を式(2.4)に代入し，レイノルズ数 Re を求めると

$$Re = \frac{1000 \times 7.86 \times 15 \times 10^{-3}}{1 \times 10^{-3}} = 1.18 \times 10^5 > 4000$$

したがって管内の流れは，乱流である．

管路が円管でない場合には，流れの断面の代表径である**相当直径** (equivalent diameter) D_e を次式で計算することにより，Re の値は式 (2.4) をそのまま用いて計算することができる．

$$D_e = 4r_h = \frac{4S}{l_p}$$

ただし，r_h [m] は動水半径と呼ばれるもので，管路の断面積 S (円管の場合，$\pi D^2/4$) を，管路壁面において流体が接する周の長さ (ぬれ辺長) l_p (円管の場合，πD) で除した値として定義される．

この定義に従えば図 2.2 に示す (a) 環状路，(b) 開溝 (流体の上面は壁に接していない)，(c) 濡れ壁の D_e はそれぞれ，

(a)　$D_e = D_o - D_i$

(b)　$D_e = \dfrac{4ab}{2a+b}$

(c)　$D_e = 2(D_1 - D_2)$

となる．

式 (2.4) は最も典型的なレイノルズ数の定義であるが，例えば撹拌槽のような場合には，撹拌翼径基準の**撹拌レイノルズ数** (impeller Reynolds number) Re_d が使われ，n [s^{-1}]，d [m] をそれぞれ翼回転数，翼径とし，翼先端速度に相当する nd [m s^{-1}] を代表線速度にとり，次式により計算される．

$$Re_d = \frac{\rho n d^2}{\mu} \tag{2.5}$$

(a) 環状路　　(b) 開　溝　　(c) 濡れ壁

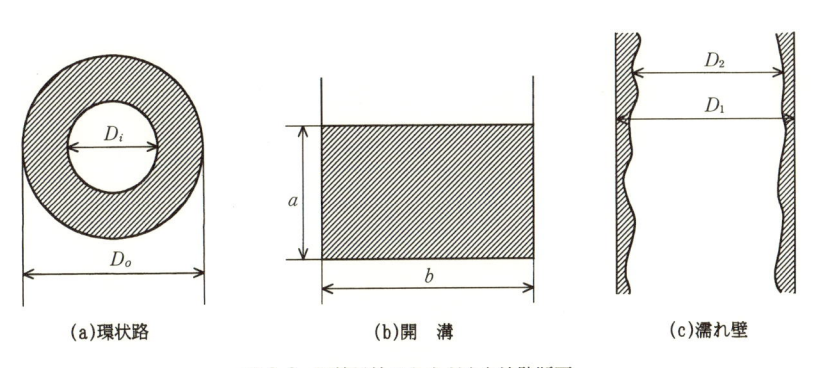

図 2.2　円管以外のさまざまな流路断面

通常 Re_d が100以下では槽内は層流状態と考えてよい．他にも粘性流体中の粒子沈降を問題とするときには，粒子の沈降速度 v [m s^{-1}] と粒子径 d_p [m] ならびに流体の粘度から式(2.6)により計算される**粒子レイノルズ数**(particle Reynolds number) Re_p が使われる．

$$Re_p = \frac{\rho v d_p}{\mu} \tag{2.6}$$

このように系の特徴に応じて，それを的確に表現する代表長さと代表平均流速を選ぶことが重要となる．また流体が前項で述べた非ニュートン流体である場合には，系を代表する見かけ粘度をどのように見積もるかが問題となるが，これについては化学工学便覧(化学工学会編，1999)等を参照されたい．

2.1.3 流線と流管

圧力・流速・流量・密度など，流れに関係する状態を示す変数が，いずれも時間的に変化しない流れ場を**定常流**(steady flow)と呼ぶ．一方，それら変数のうちの1つでも時間的に変化する場は**非定常流**(unsteady flow)と呼ばれる．また密度が時間的ならびに空間的に変化しない流体は，**非圧縮性流体**(incompressible fluid)と呼ばれ，そうでないものは，**圧縮性流体**(compressible fluid)と呼ばれる．液体全般と気体の大半は非圧縮性として取り扱って差し支えないが，例えばエンジン室内の気流や超音速で飛行する機体まわりの流れなどは，圧縮性を考慮しなければならない．

図2.3に示すように，ある時刻における流れ場の速度ベクトルの包絡線を**流線**(stream line)と呼ぶ．逆にいえば，流線上のある点における接線方向は，その点における流速ベクトルの方向に一致している．流線群からなる面を流面と呼び，流面が閉じられて一つの管を形成するとき，これを**流管**(stream tube)と呼ぶ．非圧縮性流体を問題とするときには，流管の任意の断面を通過する流量 Q [m^3 s^{-1}] は一定である．流れ場において密度が流体と同じで大きさが無限小の仮想的な粒子を考え，その軌跡を追いかけたものを**流跡線**(path line)あるいは条痕線と呼ぶ．この場合，粒子は流れ場を可視化する一種のトレーサーとして働いている．このトレーサーを1個の粒子ではなく，流れ場に連続的に注入した場合の軌跡は，**流脈線**(streak line)と呼ばれる．

2.1.2項で紹介したReynoldsの実験は，流脈線を観察していたことになる．

2.1 流れの基礎項目

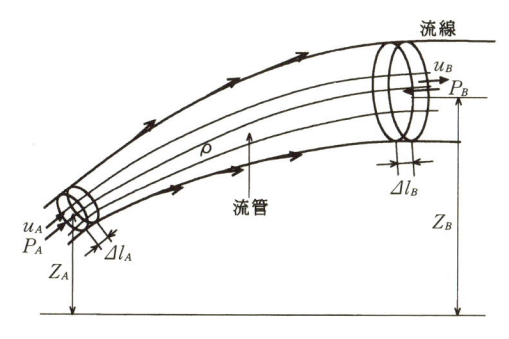

図2.3 流線と流管

流線,流跡線,流脈線の3者は,流れ場が定常状態であるときには一致するが,非定常の場合には,一般に相違する.流線が観測場を固定した**オイラー**(Euler)**的観測**と呼ばれるのに対して,流跡線は観測対象自身が,流動しており,**ラグランジュ**(Lagrange)**的観測**と呼ばれる.

2.1.4 基礎方程式

流れ場を記述する基礎方程式は**連続の式**(equation of continuity)と**運動の式**(equation of motion)の2つであり,前者は流れ場における質量の保存則を,後者は運動量の保存則を表現している.

連続の式はより一般的には,すなわち流体の密度変化を伴う圧縮性流体の場合には,式(2.7)で表される.

$$\frac{\partial \rho}{\partial t} + \frac{\partial \rho u}{\partial x} + \frac{\partial \rho v}{\partial y} + \frac{\partial \rho w}{\partial z} = 0 \tag{2.7}$$

ただし,u, v, w [m s^{-1}] はそれぞれ x, y, z 方向の流速を表す.非圧縮性流体の場合には ρ が時間的,空間的に変化しない,すなわち

$$\frac{\partial \rho}{\partial t} = \frac{\partial \rho}{\partial x} = \frac{\partial \rho}{\partial y} = \frac{\partial \rho}{\partial z} = 0$$

であることから,その連続の式は,式(2.8)のように簡単となる.

$$\frac{\partial u}{\partial x} + \frac{\partial v}{\partial y} + \frac{\partial w}{\partial z} = \nabla \cdot \boldsymbol{v} = \mathrm{div}\,\boldsymbol{v} = 0 \tag{2.8}$$

ただし,$\boldsymbol{v} = (u, v, w)$,$\nabla = (\partial/\partial x, \partial/\partial y, \partial/\partial z)$ であり,$\boldsymbol{v}$ は3次元速度ベクトル,∇ は微分ベクトル演算子,ナブラと呼ばれる.

一方,流れの運動方程式は,非圧縮性のニュートン流体すなわち ρ, μ ともに

一定の場合について，記述すると式(2.9)のようになる．

$$\rho\frac{\partial \boldsymbol{v}}{\partial t}+\rho(\boldsymbol{v}\cdot\nabla)\boldsymbol{v}=-\nabla p+\mu\nabla^2\boldsymbol{v}+\rho\boldsymbol{g} \tag{2.9}$$

左辺第1,2項がそれぞれ時間変化項，対流項を，右辺第1,2,3項がそれぞれ圧力項，粘性項，重力項を表している．

式(2.9)は，19世紀の初頭，Navierによって導かれたもので，**ナヴィエ-ストークスの式**(Navier-Stokes equation)あるいはN-S式と呼ばれる．流動状態は，これらの2式を連立して解く，すなわち連続の式を拘束条件として，運動の式を解くことによって完全に記述される．しかし，後者は，式(2.9)からもわかるように，その対流項が非線形性を示すため，円管内あるいは同心二重円筒槽内の流れのように対称性が高く，境界条件がごく単純な系でしか，これを解析的に解くことはできない．このためN-S式は，1世紀以上にわたってほとんど手つかずの状態にあった．この状況を一変させたのは近年のコンピューター利用技術のハード，ソフト両面からの長足の進歩であり，同式を数値的に解くことにより，化学装置内の流動状態がかなりの部分，解析できるようになってきた．これについては2.5.2項で触れる．

2.1.5　エネルギーの保存則

図2.3に示した流管において，任意の2つの断面A,Bを考える．この流管内を非圧縮性流体が定常状態で流れているとき，粘性による影響がないとすれば，各断面での単位体積当たりの力学的エネルギーは$(\rho u^2/2+\rho gZ)$である．ただし，u, Zはそれぞれ断面での流速，高さ方向の位置座標とする．微小時間後，断面がΔlだけ移動したとするとき，断面積をSとすれば，この微小体積における力学的エネルギーは，$(\rho u^2/2+\rho gZ)S\Delta l$である．いま粘性の影響は無視しているため，断面BとAとで，同エネルギーに差があるならば，その差は流体が圧力Pによってなされた仕事$PS\Delta l$に等しいはずである．すなわち式(2.10)が成り立つ．

$$\left\{\left(\frac{\rho u^2}{2}+\rho gZ\right)S\Delta l\right\}_{B面}-\left\{\left(\frac{\rho u^2}{2}+\rho gZ\right)S\Delta l\right\}_{A面}=(PS\Delta l)_{A面}-(PS\Delta l)_{B面} \tag{2.10}$$

A面，B面における変数であることを単に下付の添え字$_{A,B}$で示すと，

$$\left(\frac{\rho u_A^2}{2}+\rho g Z_A+P_A\right)S_A \Delta l_A = \left(\frac{\rho u_B^2}{2}+\rho g Z_B+P_B\right)S_B \Delta l_B$$

となる．ここで流体は非圧縮性，すなわち縮まないものと仮定しているので，$S_A \Delta l_A = S_B \Delta l_B$ であることから結局，次式が成立する．

$$\frac{\rho u_A^2}{2}+\rho g Z_A+P_A = \frac{\rho u_B^2}{2}+\rho g Z_B+P_B \tag{2.11}$$

式 (2.11) は，**ベルヌーイ式** (Bernoulli equation) と呼ばれ，流体力学上の最も基礎となるものである．同式は，非圧縮性だけでなく，粘性の影響を無視した**完全流体** (perfect fluid) であることを前提としているため，実際の流体に適用する際には，補正を行うなどの注意が必要となる．式 (2.11) の両辺を ρ で除すと，各項は流体がもつ単位質量当たりのエネルギーの単位となり，**頭**またはヘッド (head) [J kg^{-1}] と呼ばれる．

$$\frac{u_A^2}{2}+gZ_A+\frac{P_A}{\rho} = \frac{u_B^2}{2}+gZ_B+\frac{P_B}{\rho} \tag{2.12}$$

すなわち順に，速度頭，位置頭，圧力頭と呼ばれる．

【例題 2.2　ベルヌーイの定理】　飛行機の主翼の断面は，図 2.4 に示すように，上面側が下面側に比べ，長くなっている．ある時刻に主翼の前縁に達した気流は，翼の上下面に分かれそれぞれ翼面に沿って流れた後，翼の後縁からそれぞれ流出するが，翼上面に沿って流れる大気の方が，翼下面に沿って流れる大気よりも，その流速は速いことが実験的に確認されている．これにより翼が飛行中，揚力を受けることをベルヌーイの定理を用いて簡単に説明せよ．

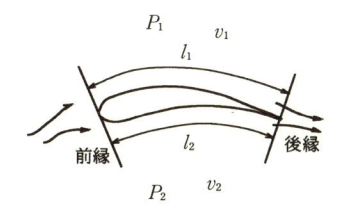

図 2.4　主翼断面図

解．翼上面，下面側をそれぞれ下付添え字 1, 2 で表し，流速を v，圧力を P とすると，

題意より $v_1 - v_2 > 0$

今,上下面の位置高さは同じであるとして,ベルヌーイの定理,式(2.11)を用いて,翼上下面の圧力の大小を比較すると,

$$P_1 - P_2 = \rho \frac{v_2^2 - v_1^2}{2} < 0 \quad (\because v_1 > v_2)$$

である.下面側の圧力の方が,上面側のそれよりも大きくなるので,翼は下から上向きに揚力を受けることになる.

式(2.11),(2.12)は,機械的エネルギーのバランスのみを考慮し,粘性に基づく摩擦などによるエネルギーを考慮していない.これは熱エネルギーに形を変えて,失われることになる.実際に流体をある点Aから他の点Bに輸送するときには,ポンプやブロワーなどの輸送機を用いて動力 W [J kg^{-1}] を供給し,この損失分 F [J kg^{-1}] をカバーすることが必要となる.ここで,F は頭換算したエネルギーで,**損失頭**と呼ばれる.W, F を組み入れたバランス式は式(2.13)のようになる.

$$\frac{u_A^2}{2} + gZ_A + \frac{P_A}{\rho} + W = \frac{u_B^2}{2} + gZ_B + \frac{P_B}{\rho} + F \tag{2.13}$$

式(2.13)は,流体の温度変化が無視でき,式(1.9)において,熱エネルギーでの損失は別として系外との積極的な熱交換を行わない場合に相当する.

【例題2.3 エネルギー保存則】 密度 $\rho = 1025$ kg m^{-3} の海水を,ポンプで昇圧し $Q = 0.14$ m^3 s^{-1} の流量で輸送している.ポンプ入口の管内径は 0.20 m,出口の管内径は 0.13 m である.出口は入口より 1.8 m 上方にあり,入口のマノメーターの読みは -190 mm Hg,出口のそれは 420 mm Hg であった.また損失頭は 68.6 J kg^{-1} であった.入口,出口の温度は同一であるとし,ポンプの効率 $\eta = 80\%$ とするとき,ポンプの所要動力 W_p [kW] はいくらか.

ただし 1 mm Hg = 133.3 Pa である.

解. 式(2.13)より,

$$W = \frac{u_B^2 - u_A^2}{2} + g(Z_B - Z_A) + \frac{P_B - P_A}{\rho} + F$$

$$u_A = \frac{0.14}{3.14 \times 0.20^2/4} = 4.458 \text{ m s}^{-1}$$

2.1 流れの基礎項目   45

> **単位系あれこれ**
>
> 　本書では単位として，第1章に述べたとおり，長さ，質量，時間，温度などを基本量とした**国際単位系**(Le Systeme International d'Unites；SI) を使用しており，これらの基本量を組み合わせた組立単位，例えば力にはニュートン (newton) [N] ($=$[kg m s^{-2}])，圧力にはパスカル (pascal) [Pa] ($=$[N m^{-2}]) などを用いている．
>
> 　これに対して，力 (重力) を基本量の一つとする重力単位系 (LFT) や工学単位系 (LMFT) があり，力は [Kg] あるいは [kgf] などと表記される．これらを用いる場合には，**重力換算係数** (gravitational conversion factor) g_c [kg m Kg^{-1} s^{-2}] を用いて計算を行わねばならないという煩わしさがあるが，1 Kg cm^{-2} が約1気圧に等しいことから，現在も慣用的にこれらの単位系が使われている．
>
> 　このほかに英国式の [ft] や [lb] などを用いるヤード・ポンド法 (1 yd$=$3 ft) が，ひと頃は化学工学でも多用されていた．これは，人体の各部に因んだ単位系といわれている．アメリカンフットボールやゴルフなどは，このヤードを基準とした競技である．このほかにも飛行距離を示すさいのマイルや，ガソリンの販売単位としてのガロンなどもヤード・ポンド法の単位の1つであり，現在も広く使われている．
>
> 　日本にもわが国固有の尺貫法なる単位系があった．和裁の分野では，鯨のひげで作られた1尺2寸5分の長さの鯨尺なるものが使われていた．ヤード・ポンド法も尺貫法も過去のものとなりつつあるが，それぞれの国の文化を色濃く反映したものといえよう．

$$u_B = \frac{0.14}{3.14 \times 0.13^2/4} = 10.55 \text{ m s}^{-1}$$

$$\therefore W = \frac{10.55^2 - 4.458^2}{2} + 9.80 \times 1.8 + \frac{\{420-(-190)\} \times 133.3}{1025} + 68.6$$

$$= 211.3 \text{ J kg}^{-1}$$

よってポンプを用いて海水に加えるべき単位時間当たりの仕事 W_p [kW] は，

$$W_p = \frac{W}{\eta} \rho Q$$

$$= \frac{211.3}{0.80} \times 1025 \times 0.14$$

$$= 37900 \text{ W} = 37.9 \text{ kW}$$

2.2 円管内の流れ

2.2.1 管内層流

断面が一様な円管内に,流体が完全に満ちた状態で流れる場合の流速分布や圧力損失について考えよう.まず層流の場合について見ることにしよう.

図2.5に示すように,半径 R の管が水平に置かれており,その中心線を z 軸とする.いま管内に半径 r [m],長さ L [m] の仮想的な円管を考え,同円管まわりの力のバランスを考える.上流側の端面Aに作用する流体圧は,下流側の端面Bに作用する圧力 p よりも Δp だけ高いとする.また,円管側面に働く剪断応力の大きさを τ とし,各面に働く力の方向を考慮すると,次のようになる.

端面Aに働く力:$\pi r^2(p+\Delta p)$

端面Bに働く力:$-\pi r^2 p$

側面に働く剪断力:$-2\pi r L \tau$

これらの総和が全体として0になることから,式 (2.14) が導かれる.

$$\pi r^2(p+\Delta p) - \pi r^2 p - 2\pi r L \tau = 0, \quad \therefore r\Delta p = 2L\tau$$

$$\frac{\tau}{r} = \frac{\tau_w}{R} = \frac{\Delta p}{2L} = (r \text{ の位置に依らず}) \text{一定} \tag{2.14}$$

ただし,$\tau_w = \tau|_{r=R} =$(管壁における剪断応力)である.これに式 (2.1) に相当する流動の式 (2.15) を考える.

$$\tau = -\mu \frac{du}{dr} \tag{2.15}$$

式 (2.15) の負号は軸方向の速度 u が管中心から管壁に向かって,減少することによる.同式に式 (2.14) を代入すれば,次の常微分方程式を得る.

$$\frac{du}{dr} = -\left(\frac{\Delta p}{2L\mu}\right)r \tag{2.16}$$

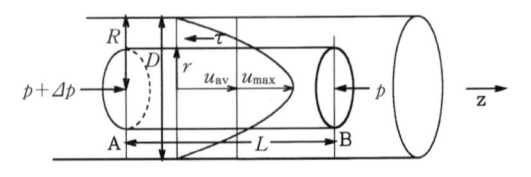

図2.5 円管内層流定常流れ

境界条件として管壁における速度を 0 とし，上式を積分すると，管の半径方向に沿った流速分布

$$u = \frac{\Delta p}{4L\mu}(R^2 - r^2) = \frac{\Delta p R^2}{4L\mu}\left\{1 - \left(\frac{r}{R}\right)^2\right\} \tag{2.17}$$

を得る．これより，層流定常状態の管内流速分布は，管中心を最大流速とし，壁面で流速が 0 となる放物線状であることがわかる．同最大流速を $u_{\max}$ [m s^{-1}] とすると，

$$u_{\max} = \frac{\Delta p R^2}{4L\mu}$$

$$\frac{u}{u_{\max}} = 1 - \left(\frac{r}{R}\right)^2$$

管内の平均流速を u_{av} [m s^{-1}] とし，管断面の流量を Q [m^3 s^{-1}] とすると，

$$u_{\mathrm{av}} = \frac{u_{\max}}{2} = \frac{\Delta p R^2}{8L\mu}, \quad Q = \pi R^2 u_{\mathrm{av}} = \frac{\pi R^4 \Delta p}{8L\mu} \tag{2.19}$$

となり，ここで，$2R = D$ より，式 (2.20) が得られる．

$$\Delta p = 32\, u_{\mathrm{av}} \left(\frac{L\mu}{D^2}\right) \tag{2.20}$$

すなわち，流体の圧力損失 Δp は管長 L に比例し，管径 D の 2 乗に反比例する．式 (2.20) はドイツの学者 Hagen とフランスの医師 Poisuille によって同じ頃，別々に実験的に確かめられたもので**ハーゲン-ポアズイユの法則**（Hagen-Poiseuille's law）と呼ばれる．同式は流量測定あるいは毛細管を用いた粘度測定に適用される．

2.2.2 管内乱流

円管内のように単純な剪断場の場合であっても，乱流を解析的に取り扱うことはきわめて困難なものとなる．円管内における非圧縮性流体の乱流状態に対応する運動方程式は，通常，式 (2.9) の N-S 式の時間平均をとり，u, v をそれぞれ軸方向，半径方向の流速として，系の対称性を考慮すれば式 (2.21) のようになる．

$$0 = -\frac{dp}{dz} + \left(\frac{1}{r}\right)\frac{d}{dr}\left\{r\left(\mu\frac{du}{dr} - \rho\overline{u'v'}\right)\right\} \tag{2.21}$$

式 (2.21) 中の項 $-\rho\overline{u'v'}$ が実は難物で，**レイノルズ応力**（Reynolds stresses）と呼ばれる．これは軸方向と半径方向の時間平均的な流速からのずれ u' と v' との

積の時間平均 $\overline{u'v'}$ を含んでおり,同量は u' と v' のそれぞれの時間平均の積 $\overline{u'}\cdot\overline{v'}$ とは本質的に異なるものである.したがって,このままではこの方程式の解は得られず,何らかの形で方策を講じることが必要になる.通常,次に述べる二つのアプローチ法が取られている.

① 理論式を用いず,実験的考察から流速分布を経験的に与える方法
② 理論的考察に基づきレイノルズ応力を半経験的に算定する方法

以下に述べるように①には**指数法則** (power law),②には**対数法則** (log law) と呼ばれる手法がある.

a. 指 数 法 則

これは軸方向の流速 u を経験的に式 (2.22) に示すべき指数法則で表すものである.

$$u = u_{\max}\left(\frac{y}{R}\right)^{\frac{1}{n}} \tag{2.22}$$

ここで,y [m] は,壁から管中心に向かっての距離を表す.n はパラメーターで通常 6~10 の値とされており,$n=7$ とする場合には**7分の1乗則**と呼ばれる.

$u^+ = u/u^*$,$y^+ = yu^*/\nu$ とすると,7分の1乗則は次式のようにも書き改められることが知られている.

$$u^+ = 8.74(y^+)^{1/7} \tag{2.23}$$

ここで,u^* [m s^{-1}] は,

$$u^* = \left(\frac{\tau_w}{\rho}\right)^{1/2} \tag{2.24}$$

と定義され,**摩擦速度** (friction velocity) と呼ばれる.τ_w [Pa] は管壁での剪断応力である.また,ν は μ/ρ [m^2 s^{-1}],すなわち**動粘度** (kinematic viscosity) であり,$y^+ = yu^*/\nu$ はレイノルズ数と同等の無次元数である.

式 (2.22) を用いた場合の管断面平均流速 u_{av} [m s^{-1}] は,n を用いて,次式のようになる.

$$u_{\mathrm{av}} = u_{\max}\frac{2n^2}{(n+1)(2n+1)} \tag{2.25}$$

$n=6$ のとき $u_{\mathrm{av}}=0.79\,u_{\max}$,$n=10$ のとき $u_{\mathrm{av}}=0.87\,u_{\max}$ である.すなわち式 (2.19) に示した層流の場合 ($u_{\mathrm{av}}=0.5\,u_{\max}$) と比較して,乱流の場合は,管中心付近において著しく平坦な速度分布となることがわかる.これは軸方向の運動量

が，乱流内で発生する渦により，半径方向に運ばれ，管内の他の部分と混ざり合うためと解釈することができる．

b. 対 数 法 則

乱流の場合の剪断応力 τ は式 (2.21) 右辺の括弧内，

$$\tau = \mu \frac{du}{dy} - \rho \overline{u'v'} \tag{2.26}$$

に相当し，第1項は粘性応力であり，第2項はレイノルズ応力である．

円管内流れの実験結果によれば，管中心では乱流が発達しており，レイノルズ応力は粘性応力に比較して卓越した大きさとなっている(**内層**(inner layer))．一方，管壁近傍では，レイノルズ応力の影響は小さく，ほとんど粘性応力支配と考えられる(**粘性底層**(viscous sublayer))．また，その中間領域は両者が拮抗している遷移域と考えられる(**中間層**(buffer layer))．そこで円管内を径方向にこの3つの領域に分けて考え，各領域で流れの特徴をよく表現するよう，式 (2.26) を単純化して取り扱うのが対数法則モデルである．

考えている点がどの領域に入るかは y^+ の値で判断される．同値を用いて領域を判別し，各領域での流速は次のように計算される．

① $y^+ < 5$ となる粘性底層では，レイノルズ応力は無視し，粘性応力だけを考える．また，速度の線形勾配を仮定して，

$$\tau_w = \mu \frac{u}{y}, \quad \therefore \quad u = \tau_w \frac{y}{\mu} \tag{2.27}$$

② $5 < y^+ < 70$ となる中間層では，粘性応力とレイノルズ応力の両者を考慮して，

$$\frac{1}{(u^+)^2} = \frac{1}{(y^+)^2} + \frac{0.030}{(\log(9.05\, y^+))^2} \tag{2.28}$$

③ $70 < y^+$ となる内層では，レイノルズ応力のみが考慮され，

$$u^+ = 5.75 \log y^+ + 5.5 \tag{2.29}$$

で計算される．ただし，log は常用対数である．式 (2.29) は，**プラントルの混合長** (Prandtl's mixing length) 理論に基づき導出されたものである．

【例題 2.4 管内乱流速度分布(指数法則)】 滑らかな壁面をもつ内径 0.45 m の円管内におけるオイルの流速を管壁からの距離 $y = 0.225$ m (管中心)，0.01 m，0.001 m においてそれぞれ求めよ．計算は指数法則(7分の1乗則)を用いて行え．

ただし，オイルの比重を 0.85，動粘性係数を $9\,\mathrm{mm^2\,s^{-1}}$，管壁における剪断応力 τ_w を $1.646\,\mathrm{Pa}$ とする．

解． 摩擦速度 u^* は，式 (2.24) より，

$$u^* = \left(\frac{\tau_w}{\rho}\right)^{1/2}$$

$$= \left(\frac{1.646}{0.85 \times 10^3}\right)^{1/2} = 0.044\,\mathrm{m\,s^{-1}}$$

各位置における y^+ の値を求め，式 (2.23) を用いると，

① $y = 0.225\,\mathrm{m}$ では，$y^+ = \dfrac{u^* y}{\nu} = 0.044 \times \dfrac{0.225}{9 \times 10^{-6}} = 1100$

 $\therefore u = 8.74\,u^*(y^+)^{1/7} = 8.74 \times 0.044 \times 1100^{1/7} = 1.05\,\mathrm{m\,s^{-1}}$

② $y = 0.01\,\mathrm{m}$ では，$y^+ = 0.044 \times \dfrac{0.01}{9 \times 10^{-6}} = 48.9$

 $\therefore u = 8.74 \times 0.044 \times 48.9^{1/7} = 0.670\,\mathrm{m\,s^{-1}}$

③ $y = 0.001\,\mathrm{m}$ では，$y^+ = 0.044 \times \dfrac{0.001}{9 \times 10^{-6}} = 4.89$

 $\therefore u = 8.74 \times 0.044 \times 4.89^{1/7} = 0.482\,\mathrm{m\,s^{-1}}$

2.2.3 管摩擦係数と流体輸送

流体が管内壁のような固体面との接触により受ける摩擦力 $F_k\,[\mathrm{N}]$ は，流体の単位体積当たりの平均運動エネルギー $\rho u^2/2$ と次の関係がある．

$$F_k = f \frac{\rho u^2}{2} S \tag{2.30}$$

ここで，$S\,[\mathrm{m^2}]$ は代表面積であり，円管を考えるときには，$2\pi RL$ となる．また $f\,[-]$ は**管摩擦係数** (friction factor) と呼ばれる無次元の係数である．

流体が管壁に及ぼす剪断応力 τ_w は，単位面積当たりの摩擦力と等しくなるから，

$$\tau_w = \frac{F_k}{S} = f \frac{\rho u^2}{2}$$

となる．一方，τ_w は層流，乱流の別なく，式 (2.14) より $\tau_w = \Delta p R / 2L$ であるから，

$$\Delta p = 4f \left(\frac{\rho u^2}{2}\right)\left(\frac{L}{D}\right) \quad (\because D = 2R) \tag{2.31}$$

となる．式(2.31)は管内の**圧力損失**(pressure drop)を算出するための基本式で**ファニングの式**(Fanning's equation)と呼ばれる．Δpに見合うだけの圧力をポンプなどで流体に掛けてやるか，あるいは上流側の位置頭がこの分以上高くないと，管内の流体は流れないことになる．なおこのΔpをρで除した値，$\Delta p/\rho$ [J kg^{-1}]は，前節，式(2.13)で述べた損失頭Fのうちの**摩擦損失頭**(head of friction loss) F_f [J kg^{-1}]を表している．

さて，管摩擦係数fは流れの場により決まる定数であり，管内の流速分布と対応関係がある．

層流の場合には，ハーゲン-ポアズイユ則を表す式(2.20)を次のように変形し，

$$\Delta p = 32\, u \frac{L\mu}{D^2}$$

$$= \left(\frac{64}{\rho u D/\mu}\right)\left(\frac{\rho u^2}{2}\right)\left(\frac{L}{D}\right)$$

$$= \left(\frac{64}{Re}\right)\left(\frac{\rho u^2}{2}\right)\left(\frac{L}{D}\right)$$

これと式(2.31)とを比較して，層流域では次式の成り立つことがわかる．

$$f = \frac{16}{Re} \tag{2.32}$$

乱流の場合には，流速分布をどのように表現するかで，fは異なるが，式(2.23)に示した指数法則の7分の1乗則を用いる場合には，式(2.33)のようになり，これは**ブラジウスの式**(Blasius' equation)と呼ばれる．

$$f = 0.0791\, Re^{-0.25}, \quad 2\times 10^3 < Re < 10^5 \tag{2.33}$$

ただし，その適用範囲に留意する必要がある．

また，対数法則の式(2.29)を適用する場合には，fは次式のように表される．

$$\frac{1}{f^{0.5}} = 4.06 \log(Re\, f^{0.5}) - 0.37 \quad 10^5 < Re < 10^7 \tag{2.34}$$

式(2.34)は，Prandtlによって導かれたものである．

これとは別に板谷は実験的に式(2.35)を導出している．こちらの方が適用範囲も広く，計算にも便利である．

$$f = \frac{0.0785}{0.7 - 1.65 \log Re + (\log Re)^2} \quad 3\times 10^3 < Re < 3.24\times 10^6 \tag{2.35}$$

2.2.4 粗面管の場合の流速分布と管摩擦係数

前項までの記述では,管面が平滑であることを前提としたが,管面が粗面である場合には,取扱いが異なる.

Nikuradseは円管内に平均粒径 k_s [m] の砂粒を張り付けた実験から次のことを明らかにした.$k_s u^*/\nu$ を k_s を代表長さとする**粗さレイノルズ数** Re_r [—] とするとき,

① $Re_r<5$ では,$f=f(Re)$

すなわち表面のざらつき,いいかえれば突起の高さは,粘性底層内にあるため,流速分布は平滑面の場合と同じになる.

② $5<Re_r<70$ では,$f=f\left(Re, \dfrac{k_s}{R}\right)$

この場合には突起高さは粘性底層の厚さと同程度になるため,f は表面の粗度の影響を受ける.ここで,k_s/R [—] は**相対粗度** (relative roughness) と呼ばれる.

③ $70<Re_r$ では,$f=f\left(\dfrac{k_s}{R}\right)$

この場合には f は Re の値とは無関係になり,式 (2.36) に示すように相対粗度によってのみ決まる定数となる.

$$\frac{1}{f^{0.5}}=4.06\log\left(\frac{R}{k_s}\right)+3.48 \tag{2.36}$$

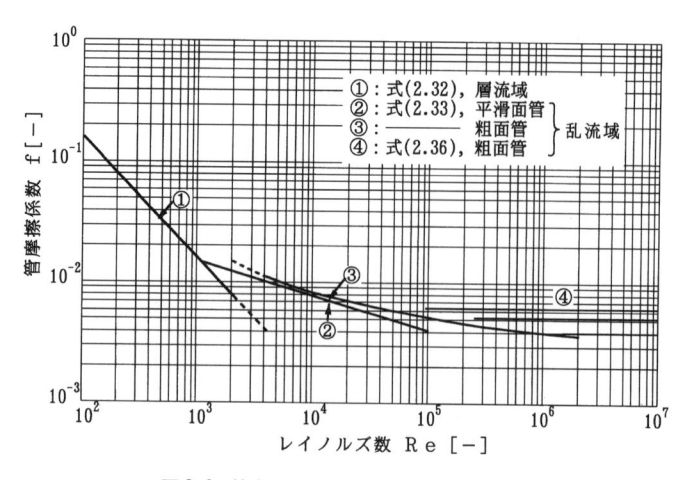

図 2.6 管摩擦係数とレイノルズ数との相関

またこの場合の内層における流速分布は，平滑管の場合と同形となるが，式(2.29)と比較して，同式右辺第2項の定数が次式に示すように粗さレイノルズ数の関数となる．

$$u^+ = 5.75 \log y^+ + C_k$$
$$C_k = 8.5 - 5.75 \log Re_r \tag{2.37}$$

以上に述べた管摩擦係数 f を層流域から乱流域に至るまでレイノルズ数に対して両対数軸にて示すと，図2.6のようになる．

すなわち層流域で -1 の勾配から，遷移域では勾配が緩くなり，乱流域では勾配が0となる．これはレイノルズ数に対する相関式の典型的な形態を表している．

【例題2.5 管内流(圧力損失)】 20℃のベンゼンを内径52.0 mmのガス管を用いて平均流速 1.5 m s^{-1} で輸送するとき，管長100 m 当たりの圧力損失[Pa]はいくらか．

ベンゼン(20℃)：粘度 $\mu = 6.5 \times 10^{-4}$ Pa s, 密度 $\rho = 879 \text{ kg m}^{-3}$

ヒント：ガス管は粗面管として管摩擦係数 f は図2.6から求めよ．

解． レイノルズ数 Re は

$$Re = \frac{879 \times 1.5 \times 52.0 \times 10^{-3}}{6.5 \times 10^{-4}} = 1.05 \times 10^5$$

ガス管の f は図2.6の粗面管に対する曲線③から，このレイノルズ数に相当する値を求めると，$f = 5.2 \times 10^{-3}$ と読み取れる．したがって，ファニングの式(2.31)より，圧力損失 Δp は，次のように求まる．

$$\begin{aligned}\Delta p &= 4f(\rho u^2/2)(L/D) \\ &= 4 \times 5.2 \times 10^{-3} \times \left(\frac{879 \times 1.5^2}{2}\right) \times \left(\frac{100}{52.0 \times 10^{-3}}\right) \\ &= 3.96 \times 10^4 \text{ Pa}\end{aligned}$$

2.2.5 直管部以外での圧力損失

前項までに述べた圧力損失に関する計算は，径が一定の直管についてのものであったが，実際の配管は，曲がり部があったり，拡大や縮小部が存在し，流動状態が変化するため，これに伴う機械的エネルギーの損失を考慮する必要がある．

1) 急拡大の場合　上流側の平均流速を $u_1 [\text{m s}^{-1}]$, 下流側のそれを u_2 [m

s^{-1}]とすると,管の急激な拡大に伴う損失頭 F_e [J kg^{-1}] は,式(2.38)のようになる.

$$F_e = \frac{(u_1-u_2)^2}{2} = \zeta_e \frac{u_1^2}{2}, \quad \zeta_e = \left(1-\frac{A_1}{A_2}\right)^2 \tag{2.38}$$

ただし,A_1, A_2 はそれぞれ上流側,下流側の管断面積 [m^2] である.

急拡大ではなく,緩やかに拡大する場合には,ζ_e は広がり角 θ の関数となる.

2) 急縮小の場合　管の急激な縮小に伴う損失頭 F_c [J kg^{-1}] は,式(2.39)のようになる.

$$F_c = \left(\frac{1}{C_c}-1\right)^2 \frac{u_2^2}{2} = \zeta_c \frac{u_2^2}{2}, \quad \left(\zeta_c = \left(\frac{1}{C_c}-1\right)^2\right) \tag{2.39}$$

ここに,C_c は収縮係数と呼ばれるもので,0.6~0.8 の値をとる.式(2.39)に示すように急縮小の場合の損失頭は出口側の平均流速で計算されるが,拡大,縮小のいずれにしても,より流速が大となる側で損失頭は規定される.

3) 曲がり部など　曲がり部,継手,弁などの配管内の付属部に伴う損失頭 F_s [J kg^{-1}] は配管の摩擦損失に換算した直管相当長さ L_e [m] を用いて,式(2.40)のように表される.

$$F_s = 4f\left(\frac{u^2}{2}\right)\left(\frac{L_e}{D}\right) \tag{2.40}$$

ここで,L_e は,付属部ごとに定められた値 n [—] を用いて,

$$L_e = nD \tag{2.41}$$

で計算される.n の値を表 2.1 に示す.

以上のことから 2.1.5 項で述べた損失頭 F [J kg^{-1}] は,摩擦損失頭 F_f のほかに,本項で述べた損失頭をすべて合算することにより,式(2.42)で計算される.

$$F = F_f + F_e + F_c + F_s \tag{2.42}$$

表 2.1　管内付属部の n の値($n=L_e/D$)

付属部品	n
直角肘管(エルボ)	30~50
十字継手	50
T 形継手	40~80
仕切弁(全開時)	7
玉形弁(全開時)	300

【例題 2.6　管内流(損失頭)】　直径 16 cm の平滑な円管を用いて,常温の水を $Re = 8.0 \times 10^4$ の状態で輸送している.管の全長は 75 m で,その途中には直角肘

2.2 円管内の流れ

── カオス・フラクタルと乱流 ──

　乱流は極めて複雑な現象であり，N-S 方程式を真っ向から解く試みも果敢になされているが，未だその解明は十分なものとはいえないのが現状である．

　このようないわゆる非線形現象の難問に対して最近，新しいアプローチ法が試みられるようになってきた．その1つが**カオス** (chaos) 理論であり，複雑な現象もその根本となっている原理原則は意外とシンプルであること，ただし初期条件が少し違うと，その結果は似ても似つかないものとなることなどが次第に明らかとなってきた．

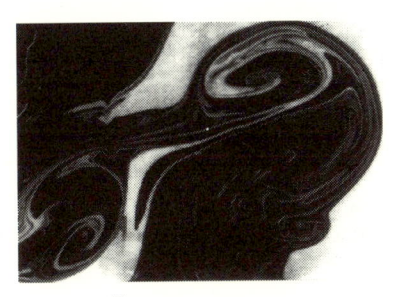

　もう1つは**フラクタル** (fractal) であり，これは一見複雑で手に負えないと思われる現象も実は自己相似的な構造をもっているという見方である．いわば曼陀羅絵図の世界であり，この相似性はフラクタル次元という指標で表される．例えば雲の形は，大気の乱流状態を反映していると考えられるが，そのフラクタル次元はどれも 1.35 であることが知られている．また洗面器に水を張り，その表面に墨汁を垂らしてできる墨絵が描く模様は 1.3 のフラクタル次元をもっているという (高安(1987))．この一致性は，乱流現象の背後にある普遍的な性質を浮き彫りにしているようで興味深い．

墨絵が描くフラクタル

管 ($n=40$) が設置されている．さらに，管末端の流出部は，直径 40 cm に急拡大している．このとき，全損失頭 [J kg^{-1}] はいくらか．

　解．式 (2.42) より，この場合の全損失頭 F は，次の3つの損失頭の和として表される．

$$F = F_f + F_s + F_e$$

摩擦損失頭

$$F_f = 4f\left(\frac{u^2}{2}\right)\left(\frac{L}{D}\right)$$

ここで，$Re=(1.0\times10^3\times u\times0.16)/1.0\times10^{-3}=8.0\times10^4$，これを u について解けば，$u=0.5\text{ m s}^{-1}$，f はブラジウスの式，式(2.33)を適用すれば $f=0.0791\times(8.0\times10^4)^{-0.25}=4.7\times10^{-3}$

これより

$$F_f = 4\times4.7\times10^{-3}\times\left(\frac{0.5^2}{2}\right)\times\left(\frac{75}{0.16}\right)=1.101\text{ J kg}^{-1}$$

曲がり部

$$F_s = 4f\left(\frac{u^2}{2}\right)\left(\frac{L_e}{D}\right)$$

$$=4\times4.7\times10^{-3}\times\frac{0.5^2}{2}\times40=0.094\text{ J kg}^{-1}$$

急拡大

$$F_e = \left(1-\frac{A_1}{A_2}\right)^2\left(\frac{u^2}{2}\right)$$

$$=\left(1-\frac{0.16^2}{0.40^2}\right)^2\times\left(\frac{0.5^2}{2}\right)=0.088\text{ J kg}^{-1}$$

$$\therefore F=1.101+0.094+0.088=1.28\text{ J kg}^{-1}$$

2.3 物体まわりの流れ

2.3.1 境界層内の流れ

一様な流速 U の流れに沿って，物体として薄い平板が置かれている場合を考える．この一様な流れは**主流** (main flow) あるいはバルク流れ (bulk flow) と呼ばれる．このとき平板表面では，流体の粘性のために速度は 0 となる．一方，平板近傍の流れの速度は，平板から垂直方向に離れるにつれて急激に増大し，ある位置で主流の大きさ U となる．2.1.1 項で述べたように，ニュートンの粘性法則 ($\tau=\mu(du/dy)$) より，流速が急激に変化する場所すなわち速度の空間勾配である剪断速度 du/dy が大きいところでは，気流のようにその粘性 μ が低い場合であっても，流れに作用する剪断応力は無視小とはならない．このことから，物体まわりの流れを考えるときには，流体の粘性に伴う影響を考慮しなければならない．

総じてこの剪断速度が大となる領域は薄いものと考えてよく，その領域の外測

2.3 物体まわりの流れ

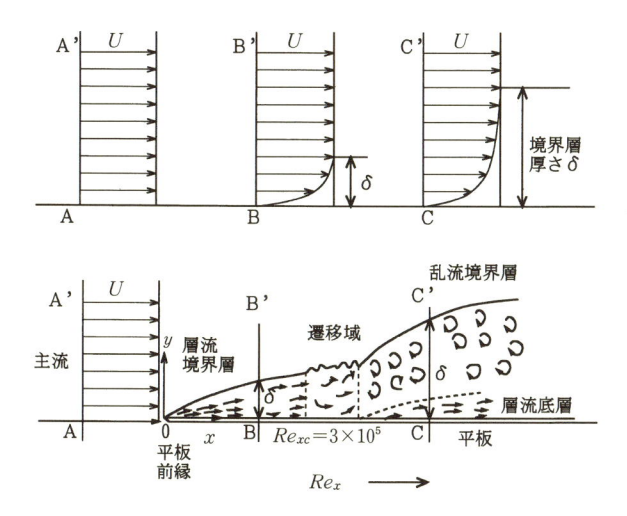

図 2.7 平板上の境界層の遷移

では粘性をもたない一様な流れ場とみなすことができる．すなわち物体まわりの流れを考える場合，その表面近傍のごく薄い層だけに着目すればよいことになる．この薄層は，**境界層**(boundary layer)と呼ばれる概念で，Prandtlの発想によるものである．ここで述べた境界層は速度境界層についてであるが，伝熱場における物体まわりの温度分布においても同様な概念が成立する．これは温度境界層と呼ばれており，両者には相互に関係のあることが知られている．

次に境界層内の速度分布について見てみよう．まず境界層の区分けについて考える．図2.7に示すように平板の上流端近傍では流れは層流であるが，下流にいくにしたがって乱流となる．これより，前者は**層流境界層**(laminar boundary layer)，後者は**乱流境界層**(turbulent boundary layer)と呼ばれる．また層流と乱流の中間には遷移域が存在する．両者の境界層を区分するには，式(2.43)で定義される**局所レイノルズ数**(local Reynolds number) Re_x が用いられる．

$$Re_x = \frac{xU}{\nu} \tag{2.43}$$

これは平板の上流端すなわち前縁からの距離 x [m] を代表長さに用いたレイノルズ数である．ここで，U [m s^{-1}] は主流の流速，$\nu(=\mu/\rho)$ [m^2 s^{-1}] は流体の動粘度である．Re_x が臨界レイノルズ数 Re_{xc} (約 3×10^5) の値を超えたとき，境界層は層流から乱流状態に遷移する．ただし乱流境界層内においても平板面近傍

には層流部分が存在する．これは**層流底層** (laminar sublayer) と呼ばれ，2.2.2 項で述べた粘性底層と同じ概念である．

境界層内の速度分布 u [m s^{-1}] を求めるにはまず，境界層の厚さ δ [m]，つまり u が主流の流速 U となる位置を知る必要がある．しかし，これを厳密に求めることは実際には困難であり，実験的には $u=0.99\,U$ となるところなどとして算定されている．δ は Re_x の値により判定された層流，乱流の別に応じて次式のように計算される．

層流境界層厚さ： $\delta = 4.64\, x^{1/2}\left(\dfrac{\nu}{U}\right)^{1/2} = \dfrac{4.64\, x}{Re_x^{1/2}}$ (2.44)

乱流境界層厚さ： $\delta = 0.37\, x^{4/5}\left(\dfrac{\nu}{U}\right)^{1/5} = \dfrac{0.37\, x}{Re_x^{1/5}}$ (2.45)

層流境界層と乱流境界層内における速度分布 u は，上式で計算したそれぞれの**境界層厚さ** δ を用いて，式 (2.46)，(2.47) のように近似的に計算される．

層流境界層： $\dfrac{u}{U} = \dfrac{3}{2}\left(\dfrac{y}{\delta}\right) - \dfrac{1}{2}\left(\dfrac{y}{\delta}\right)^3$ (2.46)

乱流境界層： $\dfrac{u}{U} = \left(\dfrac{y}{\delta}\right)^{1/7}$ (2.47)

式 (2.47) は円管内の乱流速度分布を経験的に表示した式 (2.23)，すなわち7分の1乗則と同じ形をしており，興味深い．

境界層の性質を調べるには，式 (2.43)〜(2.47) を用いて速度分布を完全に算定すればよいが，必要な特性値だけを得るためには，境界層の速度分布から求められる排除厚さと運動量厚さがよく用いられる．

排除厚さ (displacement thickness) δ^* [m] は，式 (2.48) で定義される．

$$\delta^* = \left(\dfrac{1}{U}\right)\int_0^{\delta}(U-u)\,dy \qquad (2.48)$$

これは境界層内における流速の欠損部分を面積平均したものであり，$y \leq \delta^*$ では流速が 0，その外側では主流速度に等しいとして，単純化するものである．あたかも平板は δ^* の厚さだけその表面が厚くなったとし，その外側は平板の影響をまったく受けないものとして流れを取り扱うことを意味している．すなわち δ^* は物体まわりの主流を考える際，重要な指標となる．

同様に**運動量厚さ** (momentum thickness) θ [m] を式 (2.49) のように定義することができるが，これは次項に述べる流体の粘性抵抗により生じる摩擦抗力を

2.3 物体まわりの流れ

求める際に重要となる特性値である．

$$\theta = \left(\frac{1}{U^2}\right)\int_0^\delta (U-u)u\,dy \tag{2.49}$$

【例題 2.7 境界層厚さ】 層流境界層における排除厚さ δ^* の，同境界層厚さ δ に対する比の値を求めよ．

解． 式 (2.48) より，

$$\delta^* = \left(\frac{1}{U}\right)\int_0^\delta (U-u)\,dy = \int_0^\delta \left(1-\frac{u}{U}\right)dy$$

これに層流境界層内の速度分布の式 (2.46) を代入して

$$\delta^* = \int_0^\delta \left\{1-\left(\frac{3}{2}\right)\left(\frac{y}{\delta}\right)+\left(\frac{1}{2}\right)\left(\frac{y}{\delta}\right)^3\right\}dy$$

ここで，$t=y/\delta$ と変数変換すると $dy=\delta dt$

$y=0$ において $t=0$，　$y=\delta$ において $t=1$

$$\therefore \delta^* = \delta\int_0^1\left(1-\frac{3}{2}t+\frac{1}{2}t^3\right)dt$$

$$= \delta\left[t-\frac{3}{4}t^2+\frac{1}{8}t^4\right]_0^1 = \frac{3}{8}\delta$$

$$\therefore \frac{\delta^*}{\delta} = \frac{3}{8}$$

2.3.2 流体中の物体に作用する力

流れの中の物体に作用する抵抗 D [N] は，物体表面の流れ方向に沿った剪断応力の積分値である**摩擦抵抗** (friction drag) と同方向に沿った圧力の積分値である**圧力抵抗** (pressure drag) に分けることができる．摩擦抵抗は表皮抵抗とも呼ばれるのに対し，圧力抵抗は物体の形によって左右されるので形状抵抗 (form drag) とも呼ばれる．一般にレイノルズ数 Re の小さい範囲では摩擦抵抗が大きいが，Re が大きくなると形状抵抗の方が卓越してくる．

密度 ρ [kg m^{-3}]，粘度 μ [Pa s] の流体中を物体，ここでは簡単のために，直径 d_p [m] の球が，流速 v [m s^{-1}] で運動している場合を考えよう．このとき，物体が流体の粘性によって流れの方向に受ける抵抗 D は，一般に式 (2.50) によって与えられる．

$$D = C_D\left(\frac{\rho v^2}{2}\right)\left(\frac{\pi d_p^2}{4}\right) \tag{2.50}$$

流体自体に流れ，u [m s^{-1}] がある場合には，物体の流れ方向の速度成分 u をと

り，v を相対速度 $(u-v)$ に置き換えることによって，同様に D の値が計算される．

式 (2.50) 中の $C_D\,[-]$ は**抵抗係数** (drag coefficient) と呼ばれ，式 (2.6) で説明した粒子径基準のレイノルズ数 $Re_p\,(=\rho v d_p/\mu)$ の関数である．

球以外の形状の物体を考える場合には，式 (2.50) の右辺の $(\pi d_p{}^2/4)$ の代わりに，その物体の流れに垂直な面に対する投影面積 $S\,[\mathrm{m}^2]$ を用いて計算すればよい．

$$D = C_D\left(\frac{\rho v^2}{2}\right)S \tag{2.51}$$

S は一般に一様流中の方向に垂直な平面への投影面積を用いるが，板や翼では，その表面積を用いることもある．また，流れの中にある物体は，流れの方向に抵抗を受けるほかに，流れに垂直な方向に揚力 $L\,[\mathrm{N}]$ を受けることがある．この L もまた式 (2.51) と同様の形で計算される．

さて定常状態の場合，すなわち一定速度の流体中を固体球が一定速度で移動する場合には，$C_D = f(Re_p)$ の関数関係は図 2.8 のようになることが，多くの実験によって確認されている．

同図からわかるようにレイノルズ数 Re_p が小さい範囲，$Re_p \leq 2$ では

$$C_D = \frac{24}{Re_p} \tag{2.52}$$

になっている．式 (2.52) を式 (2.50) に代入して変形すれば

$$D = 3\pi\mu d_p v \tag{2.53}$$

を得る．この式は Stokes が，粘性流体の運動方程式の慣性項を省略して理論的

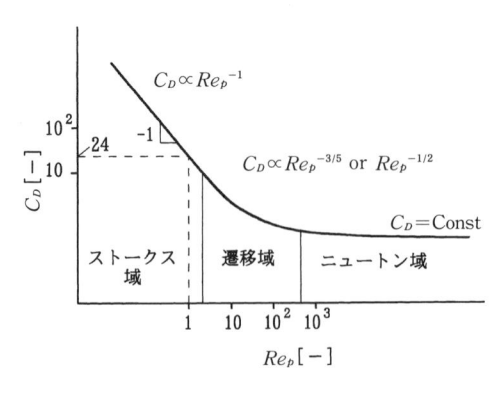

図 2.8　抵抗係数と粒子レイノルズ数との関係

に導いたものと一致し，**ストークスの抵抗法則** (Stokes' law) と呼ばれる重要な式である．ちなみにストークスの抵抗法則の範囲では式 (2.53) で計算される D のうち，その 2/3 が摩擦抵抗で，1/3 が形状抵抗となることが知られている．

図 2.8 にも示すとおり，Re_p がこの範囲を超えると C_D の Re_p に対する勾配は緩やかとなり，$Re_p \geq 500$ では C_D は一定値，約 0.44 をとる．以上のことと式 (2.50) をあわせて考えると，抵抗 D は，Re_p の小さい範囲では，流速 v に比例するが，Re_p が 500 を超えるようになると流速の 2 乗に比例するようになることがわかる．

また，両者の間の領域 $2 \leq Re \leq 500$ は，遷移域であり，C_D は Re の $-3/5$ 乗ないしは $-1/2$ 乗に比例するとされている．

C_D のレイノルズ数に対するこのような関数関係は，前述した図 2.6 とまったく同様な形となっているのは興味深い．実はこのほかにも撹拌動力数 $N_p (= P/\rho n^3 d^5)$ [—] を式 (2.5) で定義される撹拌レイノルズ数 Re_d に対してプロットすると，まったく同様な形状の相関曲線が得られることが知られている．

2.3.3 円柱背後の流れ

図 2.9 に示すように，一様な流れの中に置かれた円柱の表面では，$\theta = 0$ の点から次第に主流よりも流速が小となる境界層が発達してその厚さを増していく (同図 A)．ある θ の位置で剝離点に達するが，それ以後境界層内に逆流が生じ境界層の剝離が起こる (同図 B)．流速が大きくなると円柱の背面から大きく離れて流れ去り，円柱の背面には回転方向が逆の 2 つの渦を生ずるようになる．また，流線は円柱とこれについている渦を包み込むように形成される (同図 C)．

円柱の背面にできる渦は，同図 (B), (C) に見られたように上下対称であったものが，流速がさらに大となり Re が約 60 以上になると上下で交互に円柱から離れ去るようになり，円柱の後面に 2 列の渦の列を生ずるようになる (同図 D)．Karman はこの渦列の研究を行い，理論的に $b/a = 0.2806$ のとき，渦列が安定であることを発見した．これを**カルマンの渦列** (Karman's vortex street) といい，Re が約 50000 に達するまで見られる現象である．

いま，静止流体中を直径 D [m] の円柱が，一定速度 u_0 [m s^{-1}] で運動している場合を考えよう．渦も同じ方向に速度 u_v で運動し，$u_v/u_0 \fallingdotseq 0.14$ である．毎秒発生する渦の数を N_e [s^{-1}] とすれば，$St = N_e D / u_0$ で定義される無次元数の**ス**

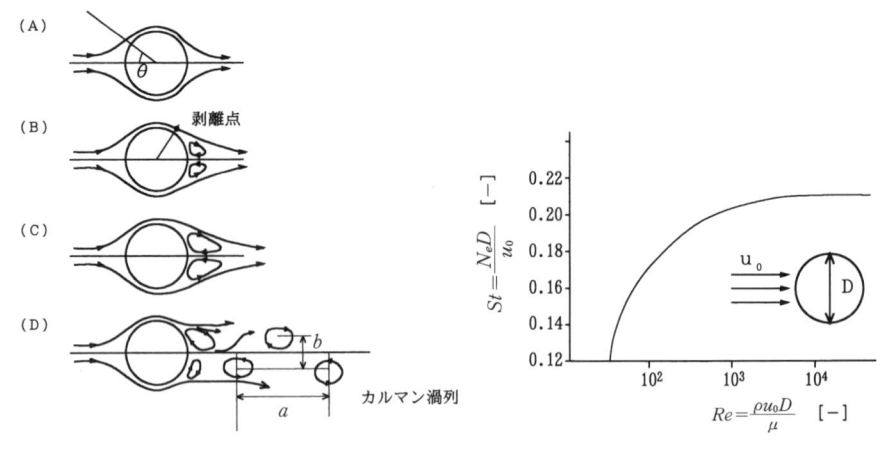

図2.9 カルマン渦列の形成 図2.10 レイノルズ数とストローハル数の関係

トローハル数 (Strouhal number) は図2.10に示すようにレイノルズ数 Re ($=\rho u_0 D/\mu$) の関数となる．$Re \geq 1000$ では，St はほぼ一定値 0.21 をとることが知られており，この範囲で渦の発生個数を計測すれば，円柱の移動速度を計算することができる．この関係は，流れ場において円柱を静止させた場合にも，まったく同様に成立し，次節で述べるカルマン渦流速計の基本原理となるものである．

2.4 流動状態の計測

2.4.1 流　速　計

化学装置内あるいは管内の流れの状態を把握するうえで，重要な状態量は圧力，流速，流量の3者であり，これらは相互に関係をもっている．本項では流速を計測する代表的な計器の原理について説明するが，必要に応じてこれらの状態量の関係についても触れることとする．

本項で紹介する流速計 (velocimeter) は，**ピトー管** (Pitot tube)，**熱線・熱膜流速計** (hot-wire hot-film anemometer)，**レーザードップラー流速計** (lazer Doppler velocimeter ; LDV)，**カルマン渦流速計** (Karman vortex velocimeter) の4つであるが，その計測原理はすべて異なっている．以下にこれらを順を追って見ていこう．

a. ピトー管

これはフランスのHenri de Pitotによって18世紀に考案された．図2.11に示すように，密度 ρ，流速 u の流れ場に，ピトー管のL字管部の先端を流れの方向に向けて挿入すると，先端部は流れに対する障害物となり，同部①では流速は0となる．この点は**よどみ点**(stagnation point)と呼ばれる．一方，L字管の側面部に開孔された点②での流速は，流れ場の流速のままである．この2点に2.1.5項で述べたベルヌーイの定理を適用し，両点の高さの差が無視できるとすると，次式が成り立つ．

$$P_1 = \frac{\rho u^2}{2} + P_2$$

ここで，右辺の第1項，第2項はそれぞれ**動圧**(dynamic pressure)，**静圧**(static pressure)と呼ばれ，その和は**全圧**(total pressure)と呼ばれる．よどみ点では動圧が0となり，静圧が全圧そのものとなっている．点②の孔は静圧が掛かることから，静圧孔と呼ばれる．

さて P_1 と P_2 の圧力差はピトー管のU字管部に伝えられ，同部に封入された密度 ρ' の液柱の高さの差 h となって現れる．ちなみにこのU字管部は，圧力差を液柱の高さの差に変換して表示する液柱形圧力計の一つであり，U字管**マノメーター**(manometer)とも呼ばれる．同図に示す基準線での左右の液柱に掛かる圧力は等しいから，

$$P_1 + \rho g h = P_2 + \rho' g h$$

となり，これら2式から P_1, P_2 を消去して整理すると，

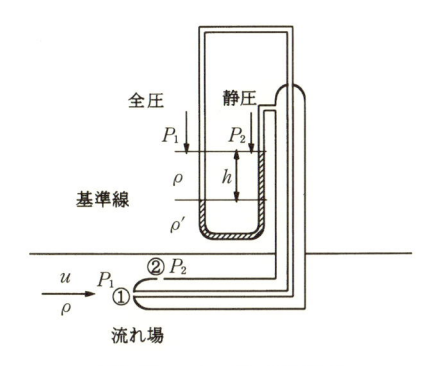

図2.11 ピトー管の計測原理

$$u = \left\{ \frac{2(\rho' - \rho)gh}{\rho} \right\}^{1/2} \quad (2.54)$$

を得る．すなわち封入液の左右の柱高さの差を計測することで，流れ場の流速を計測することができる．封入液が水で計測する対象が空気であるような場合には，$\rho' \gg \rho$ となり，同式は近似的に

$$u = \left(\frac{2\rho' gh}{\rho} \right)^{1/2} \quad (2.55)$$

となるが，封入液が水銀で，計測対象が水のような場合には，式(2.54)で計算する必要がある．ベルヌーイの式は2.1.5項にも述べたとおり，流体の粘性の影響を考慮していない．これを補正するために，式(2.54)の右辺に補正係数 C [-] を掛けることがある．これはピトー管速度係数と呼ばれ，通常1に近い値である．

【例題2.8 ピトー管】 図2.11に示すピトー管を川に差し入れたところ，マノメーター部の読みは，0.1 m であった．同部には密度 13600 kg m^{-3} の水銀が封入されており，川の水は常温とするとき，川の平均流速の値はいくらか．

ただし，ピトー管速度係数 C は 1.0，重力加速度 $g = 9.8$ m s^{-2} とする．

解． 式(2.54)に，補正係数 C を考慮し

$$u = C \left\{ \frac{2(\rho' - \rho)gh}{\rho} \right\}^{1/2}$$

$$= 1.0 \times \left\{ \frac{2 \times (13600 - 1000) \times 9.8 \times 0.1}{1000} \right\}^{1/2} = 5.0 \text{ m s}^{-1}$$

航空機の主翼から突き出た細い管は，航空機の速度を計測するためのピトー管であり，これは図2.11でいえば，静止流体中を速度 u でピトー管を移動させるイメージに相当する．この場合もまったく同様に，式(2.54)，(2.55)が成立する．

b． 熱線・熱膜流速計

同計測器は，図2.12に示すように，抵抗体に通電して発熱したセンサー部を流れ場に挿入すると，流速の大小に応じて冷却され，センサー部の電気抵抗 R が変化することをその測定原理としている．同付図(a)に示すように抵抗体は絶縁被覆された2本の支柱に直径5〜10 μm のタングステンや白金あるいは白金-ロジウムなどの金属細線を張った**熱線型プローブ**と同付図(b)に示すように円錐状のプローブに薄膜状に白金やニッケルなどの金属をコーティングした**熱膜型**

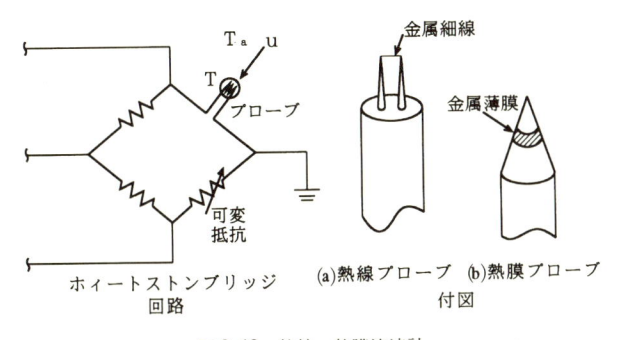

図 2.12 熱線・熱膜流速計

のものがある．前者は気体の計測に，後者はより強度の要求される液体の流速計測に用いられる．

これらの抵抗体からの発熱量 I^2R [W] は流体の対流伝熱によって運び去られる放熱量 q [W] に等しく，流れ場の流速 u [m s^{-1}] と式 (2.56) で示す**キングの式** (King's equation) により関係づけられる．

$$q = I^2R = (A + Bu^{0.5})(T - T_a) \tag{2.56}$$

同式中の A, B は，流速値が既知の場で校正をして決定する必要のあるパラメーターであり，T [K] は抵抗体の温度，T_a [K] は周囲流体の温度である．この際，電流 I [A] を一定に保って計測する定電流方式と，抵抗 R [Ω] すなわち抵抗体の温度 T [K] が一定に保たれるよう，図2.12に示すホイートストンブリッジ回路の可変抵抗値を制御しながら計測する定温度方式がある．後者の方が，抵抗体への負荷がコントロールでき，温度変化に伴う応答の時間遅れもなくなることからよく用いられ，乱流流動場の流速測定にも適用されている．

c. レーザードップラー流速計

これは光のドップラー効果を利用して流速を計測するものであり，laser Doppler velocimeter の頭文字を取って LDV と呼ばれることも多い．図2.13に示すように2本のレーザービームが交差角 θ でつくる干渉縞に，流れ場に乗った微小なトレーサー粒子が干渉縞を横切るように入ると，レーザー光は散乱され，粒子の移動速度 u に応じたドップラー周波数 f_D [s^{-1}] を発する．干渉縞の間隔を Δx [m]，レーザー光の波長を λ [m] とすると

$$\Delta x = \left(\frac{\lambda}{2}\right) \Big/ \sin\left(\frac{\theta}{2}\right)$$

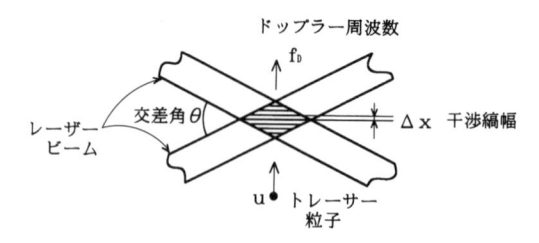

図 2.13 LDV の測定空間

であり，ドップラー周波数は

$$f_D = \frac{u}{\Delta x}$$

で与えられることから，

$$u = \left(\frac{f_D \lambda}{2}\right) \Big/ \sin\left(\frac{\theta}{2}\right) \tag{2.57}$$

により流れ場の流速が計算される．

　レーザー光とは波長，位相，偏りがすべて揃った単色光のことで，指向性や可干渉性に優れている．LDV はこれらの特徴を活かした測定機器であり，流れ場にプローブを挿入する必要がない非接触型の測定法である．トレーサー粒子も数 μm と微小であることから，測定場を乱すおそれがない．また，前述の熱線・熱膜流速計で述べたような校正が必要ないなどの利点があり，流速計として主力になりつつある．しかし，光学系を用いる計測法であるため，気泡や液滴あるいは固体粒子などの他の相が高濃度で懸濁したような場への適用は困難である．

d. カルマン渦流速計

　これは 2.3.3 項で述べた円柱背後に発生するカルマン渦列の発生周波数 N_e [s^{-1}] を計測し，流れ場の流速 u [m s^{-1}] を求めるもので，円柱の径を D [m]，ストローハル数を St [—] として，

$$u = \frac{N_e D}{St} \tag{2.58}$$

から計算される．ここで，St が一定（約 0.21）となるレイノルズ数の範囲すなわち，$10^3 < Re < 10^5$ で測定は可能となる．

2.4.2 流量計 (flowmeter)

　流量 Q [m³ s^{-1}] は対象とする断面での流速分布がわかれば，その積分値とし

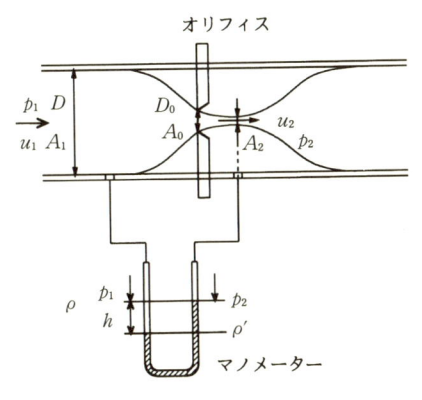

図 2.14 オリフィス流量計

て算定することができ，円管内を幾つかの円環に分割し，各円環での流速を例えばピトー管により計測して，流量を算定する方法もある．ここでは通常，流量測定に用いられるオリフィス流量計とその改良型であるベンチュリー管について紹介する．

a. オリフィス流量計 (orifice flowmeter)

オリフィスは図 2.14 に示すように，中央に直径 D_0 [m] の開口部をもつ円盤であり，これを管に取り付け，その前後の圧力差，すなわち圧力損失を測定することにより流量が計測される．同図に示すように管内の流れはオリフィスにより絞られ，開口部を過ぎた位置で，流れの断面積が最小となる．この位置は**縮流部**(vena contracta) と呼ばれる．縮流部を過ぎると流れは徐々に広がり元通り管一杯に広がる．オリフィスの上流部を 1 とし，縮流部を 2 とし，管は水平であるとしてベルヌーイの定理を適用すると，次式が成り立つ．

$$\frac{\rho u_1^2}{2} + p_1 = \frac{\rho u_2^2}{2} + p_2$$

ここで，位置 1, 2 の断面積を A_1 [m^2], A_2 [m^2] とすると，各断面での流量は等しいことから，

$$u_1 A_1 = u_2 A_2$$

これら 2 式から u_1 を消去し，u_2 について解くと，次式となる．

$$u_2 = \left(1 - \left(\frac{A_2}{A_1}\right)^2\right)^{-1/2} \left(\frac{2\Delta p}{\rho}\right)^{1/2} \quad (\Delta p = p_1 - p_2 = (\rho' - \rho)gh)$$

ここで，縮流部の断面積 A_2 を実際に求めることは困難であるため，オリフィスの開口断面積 A_0 との比である**収縮係数** (coefficient of contraction) $C_c\,[-]$ を用いて A_2 は，

$$A_2 = C_c A_0$$

で表される．また，ここで求めた u_2 は粘性の影響を考慮していない．この粘性に基づくエネルギー損失による流速の減衰を考慮するために，**速度係数** (velocity coefficient) $C_v\,[-]$ を乗じて，縮流部の実際の流速 u_a は，

$$u_a = C_v \left(1 - C_c^2 \left(\frac{A_0}{A_1}\right)^2\right)^{-1/2} \left(\frac{2\Delta p}{\rho}\right)^{1/2} \tag{2.59}$$

となる．これより同部での実際の流量 $Q_a\,[\mathrm{m^3\,s^{-1}}]$ は，

$$\begin{aligned}
Q_a &= u_a C_c A_0 = C_v C_c A_0 \left(1 - C_c^2 \left(\frac{A_0}{A_1}\right)^2\right)^{-1/2} \left(\frac{2\Delta p}{\rho}\right)^{1/2} \\
&= C(1 - C_c^2 m^2)^{-1/2} A_0 \left(\frac{2\Delta p}{\rho}\right)^{1/2} \\
&= \alpha A_0 \left(\frac{2\Delta p}{\rho}\right)^{1/2}
\end{aligned} \tag{2.60}$$

となる．ただし，

$$m = \frac{A_0}{A_1} = \left(\frac{D_0}{D}\right)^2, \quad C = C_c C_v, \quad \alpha = C(1 - C_c^2 m^2)^{-1/2}$$

であり，$C\,[-]$，$\alpha\,[-]$ はともに**流量係数** (discharge coefficient) と呼ばれる．ここで，α は一般に m と Re の関数であるが，$10^5 < Re < 2 \times 10^6$ の範囲では，m のみの関数となり，JIS 規格により，次式から計算される．

$$\alpha = 0.597 - 0.011\,\mathrm{m} + 0.432\,\mathrm{m}^2 \tag{2.61}$$

b. ベンチュリー管 (Venturi tube)

イタリアの Venturi の理論に基づき設計された流量計であり，基本原理はオリフィス管と同じであるが，図 2.15 に示すように楕円形状に近いノズルで徐々に絞られた流れが，広がり管で徐々に圧力を回復するよう設計されており，渦の発生や縮流現象が生じない．このため上述の収縮係数は $C_c = 1$ であり，また流

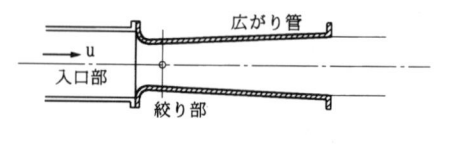

図 2.15 ベンチュリー管

量係数 α も 1 前後の値をとる．流量は入口部と絞り部との圧力差から式 (2.60) を用いて算定される．

2.5 流れの可視化

2.5.1 実験的可視化手法

配管や装置内の流れに基づくトラブルの原因を解明したり，流動を伴う装置を大型化するための設計を行う際，その流動状態が可視化されていたならば，何にもまして有用な情報を与えることになる．本項では，流れの可視化法のうち，実験的な手法についてその代表的なものをいくつか述べるとともに，自然現象や私達の身のまわりで，流れの状態が可視化されている事例についても触れることとする．

a. 壁面トレース法

これは対象とする装置内の面に，例えば油膜を塗布しておき，流れが残す痕跡から，物体表面での流れの強さや方向を知る方法である．ポンプやタービンの翼面上や装置内における壁面の流れ状態が同法により観察されている．例えばコンクリートの面状に油を落としたとき，油膜の形成する色模様から，表面近傍の気流の状態を知ることができるが，これは一種の壁面トレース法による可視化といえよう．

油膜ではなく感温塗料を塗布しておけば，物体表面上の温度分布を知ることもできる．

b. 注入トレーサー法

最もよく用いられる可視化法の一つであり，流れ場に目印となるトレーサーを注入して，その動きを観察することにより，流動状態を可視化する手法である．トレーサーには液体や微小固体粒子が多く用いられるが，2.1.5 項でも述べたように，これを連続的に注入するときには，**流脈法**(streak line method) と呼ばれる．例えば，たばこの煙は流脈法により周囲の空気の流れが可視化されているといえる．また，2.1.2 項で述べたレイノルズの実験も同法による可視化例である．

これに対してトレーサを間歇的(かんけつてき)に入れる場合は，**流跡法**(path line method) と呼ばれる．例えば，タンポポの種が風に吹かれて浮遊しているのは，流跡法によ

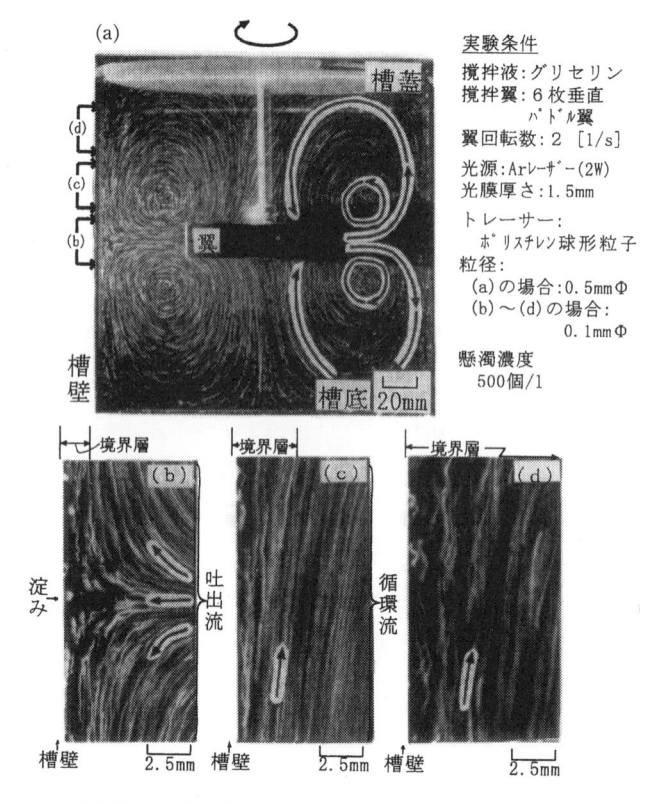

図 2.16 粒子追跡法による撹拌槽内における流動状態の可視化
写真例(上和野満雄:化学工学, **61**(11), 901, 1997).
(a)槽全域観測, (b)〜(d)槽壁近傍拡大観測(矢印は流れの方向).

る可視化例といってよい．装置内にあらかじめ比較的大量のトレーサー粒子を入れておき，これを観察する方法もあり，これは**懸濁法**(suspension method)と呼ばれる．撹拌槽内に微小なポリスチレン粒子を入れておき，槽側面からレーザーによるシート光を当てると，翼まわりの吐出・循環流の様子が明瞭に観察される．図2.16にはこのようにして観察された撹拌槽内の流動状態の可視化写真を一例として示している．このようなフローパターンだけではなく，ある時間間隔で形成される流跡線の長さから，断面における各位置での流速を算定することもでき，これから時間平均的な流速のベクトル分布を描くこともできる．

このほか，トレーサーに化学反応を利用する手法もよく用いられ，例えばヨウ素の脱色剤(チオ硫酸ナトリウム)による脱色反応は，撹拌槽内における水飴溶

液の混合時間を槽内が脱色されるまでの時間として測定し，撹拌翼の性能評価をするのによく使用されている．

c. タフト法 (tuft method)

タフトとは短い糸のことであり，古くから流体実験に用いられてきた手法である．同法はタフトの配置の仕方によりいくつかに分類される．例えば車体表面に多数のタフトを張り付けておく方法は，**表面タフト法** (surface tuft method) と呼ばれる．一方，格子状に張られたタフトを用いるのは，**タフトグリッド法** (tuft grid method) と呼ばれ，物体背後の渦流れなどを同法を用いて観察することができる．その他，細い棒の先にタフトをつけ，これを観察するのは，**タフトスティック法** (tuft stick method) と呼ばれる．例えば高速道路に設置されている吹き流しなどはこの手法に相当する．

2.5.2 数値シミュレーション (numerical simulation)

昨今の計算機技術のハード，ソフト両面における長足の進歩により，実験によらず，計算により化学装置内や物体まわりの流動状態を解析することが，かなりの部分で可能となってきた．流れの数値解析法の詳細は他の成書を参考にされたい．本項ではその基本的な考え方だけを述べることにする．

流動を解析するための基本となる式は，2.1.4項ですでに述べたように，式(2.8)の連続の式と式(2.9)の運動の式であり，ニュートン流体の場合は N-S 方程式と呼ばれる．これら2つの式を連立して解を求めるのであるが，コンピューターで計算するためには，まず計算点を決める必要がある．これは解析の対象領域を，最も簡単には格子状に分割することであり，メッシュ分割とも呼ばれる．

メッシュは3次元の場合，1つの直方体であるが，通常，各面の中心でベクトル量である流速の各成分 (u, v, w) が計算される．一方，スカラー量である圧力 p [Pa] は同直方体の中心で計算される．ちなみに温度 T [K] や濃度 C [mol m^{-3}] を解析する際も，同様に体積中心で計算される．

これとあわせて基礎方程式も，空間的に**離散化** (discretization) する必要がある．この離散化手法には，主に**有限要素法** (finite element method; FEM)，**有限体積法** (finite volume method; FVM)，**有限差分法** (finite difference method; FDM) などがあり，それぞれ取扱いが異なっているが，最近はこれらをミックスした手法も多く提案されており，その境界が曖昧になりつつある．

さて運動の式 (2.9) を時間発展的に解いて，次時刻の速度ベクトル $\boldsymbol{u}(=(u, v, w))$ を計算するのであるが，この際問題となるのは，この計算で必要となる次時刻の圧力の空間勾配，すなわち式 (2.9) の右辺の第1項 ∇p が未知なことである．とりあえず，現時刻の ∇p の値を用いて $\boldsymbol{u}$ の推定値 $\bar{\boldsymbol{u}}$ が計算される．ところが，この $\bar{\boldsymbol{u}}$ では，当然，連続の式 (2.8) を満足することができない．そこで，$\boldsymbol{u}$ が式 (2.8) を，十分に満足するようになるまで，p と $\bar{\boldsymbol{u}}$ の補正計算を繰り返す．この補正計算のやり方にはいくつかあるが，例えば SOLA 法では，

$$\Delta p = -\frac{D}{2\Delta t(\Delta x^{-2}+\Delta y^{-2}+\Delta z^{-2})}$$

$$D = \mathrm{div}\,\bar{\boldsymbol{u}} \tag{2.62}$$

で圧力の補正量 Δp が表現される．ここで，Δt [s] は時間刻みであり，$\Delta x, \Delta y, \Delta z$ [m] はそれぞれ x, y, z 方向のメッシュ刻み幅である．速度ベクトルの発散 $D=0$ が式 (2.8) そのものであり，D が全メッシュにおいて十分小さくなるまで収束計算を繰り返す必要がある．

実際に計算する際には，Δt はメッシュの刻み幅から制限を受けたり，刻み幅を変えると計算結果が変わってくることもあり，注意を要する．

図 2.17 には撹拌槽内における高粘度擬塑性流体の流動状態を数値解析した結果の一例を示す．2.1.1 項で述べたように，翼まわりの剪断作用が強く働く領域

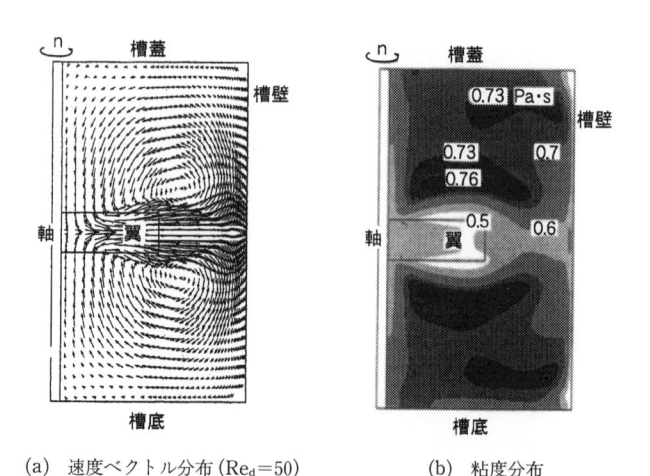

(a) 速度ベクトル分布 ($Re_d=50$)　　　(b) 粘度分布

図 2.17　撹拌槽における高粘度擬塑性流体の数値解析例（上ノ山　周：化学工学便覧，改訂第六版，化学工学会編，p. 328，丸善，1999）

> **栓流と完全混合**
>
> 　化学装置内の反応状況を解析するうえで，流動状態に関する情報は，極めて重要であるにもかかわらず，これを定量的に知ることは従来，極めて困難であった．この難問に対して一つの解決策を与えてきたのが，流れをモデル化したうえでの検討である．その1つは**栓流**(plug flow) モデル (**ピストン流** (piston flow) モデルあるいは**押出し流れ**モデルとも呼ばれる) であり，これは流速分布がまったく生じないとするいわば，ところてん式の押出し流れを仮定するものである．もう1つは，**完全混合** (perfect mixing) モデルであり，例えば反応器内の濃度分布がまったくないとする理想的な状態，いわば究極の乱流状態を仮定するものである．栓流モデルと完全混合モデルとは両極端に位置すると考えてよい．実際の現象はその間のどこかに位置するという訳である．しかしながら，それが何処なのかは，如何せん不明であった．
>
> 　今日の流れの可視化手法は，実験的手法であれ，数値流動解析であれ，この暗部に対しダイレクトに光を当てるものとして期待されており，また着実にその実績を上げているといえよう．

で，粘度の低下する様子が解析されている．

　以上に述べたのは主に層流状態を対象とする場合であるが，系が乱流状態にあるときには，これに加えて特別な工夫あるいはモデル式が必要となる．興味のある人は参考書 (保原ら (1992)) を参照されたい．

【演習問題】

2.1 非ニュートン流体： 身のまわりで非ニュートン流体と考えられるものをあげ，そのレオロジー特性を簡単に述べるとともに，それが属すると考えられる流体の名称を記せ．

2.2 相当直径： 図2.2に示した円管以外の(a)環状路，(b)開溝，(c)濡れ壁の相当直径 D_e が，本文中，2.1.2項に記した式でそれぞれ表されることを示せ．

2.3 レイノルズ数： 幅，高さ0.5 mの正方形の断面をもつ送水管内を，20 ℃の水が $2\,\mathrm{m^3\,h^{-1}}$，高さ0.4 mの状態で流れている．このときの送水管内の流れは，層流か乱流か．ただし20 ℃における水の物性値は次のとおりとする．粘度：$1.002 \times 10^{-3}\,\mathrm{Pa\,s}$，密度：$998.2\,\mathrm{kg\,m^{-3}}$．

2.4 管内流： 内径 D が35 mmの円管内を動粘度 ν が $9.8 \times 10^{-6}\,\mathrm{m^2\,s^{-1}}$ のスピンドル油を層流状態で輸送したい．流量 $Q\,[\mathrm{m^3\,h^{-1}}]$ の上限値を求めよ．ただし，臨界

レイノルズ数 Re_c は 2100 とする.

2.5 エネルギー保存則(ベルヌーイの式): 横断面積 $A_1=1\,\mathrm{m}^2$ の水槽の底に開けた面積 $A_2=2.0\,\mathrm{cm}^2$ の穴から水が流出している.水面の高さ H が 1.5 m のとき流出速度 $[\mathrm{m\,s^{-1}}]$ はいくらか.また,水が 1.5 m の高さからちょうど空になるまでに要する時間 T はいくらか.

ヒント:ベルヌーイの式から平均流出速度 u を求め,これを $A_2 u dt = -A_1 dh$ に入れて積分せよ.

2.6 エネルギー保存則(ベルヌーイの式): 野球などで使うボールは,回転を掛けた方向に曲がり,変化球となる.これをベルヌーイの定理を用いて,簡単に説明せよ.

ヒント:ボールの速さを V,回転速度を v_0 とするとき,ボールから見て,そのまわりの気流速度が左右でどのようになるかを考えよ.

2.7 エネルギー保存則(ベルヌーイの式): 常温の水をポンプで昇圧し,$Q=0.10\,\mathrm{m}^3\,\mathrm{s}^{-1}$ の流量で輸送している.ポンプの入口管内径は 0.22 m で,出口管内径は 0.15 m である.出口は入口より 0.8 m 上方にあり,出口の圧力は入口よりも 80 kPa 高い.いま,損失頭は $55.0\,\mathrm{J\,kg^{-1}}$ であり,ポンプの所要動力 W_p は 23.9 kW であるとするとき,このポンプの効率 η は何%か.

2.8 管内層流(ハーゲン-ポアズイユの法則): 10℃の水の粘度を測定するために毛細管を用い,Hagen-Poiseuille の実験を行った.次の数値を用いてこの温度における水の粘度 μ ならびに本実験条件における Re 数を算出せよ.

毛細管長さ : 10.05 cm, 管平均内径 : 0.01400 cm
流出水容積 : 13.34 cm³, 流出時間 : 3506 s
毛管前後の圧損 : 5.145×10^4 Pa, 10℃の水の密度 : $0.9997\,\mathrm{g\,cm^{-3}}$

2.9 管内乱流速度分布(対数法則): 滑らかな壁面をもつ内径 0.45 m の円管内におけるオイルの流速を管壁からの距離 $y=0.225\,\mathrm{m}$(管中心),0.01 m,0.001 m においてそれぞれ求めよ.計算は対数法則を用いて行い,その結果を例題 2.4 の指数法則を用いた場合と比較せよ.

ただし,オイルの比重を 0.85,動粘性係数を $9\,\mathrm{mm^2\,s^{-1}}$,管壁における剪断応力 τ_w を 1.646 Pa とする.

2.10 管内流(圧力損失): 内径が 30 mm の平滑円管内を 10℃の水を毎分 8 l 流したい.管長 10 m における圧力損失 Δp はいくらか.板谷の式 (2.35) を用いて計算せよ.ただし,10℃の水の物性値は次のとおりとする.動粘度:$\nu=1.307\times10^{-6}\,\mathrm{m^2\,s^{-1}}$,密度:$\rho=999\,\mathrm{kg\,m^{-3}}$.

2.11 境界層内速度分布: 平板に平行に $10\,\mathrm{m\,s^{-1}}$ の風が吹いている.このとき以下の位置 ① および ② における局所レイノルズ数,境界層厚さ,ならびに境界層内における風速をそれぞれ求めよ.ただし,空気の動粘性係数を $1.54\times10^{-5}\,\mathrm{m^2\,s^{-1}}$,境界層が層流から乱流に遷移する臨界レイノルズ数を $Re_{xc}=3\times10^5$ とす

る．
① 平板前縁からの距離 $x=0.1$ m，平板からの高さ $y=1$ mm
② 平板前縁からの距離 $x=1$ m，平板からの高さ $y=1$ cm

2.12 境界層厚さ： 乱流境界層における排除厚さ δ^* の同境界層厚さ δ に対する比の値を求め，その結果を例題 2.7 で示されている層流境界層の場合と比較せよ．

2.13 球の受ける流体抵抗（ストークス則）： 温度が一定のヒマシ油の中を直径 d_p 3.0 mm の鋼球を沈降させた．その終末速度 v を測定したところ 3.4 cm s^{-1} であった．ストークスの法則が成立するとして，ヒマシ油の粘度を計算せよ．また求めた粘度を用いて粒子レイノルズ数 Re_p を計算し，同法則が適用できる範囲であることを確かめよ．ここでヒマシ油と鋼球の密度 ρ_l, ρ_p はそれぞれ 0.968 および 7.86 g cm^{-3} である．

2.14 車の受ける空気抵抗： 高さ 1.5 m，幅 2 m の箱型の車と断面積 $S=2.6$ m^2 のスポーツタイプの車がある．車の抵抗係数 C_D はそれぞれ 0.85 と 0.32 である．今，箱型の車が時速 60 km で走るときに受ける抵抗 D はいくらか．またスポーツ車がこれと同じ抗力を受けるのは，時速何 km で走るときか．ただし，空気の密度 ρ は 1.2 kg m^{-3} とする．

2.15 カルマンの渦列： 動粘度 $\nu=1\times10^{-6}$ m^2 s^{-1} の静止水中に直径 $D=5$ cm の円柱を立てて速度 $u_0=0.4$ m s^{-1} で動かした．このとき円柱の背後には，毎秒何個の渦が発生するか．
ヒント：$Re \geq 10^3$ では $St=0.21$ である．

2.16 プラントル型ピトー管： 図に示すプラントル型ピトー管を水流中に入れたとき，3つのU字管部に封入されている水銀はそれぞれどのように変化するか．変化後の水銀柱の高さの差をそれぞれ h_1, h_2, h_3 とするとき，これらは全圧，動圧，静圧のどの圧におのおの対応するか．また h_1, h_2, h_3 の間に成立する関係式を示せ．

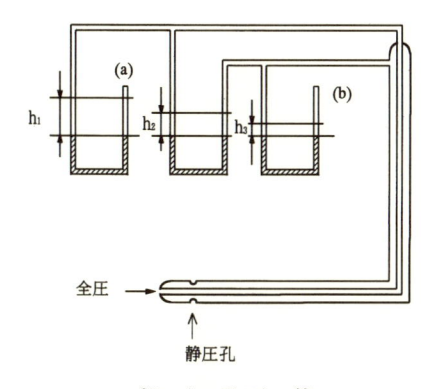

プラントル型ピトー管

2.17 オリフィス流量計： 管径 16 cm の円管に常温の水を流し，開口径 10 cm のオリフィスを用い，オリフィス前後の圧力損失 Δp を計測したところ，$\Delta p = 3670$ Pa であった．このときの体積流量 $Q\,[\mathrm{m^3\,s^{-1}}]$ とレイノルズ数 $Re\,[-]$ を求めよ．ヒント：流量係数 α は開口率 m のみの関数であると仮定せよ．

2.18 流れの可視化： 身のまわりならびに自然現象において，流れが可視化されていると考えられる事象を1つずつあげ，それがどの可視化手法に相当していると考えられるか記せ．

2.19 流れの数値シミュレーション： 数値シミュレーションは，非接触法であることや対象とする系の寸法変更が容易であるなどの実験的な手法には見られない長所をもつ一方，手法の信頼性を確立するためには，検証実験が欠かせないなどの弱点もある．

このほかに，同手法の長所，短所と考えられることを簡潔に述べよ．

3

熱移動（伝熱）

3.1 は じ め に

　熱は主として伝導，対流，放射によって伝わる．冬は空気層が厚くなるような服を着用するのも，「伝導伝熱」を少なくするためである．夏の暑いときには，薄着をして風に当たると涼しいが，「対流伝熱」による熱移動を増やすための生活の知恵である．また，寒いときには放射型ストーブの前にいくと暖かいのも，「放射伝熱」を多く受けるためである．本章では，数式がたくさん出てきて難しい印象を受ける熱移動現象をすぐに役に立つようにやさしくまとめている．そのため，いくつかの項目が取り上げられていないので，必要に応じて巻末の参考図書を勉強していただきたい．

3.1.1 伝熱機構の概要と事例
太陽熱温水器の工夫

　太陽熱温水器には，ただパイプを並べたものから，熱媒体を循環させるタイプまでいろいろあるが，ここでは図3.1に示す自然対流型を例にして説明する．
　① 太陽からの放射熱をより多く取り込むために：透明度の高い窓（ガラスあるいはプラスチック）と，放射熱吸収率の高いパイプ表面（黒色に塗装）を使う．
　② 取り込んだ熱を逃がさないために：保温材で金属パイプを保温することと，パイプから大気中への放射伝熱を防ぐために，特殊皮膜を塗布した窓を使う．特殊被膜の特徴としては，太陽からの光線のような波長の短い光は通すが，温度の低いパイプ表面から出る遠赤外線はカットする働きをもつ．

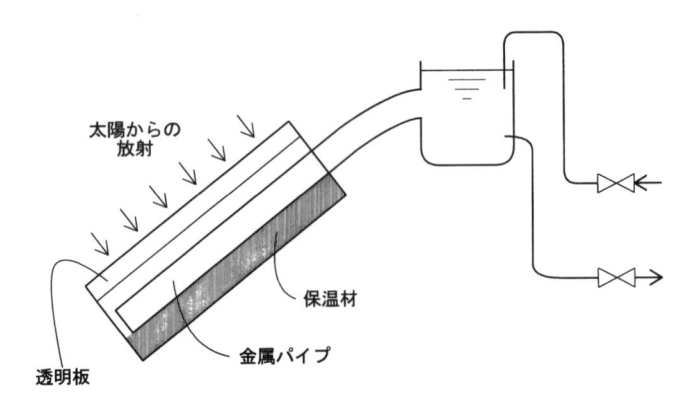

図3.1 太陽熱温水器の概略図

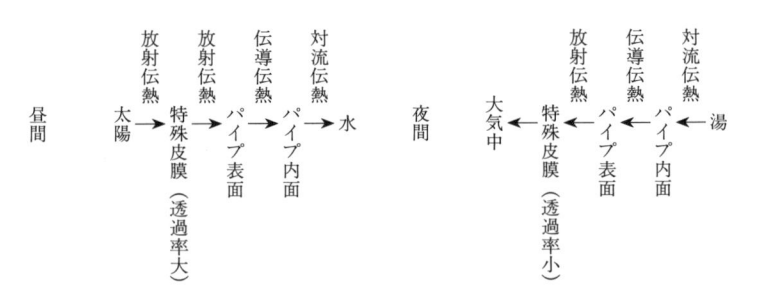

図3.2 太陽熱温水器の伝熱機構

昼間：太陽 → 特殊皮膜（透過率大）→ パイプ表面 → パイプ内面 → 水
（放射伝熱、放射伝熱、伝導伝熱、対流伝熱）

夜間：大気中 ← 特殊皮膜（透過率小）← パイプ表面 ← パイプ内面 ← 湯
（放射伝熱、放射伝熱、伝導伝熱、対流伝熱）

③ 熱工学的に説明すると図3.2のようになる．すなわち，昼間は太陽熱を受けてパイプ表面を放射伝熱で暖め，パイプを伝導伝熱で伝わった熱は，水を対流伝熱で加熱する．夜間は，同様にして熱は逆向きに伝わる．たくさんの熱を取り込み，逃がさないようにするため工夫がなされており，例えばパイプ周囲の空気の流れを少なくして対流による熱損失をなくす，冷えた水が逆流しないように一方向弁をもうける，温度差によって熱媒体循環ポンプを制御する，などがある．

> **計算違いをなくすコツ**
>
> 複雑な計算式を解こうとするとき，必ず単位を一緒に計算する．例えば，ごく簡単な例でレイノルズ数を計算してみよう．
> 問：内径 5 cm のパイプの中を水が平均流速 10 cm s^{-1} で流れているときのレイノルズ数を求めよ．
>
> 解 1：
> $$Re = \frac{du\rho}{\mu} = \frac{(0.05 \text{ m})(0.1 \text{ m s}^{-1})(1000 \text{ kg m}^{-3})}{(1.8 \times 10^{-3} \text{ kg m}^{-1}\text{s}^{-1})}$$
> $$= \frac{(0.05)(0.1)(1000)}{(1.8 \times 10^{-3})}\left(\frac{\text{mm kg m s}}{\text{sm}^3 \text{ kg}}\right) = 2.78 \times 10^3 \text{ (無次元)}$$
>
> 解 2：
> $$Re = \frac{du\rho}{\mu} = \frac{(5 \text{ cm})(10 \text{ cm s}^{-1})(1000 \text{ kg m}^{-3})}{(1.8 \times 10^{-3} \text{ kg m}^{-1}\text{s}^{-1})}$$
> $$= \frac{(5)(10)(1000)}{(1.8 \times 10^{-3})}\left(\frac{\text{cm}^2 \text{ kg m s}}{\text{s m}^3 \text{ kg}}\right) = 2.78 \times 10^7 \left(\frac{\text{cm}^2}{\text{m}^2}\right)$$
>
> これより明らかなように，解 2 は大学生レベルに達しない間違いをおかしていることがわかる．
>
> **有効数字に注意**
> 電卓を使うと 8 桁〜12 桁もの答がでるが，必ず有効数字を念頭におくことを忘れないことが肝心．有効数字が 2 桁のデータを使ってどう計算してもそれを超える答はでないことに注意．例えば，地球の半径は 6400 km であるが，書き直すと 6.4 $\times 10^3$ km となり，さらには 6.4 $\times 10^{12}$ μm となる．平気で有効数字が 12 桁の答を書く人は，地球を μm 単位で測定していることになる．

3.2 伝 導 伝 熱

3.2.1 伝導伝熱の基本式

温度が高いところから低いところに熱が伝わるとき，以下の式によって伝導伝熱 (conduction heat transfer) が表される (**フーリエの法則** (Fourier's law))．

$$dQ = -k\frac{dT}{dx}dA \tag{3.1}$$

熱流束 q を用いて書き直すと

$$q = \frac{dQ}{dA} = -k\frac{dT}{dx} \tag{3.2}$$

ここで，Q は単位時間当たりの熱移動量 [W]，dT/dx は熱の流れる方向の温度

勾配 [K m^{-1}], k を物質の熱伝導率 (または熱伝導度; thermal conductivity) [W m^{-1} K^{-1}] と呼ぶ. 負号は熱の流れが低温に向かうことを示す. この式を解くことによってすべての熱伝導問題が解決するわけだが, いくつかのよく使われる例を以下に解説する.

3.2.2 無限平板の定常伝熱

平板を厚さ方向に伝わる熱を考える. ここで, 平板の大きさは無限と考えることによって, 厚さ方向の1次元熱移動として扱うことができる.

$$Q = -\frac{kA}{\Delta x}(T_2 - T_1) \tag{3.3}$$

ここで, Δx は平板の厚さ [m], T_1, T_2 は両側の壁面温度である.

もし壁面材料が3種類からなっている場合には, 図3.3のように温度の高い側から壁面温度を $T_1, T_2, \cdots, T_4$ とし, 3種類の壁の熱伝導率と厚さをそれぞれ k_A, k_B, k_C, また $\Delta x_A, \Delta x_B, \Delta x_C$ とすれば

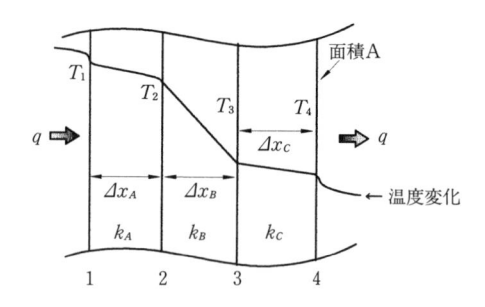

図3.3 無限の大きさをもった3層平板の伝導伝熱
温度変化が直線であること, kの値によって傾きが異なること, 壁に接する流体に温度境界層 (3.3節で述べる) が存在することに注意.

$$R_A = \frac{\Delta x_A}{k_A A}, \quad R_B = \frac{\Delta x_B}{k_B A}, \quad R_C = \frac{\Delta x_C}{k_c A}$$

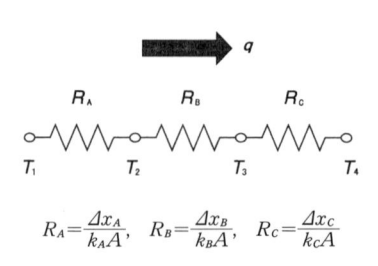

図3.4 フーリエの方程式とオームの法則の相似性

$$Q = -k_A A \frac{T_2 - T_1}{\Delta x_A} = -k_B A \frac{T_3 - T_2}{\Delta x_B} = -k_C A \frac{T_4 - T_3}{\Delta x_C} \tag{3.4}$$

これより

$$Q = \frac{T_1 - T_4}{\Delta x_A / k_A A + \Delta x_B / k_B A + \Delta x_C / k_C A} \tag{3.5}$$

温度は熱の流れのポテンシャルであるから電圧に置き換えることができ，オームの法則 ($i = V/R$) と相似性があることがわかる．

$$伝熱量 = \frac{温度差}{熱抵抗} \tag{3.6}$$

したがって図 3.3 を電気回路として書き直せば図 3.4 のようになる．
ここで，**熱抵抗** (thermal resistance) R_{th} は次のように書ける

$$R_{\text{th}} = \frac{\Delta x}{kA} \tag{3.7}$$

3 つの壁の抵抗の和は $\sum R_{\text{th}}$ であるから

$$Q = \frac{\Delta T}{\sum R_{\text{th}}} \tag{3.8}$$

【例題 3.1】 ベニヤ板で囲まれたいわゆる「プレハブ」といわれる作業小屋は冬寒くて夏暑い．一方，われわれの住んでいる「家屋」は断熱することによって住みやすくできている．

高さが 3 m，幅 4 m の壁で四面を囲まれた部屋を考える．天井と床は断熱されているとして，「プレハブ」と「家屋」それぞれの場合の，室内から室外への放熱量を求めよ．

ただし，伝熱はすべて伝導によるものとし，冬季を想定して，室内はエアコンによって 20 ℃ に保たれ，外気温は 5 ℃ とする．また，プレハブの壁は 5 mm 厚のベニヤ板 ($k = 0.2$ W m^{-1} K^{-1}) 1 枚であり，家屋の壁は 2 枚のベニヤ板で 5 cm 厚のグラスウール断熱材 ($k = 0.04$ W m^{-1} K^{-1}) を挟んだ物とする．

解．例題の部屋は図 (a) のような形をしており，壁の全面積 (全伝熱面積) は，(3 m×4 m)×4 で 48 m^2 となる．ここで，ベニヤ板 1 枚からなる場合は，図 (b) のような温度変化となり，式 (3.3) が適用される．ただし，問題にあるように，ここではすべての伝熱は伝導伝熱によっているため，板の内側と外側に生ずる温度境界層 (3.3.2 a 参照) は無視していることに注意．

$$Q = \frac{kA}{\Delta x}(T_2 - T_1) \tag{3.3}$$

この式に上の条件をあてはめると

$$Q = -\frac{(0.2 \text{ W m}^{-1}\text{ K}^{-1})(48 \text{ m}^2)}{5\times10^{-3}\text{ m}}(5℃-20℃)$$
$$= 2.88\times10^4 \text{ W}$$

壁がグラスウールで断熱されている場合には，温度変化は図(c)のようになり，式(3.5)が適用される．すなわち

$$Q = \frac{T_1-T_4}{\varDelta x_A/k_A A + \varDelta x_B/k_B A + \varDelta x_C/k_C A} \tag{3.5}$$

この式に条件をあてはめると

$$Q = \frac{20℃-5℃}{\left(\dfrac{5\times10^{-3}\text{ m}}{(0.2\text{ W m}^{-1}\text{ K}^{-1})(48\text{ m}^2)}\right)\times2 + \left(\dfrac{5\times10^{-2}\text{ m}}{(0.04\text{ W m}^{-1}\text{ K}^{-1})(48\text{ m}^2)}\right)}$$
$$= 554 \text{ W}$$

結果より，グラスウールで断熱することにより，ベニヤ板1枚の場合に比べて放熱量が2桁も少なくなり，いかに大きな省エネルギー効果が得られるかがわかる．ここで，グラスウールに比べて，ベニヤ板の熱伝導率が大きく，板厚が薄いため，計算結果にはほとんど影響していないことがわかる (p.104 のコラム参照).

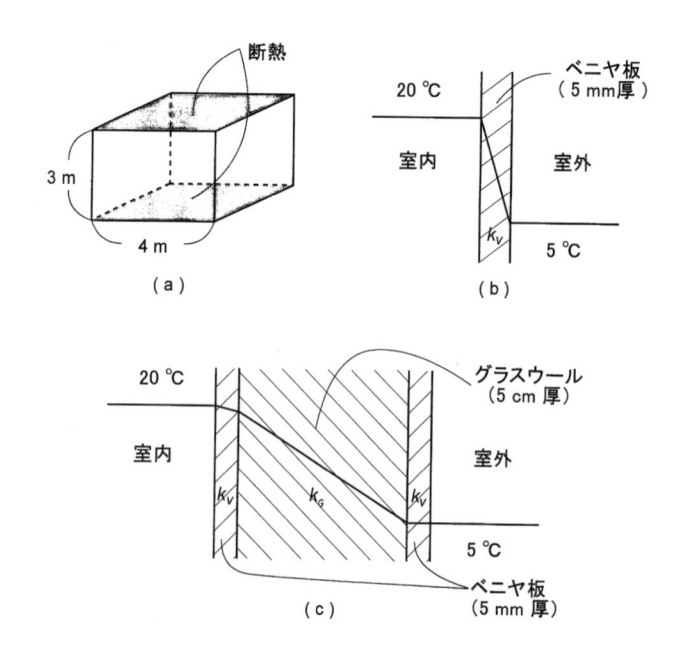

(a) 断熱, 3 m, 4 m

(b) 20℃ 室内 / 室外 5℃ ベニヤ板（5 mm厚）k_V

(c) 20℃ 室内 / 室外 5℃ グラスウール（5 cm厚）ベニヤ板（5 mm厚） k_V, k_G, k_V

3.2.3 中空円筒半径方向の定常伝熱

図3.5のように長さが無限の円筒の一部を考えると，半径方向に流れる熱移動は1次元として取り扱うことができる．内半径を r_i，外半径を r_o，温度差を ΔT とし，長さ L の中空円筒を考えれば，半径 r での円筒表面積 A_r は $A_r = 2\pi rL$ だから，フーリエの法則(3.1)を書き直して，式(3.9)が得られる．

$$Q_r = -2\pi rL \cdot k \frac{dT}{dr} \tag{3.9}$$

境界条件を $r = r_i$ で $T = T_i$，で $r = r_o$ で $T = T_o$ として解くと

$$Q = \frac{2\pi Lk(T_i - T_o)}{\ln(r_o/r_i)} \tag{3.10}$$

ここで，熱抵抗は $R_{th} = \{\ln(r_o/r_i)\}/2\pi Lk$ である．

同様にして図3.6に示す3層中空円筒に対する解は次式のようになり，電気回路として書くと図3.7のようになる．

$$Q = \frac{2\pi L(T_1 - T_4)}{\ln(r_2/r_1)/k_A + \ln(r_3/r_2)/k_B + \ln(r_4/r_3)/k_C} \tag{3.11}$$

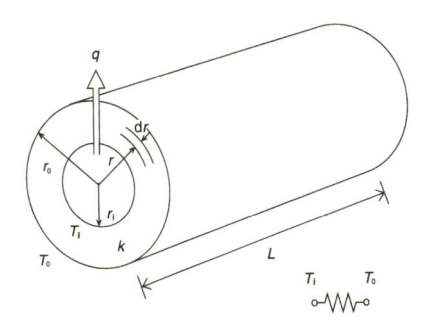

図3.5 円筒形状の1次元熱移動

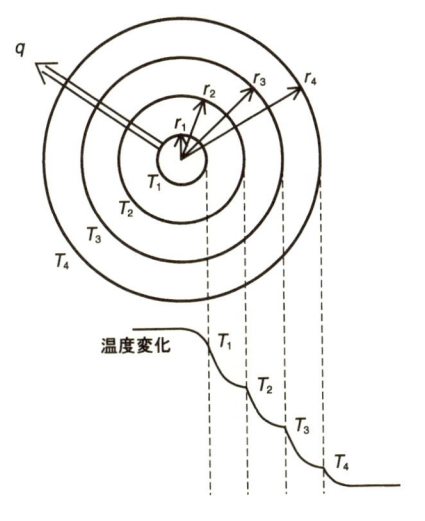

図3.6 多重円筒の1次元熱移動
温度変化が曲線になること，また，図3.3と同様に k の値によって傾きが異なること，壁に接する流体に温度境界層が存在することに注意．

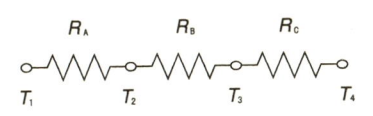

$$R_A = \frac{\ln(r_2/r_1)}{2\pi k_A L}, \quad R_B = \frac{\ln(r_3/r_2)}{2\pi k_B L}, \quad R_C = \frac{\ln(r_4/r_3)}{2\pi k_C L}$$

図3.7 電気回路との相似性

3.2.4 中空球半径方向の定常伝熱

温度が半径のみの関数であるとき,内半径が r_i,外半径が r_o の中空球状体に対して熱移動量 Q は次式のように書ける.

$$Q = \frac{4\pi k(T_i - T_0)}{1/r_i - 1/r_o} \tag{3.12}$$

3.2.5 非定常熱移動の考え方

物体が急に温度の違う場におかれたとき,その物体の温度は時間とともに変化する.スイカを冷水に浸して,食べ頃の時間を熱工学的に推定するのはやさしくない.このように,時間とともに温度が変化するときの熱伝導を,非定常熱伝導という.

物体が周囲の流体によって加熱あるいは冷却される場合,図3.8に示すように
(a) 物体の表面が熱せられるとき,表面温度がまず上がり,徐々に内部まで熱が伝わる
(b) 単純化した理想的な場合として,物体内部に温度勾配が生じない状態で温度が上昇する

の2つの場合が考えられる.これらを分ける条件として次式が用いられる.

$$\frac{hV}{kA} \leq 0.1 \tag{3.13}$$

左辺が0.1より大きいときにはかなり複雑な計算を要するが,0.1より小さいときは物体内部の温度分布は無視することができる.左辺<0.1を満たす条件では

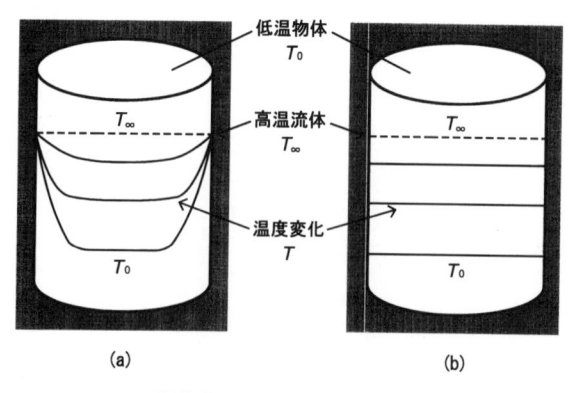

図3.8 非定常熱移動の概念図

次式により温度変化を計算することができる．

$$\frac{T-T_\infty}{T_0-T_\infty} = e^{-(hA/\rho c_p V)t} \tag{3.14}$$

ここで，$hA/\rho c_p V$ の逆数は，元の温度差の $1/e$（36.8％）の値になるまでの経過時間を表し，時定数 τ と呼ばれる．

$$\tau = \frac{\rho c_p V}{hA} \tag{3.15}$$

【例題 3.2】 28 ℃ に温まったメロン（直径 20 cm）を 0 ℃ の冷蔵庫に入れ，食べ頃を見計らっている．15 ℃ まで冷やすには何時間かかるかを計算せよ．ただし，メロンの内部は水で（流動しない），メロンの外側の自然対流による熱伝達係数を $1\,\mathrm{W\,m^{-2}\,K^{-1}}$ と仮定する．

解． 問題を図示すると図 (a) のようにかける．まず，式 (3.13) に問題の条件をあてはめると

$$\frac{hV}{kA} \leqq 0.1 \tag{3.13}$$

ここで，$h=1\,\mathrm{W\,m^{-2}\,K^{-1}}$，$k=0.60\,\mathrm{W\,m^{-1}\,K^{-1}}$ であり，球の体積 V と表面積 A はそれぞれ

$$V = (4/3)\pi r^3 = 0.00419\,\mathrm{m^3}$$
$$A = 4\pi r^2 = 0.126\,\mathrm{m^2}$$

であるから

$$\frac{hV}{kA} = 0.055 < 0.1$$

となり，式 (3.14) を用いて温度変化を計算できることがわかる．

$$\frac{T-T_\infty}{T_0-T_\infty} = e^{-(hA/\rho c_p V)t} \tag{3.14}$$

自然対流
$h = 1\,\mathrm{Wm^{-2}\,K^{-1}}$

0 ℃
冷蔵庫

メロン
（直径 20 cm，流動しない水からなる）

(a)

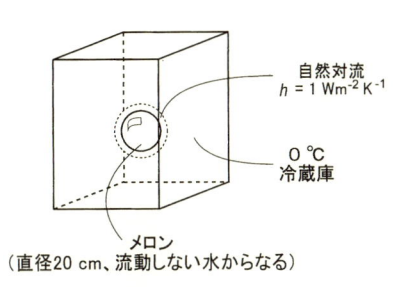

与えられた数値を代入して，まず指数部分を計算すると

$$\frac{hA}{\rho c_p V} = \frac{(1\text{W m}^{-2}\text{ K}^{-1})(0.126\text{ m}^2)}{(998\text{ kg m}^{-3})(4.18\times 10^3\text{ W s kg}^{-1}\text{ K}^{-1})0.00419\text{ m}^3}$$

$$= 7.21\times 10^{-6}(\text{s}^{-1})$$

これを式 (3.14) に代入すると

$$\frac{15-0}{28-0} = e^{-(7.21\times 10^{-6})t}$$

これより，$t = 8.66\times 10^4$ 秒，すなわち 24.0 時間となる．

3.3 対流伝熱

銅製パイプの中を温水がゆっくりと流れる構造となっている温水循環式ヒーターを用いて，なるべく早く室内を暖めるためにどのような工夫が考えられるだろうか．3.6節末コラムの説明のように，どの部分が伝熱を妨げているかを見きわめることが解決の第一歩となる．ここでは，最も熱伝達係数の小さい部分はパイプ表面の空気層である．そこで，ファンを使って強制的に風を当てる，伝熱面積を増やすためにパイプ外側にフィンをつける，などが考えられる．

3.3.1 ニュートンの冷却の法則

$$Q = hA(T_w - T_\infty) \tag{3.16}$$

上式の比例定数 h を熱伝達係数 (heat transfer coefficient) といい，単位は W m^{-2} K^{-1} である．これを単位面積当たりに書き換えれば，熱流束は次式で表される．

$$q = h(T_w - T_\infty) \tag{3.17}$$

3.3.2 強制対流伝熱

a. 平板壁を通しての伝熱

壁の厚さ方向一次元伝導伝熱を考えれば，式(3.3)に加えて，図3.9に示す壁の両面に流体の境界層が存在するとき，伝熱量は次のように表せる．

$$Q_A = h_1 A(T_1 - T_2)$$

$$Q_B = \frac{k}{L} A(T_2 - T_3)$$

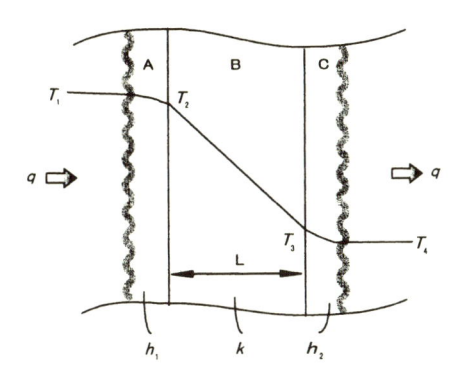

図3.9 境界層(A, C)を有する平板伝熱

$$Q_C = h_2 A (T_3 - T_4)$$

ここで，平板が無限に大きければ $Q_A = Q_B = Q_C$ であるから

$$Q = \frac{T_1 - T_4}{1/h_1 A + L/kA + 1/h_2 A} \tag{3.18}$$

ここで

$$\frac{1}{U} = \frac{1}{h_1} + \frac{L}{k} + \frac{1}{h_2} \tag{3.19}$$

とおくと，式(3.18)は次のようにかける．

$$Q = UA(T_1 - T_4) \tag{3.20}$$

U は総括熱伝達係数(overall heat transfer coefficient)といい，局所熱抵抗の総和である．すなわち，それぞれの熱抵抗を R_A, R_B, R_C とすれば

$$R_A = \frac{1}{h_1 A}, \quad R_B = \frac{L}{kA}, \quad R_C = \frac{1}{h_2 A}$$

となり，全熱抵抗 R は次式のようになる．

$$R = R_A + R_B + R_C = \frac{1}{h_1 A} + \frac{L}{kA} + \frac{1}{h_2 A} = \frac{1}{UA}$$

b. 円管内層流熱伝達

図3.10に示すように，助走区間をすぎて層流となった流体に対して次式が与えられている．

$$Nu = \frac{hd}{k} = 4.364 \tag{3.21}$$

上式により求まる h を式(3.16)にあてはめることによって伝熱量を計算することができる．

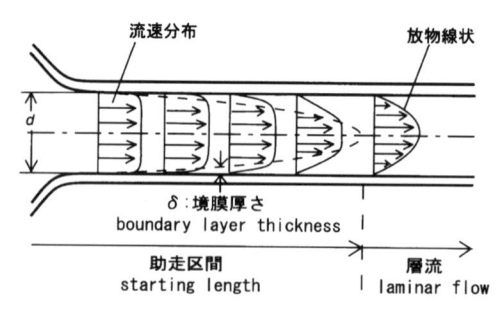

図 3.10 円管に流入する流体の流れの様子と速度分布

c. 円管内乱流熱伝達

粘度が大きくないふつうの液体・気体に対して次式が用いられる．

$$Nu = \frac{hd}{k_b} = 0.023\,(Re_b)^{4/5}(Pr_b)^{1/3} \tag{3.22}$$

ここで，添字 b は流体平均温度に対する物性定数，添字 w は管内表面温度に対する物性定数，d は管内径．

上式の適用範囲は $Re_b > 10^4 \sim 10^5$, $Pr_b = 0.7 \sim 120$, $L/d > 60$ である．ここで，管長 L が管内径 d の60倍より小さいときは，求めた熱伝達係数 h に $1+(d/L)^{0.7}$ を掛けることによって補正することができる．

管内を質量流量 $\dot{m}$ で流れる流体の入口と出口での温度 T_i と T_o がわかっている場合には，層流，乱流ともに次式で熱流量が計算できる．

$$Q = \dot{m}c_p(T_i - T_o) \tag{3.23}$$

d. 相 当 直 径

円管内強制対流伝熱は，流れの状態を調べることからスタートする．まず最初に，与えられた条件によって次式で表されるレイノルズ数を求める．Re によって層流か，乱流かがわかる．

$$Re = \frac{d\bar{u}\rho}{\mu}$$

ここで，d は円管の内径であるが，図3.11のような円管以外の場合には次に示す**相当直径**(hydraulic diameter) を用いて近似できる．

$$d_e = \frac{4A}{P} \tag{3.24}$$

ここで，A は管路の断面積，P は管路の周囲長さである．

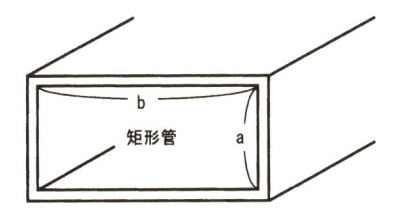

図 3.11　円管以外の場合の相当直径

e. その他の円柱外表面，球表面の伝熱

1) 円柱外表面の伝熱　一様な液体の流れに置かれた単一円柱外の伝熱に対して次式が用いられる．$10^3 > Re > 10^{-1}$ のとき

$$Nu = \frac{hd}{k_f} = Pr_f^{0.3}(0.35 + 0.56\, Re_f^{0.52}) \tag{3.25}$$

$5 \times 10^4 > Re > 10^3$ のとき

$$\frac{hd}{k_f} = 0.26\, Re_f^{0.6} Pr_f^{0.3} \tag{3.26}$$

ここで，d は円管外径，添字 f は境膜温度（管表面と流体本体温度との算術平均値）に対する物性値を用いるという意味である．

ただし，円柱以外の形状の場合には式 (3.24) の相当直径 d_e によって円柱に近似できる．

2) 球表面からの伝熱　$7 \times 10^4 > Re > 1,400 > Pr > 0.6$ の範囲で次式が用いられる．

$$Nu = 2.0 + 0.60\, Re_f^{1/2} Pr_f^{1/3} \tag{3.27}$$

【例題 3.3】　前述の例題 3.1 で，壁の室内・室外側に接する空気の熱伝達係数 h を $10\ \mathrm{W\,m^{-2}\,K^{-1}}$ としたとき，それぞれの放熱量はどうなるか．

解．例題 3.1 と違うところは，伝導伝熱と対流伝熱が同時に存在するということである．グラスウール断熱材を用いた場合を例にとると図のように書くことができ，放熱量は以下のように計算できる．

(1) ベニヤ板 1 枚だけのときは，式 (3.19) と (3.20) がそのまま適用できる．まず，式 (3.19) によって総括熱伝達係数を求めると

$$\frac{1}{U} = \frac{1}{h_1} + \frac{L}{k_v} + \frac{1}{h_2}$$

$$= \frac{1}{10\ \mathrm{W\,m^{-2}\,K^{-1}}} + \frac{5 \times 10^{-3}\ \mathrm{m}}{0.2\ \mathrm{W\,m^{-1}\,K^{-1}}} + \frac{1}{10\ \mathrm{W\,m^{-2}\,K^{-1}}}$$

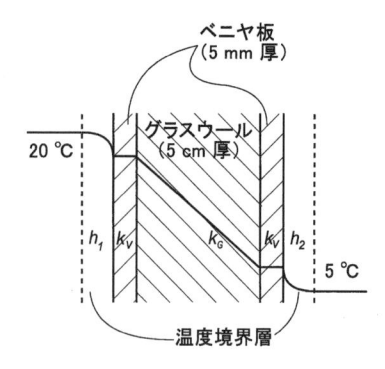

したがって $U=4.44$ W m^{-2} K^{-1}
部屋全体の放熱量は式 (3.20) により

$$Q=UA(\Delta T)$$
$$=(4.44 \text{ W m}^{-2}\text{ K}^{-1})(48 \text{ m}^2)(20℃-5℃)$$

以上より放熱量は $3.20×10^3$ W (3.20 kW) となる.

(2) 次に,グラスウールで断熱された壁の場合も,式 (3.19) の右辺第 2 項が多少複雑になるだけで,基本的に同様な計算方法となる.すなわち,式 (3.19) より

$$\frac{1}{U}=\frac{1}{h_1}+\left(\frac{L_V}{k_V}+\frac{L_G}{k_G}+\frac{L_V}{k_V}\right)+\frac{1}{h_2}$$

例題 3.1 の解答と同様であるため途中を省略して $U=0.667$ W m^{-2}K^{-1} となる.これより $Q=(0.667 \text{ W m}^{-2}\text{K}^{-1})(48 \text{ m}^2)(20℃-5℃)$ となり,放熱量は 480 W となる.

3.3.3 自然対流伝熱

a. 垂直平板熱伝達

垂直平板

① 境界層が層流の範囲 ($10^9>(GrPr)_f>10^4$)

$$Nu_f=\frac{hL}{k}=0.59\,(Gr\cdot Pr)_f^{1/4} \tag{3.28}$$

② 境界層が乱流の範囲 ($10^{12}>(GrPr)_f>10^9$)

$$Nu_f=0.10(Gr\cdot Pr)_f^{1/3} \tag{3.29}$$

ここで，L は平板の高さを用いる．

b. 垂直円管外面

① あまり細くない場合には垂直平板の式を適用（L はパイプの長さ）できる．

② 細い針金の場合 ($10^{-2} > GrPr > 10^{-7}$)

$$Nu = (Gr \cdot Pr)^{0.1} \tag{3.30}$$

c. 水平円管外面

代表長さ L として円管の直径をとると ($10^9 > GrPr > 10^4$)

$$Nu = 0.53(Gr \cdot Pr)^{1/4} \tag{3.31}$$

3.3.4 水平平板（1辺が L の正方形）

図 3.12 に示した場合を考える．矩形の場合は 2 辺の算術平均を L とし，円形の場合は $0.9\,d$ とする．どちらでもないときは $L = A/P$ とおくことができる．

① A面（低温平板の下側・高温平板の上側）

$$Nu = 0.54(Gr \cdot Pr)^{1/4} \quad (2 \times 10^7 > GrPr > 10^5 \text{ のとき}) \tag{3.32}$$

$$Nu = 0.14(Gr \cdot Pr)^{1/3} \quad (3 \times 10^{10} > GrPr > 2 \times 10^7 \text{ のとき}) \tag{3.33}$$

② B面（低温平板の上側・高温平板の下側）

$$Nu = 0.27(Gr \cdot Pr)^{1/4} \quad (3 \times 10^{10} > GrPr > 3 \times 10^5 \text{ のとき}) \tag{3.34}$$

【例題 3.4】 人が裸のままで 20 ℃ に保たれた無風の室内に立っている．人体から自然対流で失われる熱量を求めよ．ただし，人体は高さ 170 cm，直径 30 cm の円柱で，皮膚表面温度は 30 ℃ 一定と仮定する．

解．

計算を簡単にするために，人体の凹凸は無視して，問いのように円柱と仮定する．この状態での自然対流伝熱を計算するために，以下の手順に従って進める．

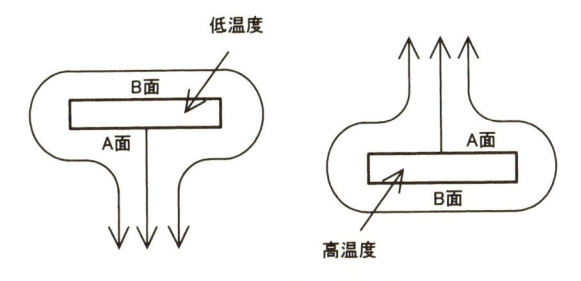

図 3.12 水平面の自然対流

(1) 表面を流れる空気の状態が層流であるか乱流であるかを調べるために，まず $(Gr\cdot Pr)$ を求める．$T_f=(293+303)/2=298\,\mathrm{K}$ であるから

$$(Gr\cdot Pr)=\left(\frac{L^3 g\beta\Delta T}{\nu^2}\right)\left(\frac{c_p\mu}{k}\right)$$
$$=\left[\frac{(1.7\,\mathrm{m})^3(9.8\,\mathrm{m\,s^{-2}})(1/298\,\mathrm{K^{-1}})(30\,\mathrm{℃}-20\,\mathrm{℃})}{(1.68\times10^{-5}\,\mathrm{m^2\,s^{-1}})^2}\right](0.71)$$
$$=4.1\times10^9$$

これは境界層が乱流であることをあらわしており，式 (3.29) を用いることができる．

$$Nu=\frac{hL}{k}=0.10(Gr\cdot Pr)_f^{1/3}$$

この式に求められている $(Gr\cdot Pr)$ の値を代入すると $Nu=159$ となり，$h=2.45\,\mathrm{W\,m^{-2}\,K^{-1}}$ と求まる．円筒側面の表面積は $1.60\,\mathrm{m^2}$ であるから，式 (3.16) より

$$Q=(2.45\,\mathrm{W\,m^{-2}\,K^{-1}})(1.60\,\mathrm{m^2})(30\,\mathrm{℃}-20\,\mathrm{℃})$$
$$=39.2\,\mathrm{W}$$

3.3.5 対流と伝導との組合せ

一般に，伝熱面積を増やして効果的な熱交換を行っているケースが多く見られる．パソコンに使われている CPU やパワートランジスターには，多数のフィンのついた放熱板が取り付けられている．また，エアコン内部の熱交換器，空冷式バイクのエンジンなど，われわれの身のまわりにもその例は少なくない．

高温伝熱面に取り付けられたフィンは，その断面積に比例した熱量が伝導伝熱によって伝えられ，表面積に比例した熱量が対流によって放熱される．高温側から入る熱量と低温側に出る熱量とのエネルギーバランスをとれば問題は解決するが，その計算は簡単ではないために，**フィン効率** (fin efficiency) が定義されている．

$$\text{フィン効率}\ \Omega=\frac{(\text{フィンにより実際に伝達される全熱量})}{\left(\begin{array}{c}\text{フィンの全表面がその根本の温度に等}\\ \text{しいと仮定したときの伝達される熱量}\end{array}\right)} \quad (3.35)$$

図 3.13 に，円管外部に軸に直角に取り付けられた厚さ一定のフィンについて計算されたフィン効率の結果を示す．熱伝達率がフィンの長さ方向にわたって一

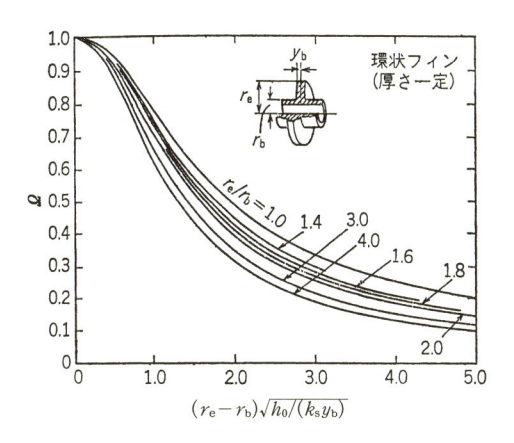

図 3.13 フィン効率
(化学工学便覧(改訂6版), 丸善, pp. 362, 1999)

定であること(温度によって変わらないこと), および放射による伝熱を無視できると仮定した上で, フィン全面積にわたってフィン根本の温度であるとして計算された放熱量に, 図より求めたフィン効率を乗じた値を, 実際の放熱量と見積もることができる.

3.4 放 射 伝 熱

放射伝熱とは, 高温物体から低温物体へ直接空間を通した熱エネルギーの移動をいう. この放射エネルギーを伝播するのは電磁波であり, 太陽光が宇宙の真空中を通って地球表面に到達する現象からも想像できる. 到達した電磁波は, 物体の表面にあたって吸収され, 結果として物体の温度を上げる.

【例題 3.5】 赤外線ガスストーブにもっとも暖かくあたるにはどうしたらよいか.

解. 正面に座る, ストーブに近づく, ストーブとの間に障害物を入れない, 放射を受けやすい服装の色を選ぶ, などが考えられる. これらはすべて 3.4.4 項で説明する形態係数の値をいかに大きくするかの工夫である.

3.4.1 完全黒体と灰色体

われわれの周囲にある黒く見える物体も, 理想的な黒ではない. ここでいう完

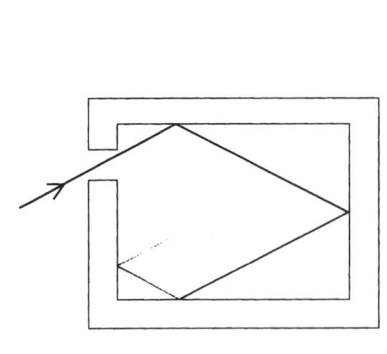

図 3.14 完全黒体の模式図　　図 3.15 実在個体の射出能

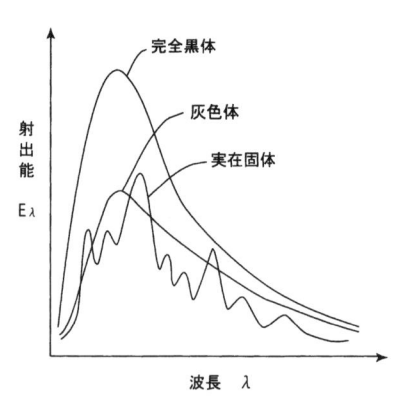

　全黒体というのは，放射伝熱の基本となる理想的な黒色体であって，いかなる波長の放射も，どの方向から入射する放射も，すべて吸収するという完全な吸収体である．図 3.14 のような内部を黒色に塗った箱に小さい孔があいているとき，孔から入射した放射は内部で反射，減衰を繰り返すうち，吸収されて二度と外へ出てこない．これは，人工的につくられた完全黒体に近いものとして，放射温度計の検定にも用いられる．

　灰色体も，理想的なものであり，放射率や反射率が波長に寄らないものと仮定される．これに対して，実在固体表面は，その色によっても異なるが，波長によってそれぞれ違う大きさの射出能をもつ．これらをまとめると図 3.15 のようになる．

3.4.2　電磁波の波長と放射

　黒体からの放射は波長により異なる射出能を持ち，プランクの分布則 (Plank's distribution law) として知られる．

$$E_\lambda = \frac{C_1}{\lambda^5} \frac{1}{\exp(C_2/\lambda T) - 1} \tag{3.36}$$

これは，黒体がある温度 T にあるとき，その単位表面積から単位時間に発散する，波長 λ と $\lambda + d\lambda$ の間の熱放射エネルギー量 $E_\lambda d\lambda$ を表し，T は黒体の絶対温度，λ は波長，C_1 は 3.7415×10^{-16} W m^2，C_2 は 0.014388 m K である．

　式 (3.36) の計算結果を図示すると図 3.16 のようになる．太陽光では，可視光

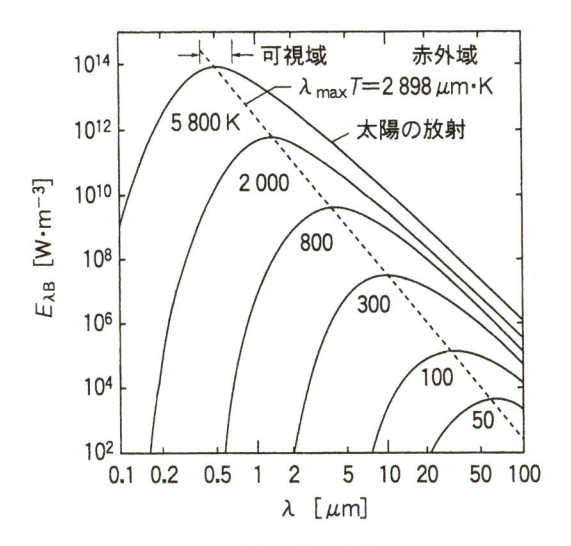

図3.16 式(3.36)の計算結果

図より,可視域はわずか0.4~0.7 μmの狭い範囲であること,人間の体温から発する波長はおよそ9 μmにピークがあることがわかる.
(化学工学便覧(改訂6版),丸善,pp. 380, 1999より改変)

付近にあった射出能のピークが,温度が低くなるにつれて破線で示されるようにピークが長波長側に移行すること,射出能が桁違いに低下することがわかる.逆にいえば,温度が上がると色合が赤色から,黄色,白色へと変化し,輝きも強くなる.

ここで,この破線で示した射出能の最大値をとる波長は次式で与えられ,ウィーンの変位則(Wien's displacement law)と呼ばれる.

$$\lambda_{max} T = 2897.6 \, \mu m \, K \tag{3.37}$$

温度 T の黒体表面の単位面積から発散する熱放射エネルギーの全量は,図3.16の横軸と曲線の囲む面積に相当し,ステファン-ボルツマン(Stefan-Boltzmann)の式と呼ばれる.

$$E = \sigma T^4 \tag{3.38}$$

ここで,σ はステファン-ボルツマン定数で $5.669 \times 10^{-8} \, W \, m^{-2} \, K^{-4}$ である.

3.4.3 放射率

式(3.38)は理想的な黒体表面に対する式であるが,実在固体表面においては

3.4.2項で述べたように灰色体近似により射出能を補正する必要がある．ある物質の射出能を，同一温度の完全黒体の射出能で割った値を放射率 ε と呼び，次式のように表される．

$$\varepsilon = \frac{E}{E_b} \tag{3.39}$$

表3.1は放射率の例を示しており，研磨されたアルミニウムのような光沢面をもつ物質は ε が小さく，土などは値が大きいことがわかる．

表3.1 種々物質の放射率

表　　面	温度 [K]	放射率
アルミニウム		
研磨面	300～ 600	0.04～0.06
陽極酸化面	300～ 400	0.82～0.76
銅		
研磨面	300～1000	0.03～0.04
酸化面	600～1000	0.50～0.80
鉄鋼		
研磨面	300～1500	0.06～0.2
酸化面	300～ 800	0.6 ～0.8
タングステン		
研磨面	2000～2500	0.25～0.29
アルミナ	300～1000	0.55～0.70
炭化ケイ素	420～ 920	0.83～0.96
コンクリート	300	0.88～0.93
塗料		
ZnO，白	300	0.92
窓ガラス	300	0.90～0.95
土	300	0.93～0.96
水	300	0.96
皮膚	300	0.95

3.4.4　固体表面の形状と形態係数

前に述べたように，赤外線ストーブに暖かくあたるには，ストーブの正面に位置すること，体を正面に向けること，なるべく近づくことなどの工夫があげられたが，これらはすべて形態係数の値を大きくしようとする生活の知恵にほかならない．

図3.17において，dA_i と dA_j は黒体の平面 A_i と A_j にある微小面積とすると，高温側平面iから平面jに至る正味のエネルギーは次式で与えられる．

$$Q = 5.669 \times 10^{-8} (T_i^4 - T_j^4) F_{ij} A_i \tag{3.40}$$

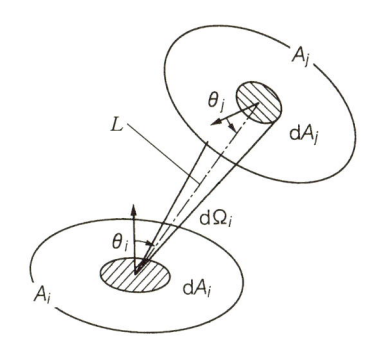

図 3.17 2つの平面間の放射伝熱
(化学工学便覧(改訂6版), 丸善, pp. 385, 1999)

実在固体の放射伝熱量を計算するための実用的な式として次式が提案されている．

$$Q = 5.669 \varepsilon_i \varepsilon_j \left[\left(\frac{T_i}{100}\right)^4 - \left(\frac{T_j}{100}\right)^4\right] F_{ij} A_i \tag{3.41}$$

ここで

$$F_{ij} = \frac{1}{A_i} \int_{A_i} \int_{A_j} \frac{\cos\theta_i \cos\theta_j}{\pi L^2} dA_i dA_j \tag{3.42}$$

式 (3.41) 中の F_{ij} は**形態係数** (shape factor) と呼ばれ，2つの平面間の距離，面積，相互の位置関係により決定され，平面iからの放射のうち平面jに到達するエネルギーの割合を示す．平面jから平面iへの形態係数はその逆を考えればよく，相反則と呼ばれる次の関係がある．

$$F_{ij} A_i = F_{ji} A_j \tag{3.43}$$

n 個の面が空間を包囲している場合は，形態係数として $F_{ij}(i, j = 1, 2, 3, \cdots, n)$ の数は n^2 だけ存在する．いま面1に着目すれば，面1から発散した熱放射線は全部他の面に到達するから

$$F_{11} + F_{12} + F_{13} + \cdots + F_{1n} = 1 \tag{3.44}$$

一般形で書くと総和則と呼ばれる次の式となる．

$$\sum_{j=1}^{n} F_{ij} = 1, \quad i = 1, 2, 3, \cdots, n \tag{3.45}$$

この式の積分は多少面倒であるため，工学的には通常用いられるいくつかの位置関係について計算された結果がチャートとして示されている (図 3.18)．このチャートの使い方については例題 3.6 で詳しく述べる．

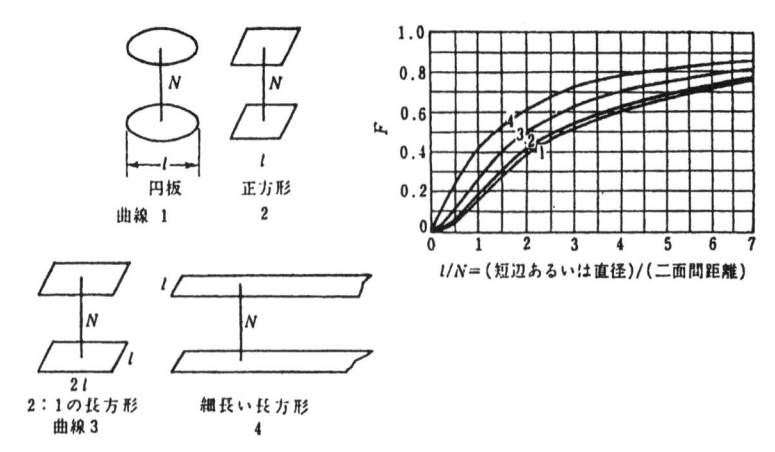

図3.18 形態係数を求めるためのチャート

（上段：等しく平行な2平面の形態係数／下段：直角な2平面の形態係数）

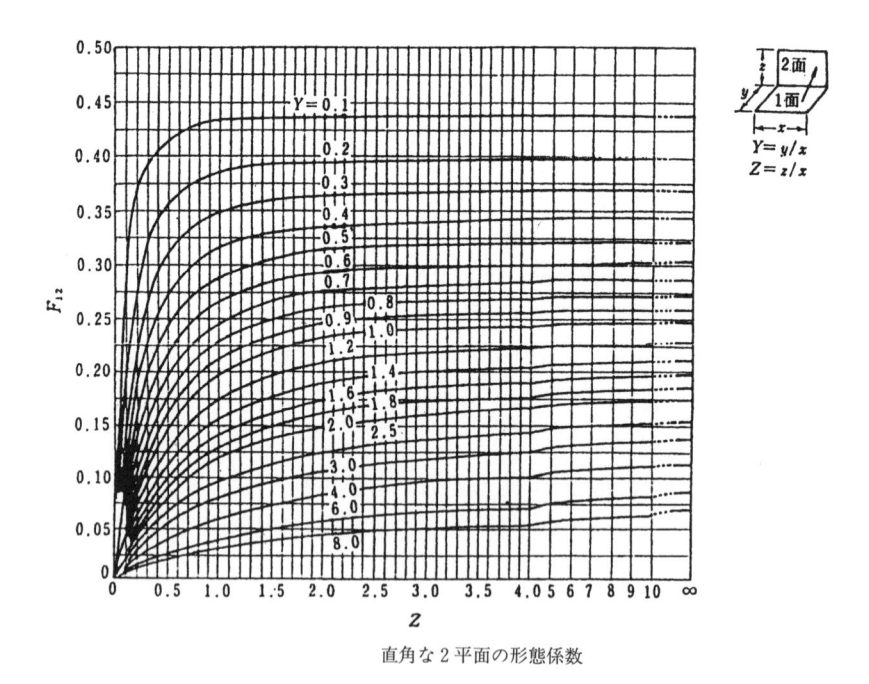

曲線1：円板
曲線2：正方形
曲線3：2:1の長方形
曲線4：細長い長方形

$l/N = ($短辺あるいは直径$)/($二面間距離$)$

$Y = y/x$
$Z = z/x$

【例題3.6】 赤外線放射面の大きさが 20×20 cm のストーブがある．50 cm 離れてストーブとあい向かうように人が両手 (20×20 cm) をかざしたときの放射伝熱量を計算せよ．ただし，ストーブの放射面と手のひらの温度がそれぞれ1000

K，300 K で，両方とも黒体であるものと仮定する．

解． 20×20 cm の熱源から 50 cm 離れて 20×20 cm の受熱面があり，図 3.18 の「等しく平行な 2 平面の形態係数」に相当している．ここで，2 平面間の距離 N は題意より 0.5 m，一辺の長さ l は 0.2 m であり，l/N が 0.4（横軸）のときの F を曲線 2（正方形の場合）から読み取ると 0.04 となる．したがって，式 (3.41) にこれらの関係を代入すると

$$Q = 5.669\varepsilon AF\left[\left(\frac{T_1}{100}\right)^4 - \left(\frac{T_2}{100}\right)^4\right]$$
$$= (5.669\ \text{W m}^{-2}\ \text{K}^{-4})(1)(0.04\ \text{m}^2)(0.04)[10^4\ \text{K}^4 - 3^4\ \text{K}^4]$$
$$= 90\ \text{W}$$

すなわち，ストーブから手のひらが受け取る熱量は 90 W ということになる．他の形状についても図 3.18 を用いることにより，同様にして伝熱量を計算することができる．

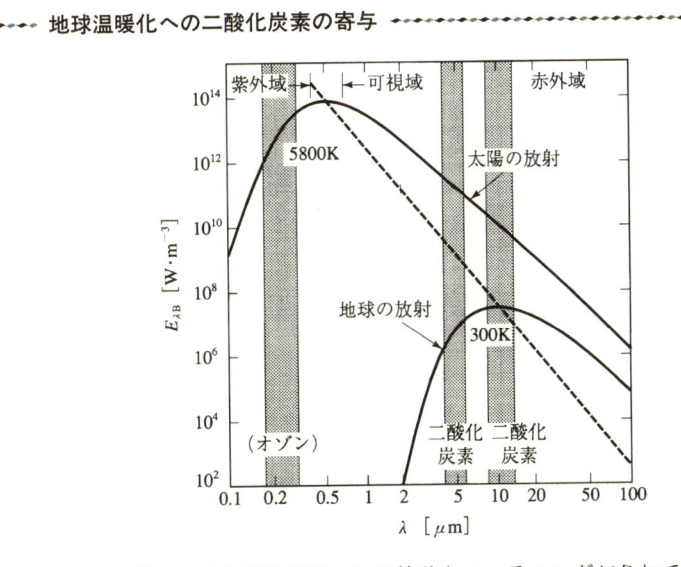

地球温暖化への二酸化炭素の寄与

太陽熱温水器の表面を覆うガラスには特殊なコーティングがされていて，太陽熱は吸収しやすく，内部から放射される遠赤外線は反射する．それと同じことが二酸化炭素の性質にもある．図の左の曲線は太陽からの放射であり，波長が短いために遮られることが少ないが，地球から放射される右の曲線は二酸化炭素の吸収波長と合致しているため，結果としてガラスで覆われた温室のような効果となる．そのため，green house effect と呼ばれる．

3.5 その他の伝熱

3.5.1 沸騰伝熱

日本における伝熱工学の先駆者である抜山四郎が1934年に発表した論文が世界的に有名である．図3.19に示す簡単な実験装置で，容器に水を満たし，白金の細線を浸す．その細線に電流を流して発熱させ，図3.20のような沸騰曲線を得た．白金線に電流を流すとジュール熱で白金線の温度が上がり，白金線表面が伝熱面としての役割をなすばかりでなく，その抵抗を計ることによって，白金線の温度が同時にわかる．

図3.20において，A-Bは電流が小さく沸騰を伴わない自然対流によって伝熱が行われる（自然対流領域）．それより電流を大きくして熱流束を増すと気泡が発生し始め，B-D間では白金線表面上に点在する核からの気泡発生が行われる（核沸騰領域）．さらに電流を増すと，気泡が互いにくっつき蒸気膜となって白金線表面を覆うようになる（D-F，遷移沸騰領域）．蒸気膜によって伝熱能力が低下するため，白金線の温度が急に上昇する．Fよりさらに熱流束を増すと膜沸騰領域となる．G点は熱負荷の限界値であり，加熱温度がその物質（ここでは白金）

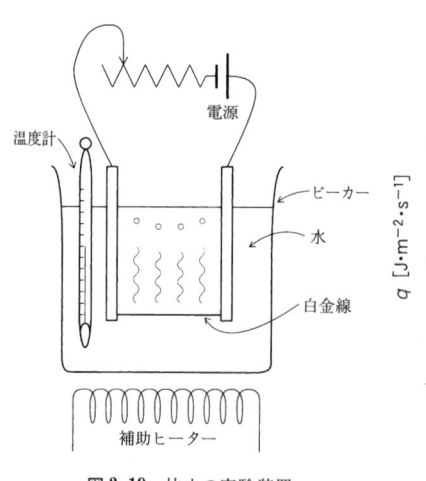

図3.19 抜山の実験装置

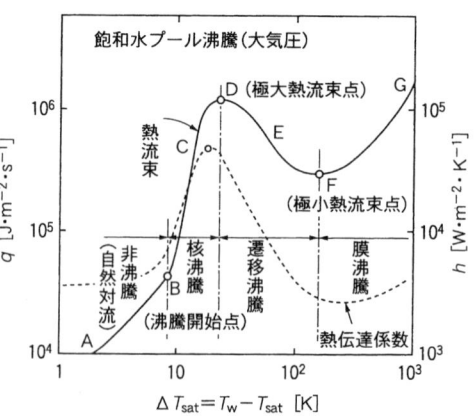

図3.20 抜山による沸騰曲線
実線：熱流束，破線：熱伝達係数
（化学工学便覧（改訂6版），丸善，pp. 366，1999）

の融点以上になると焼き切れる(バーンアウト). 熱交換器においてG値に達すると大事故になるため注意を要する.

3.5.2 凝縮伝熱

自動車のフロントガラスが, 外気温が低いときに曇って前が見えなくなることがある. これは室内の水蒸気が冷たいガラス内面に凝縮するためである. ガラス表面に小さい水滴が付着して, すりガラスのように不透明になることを防止するため, 「曇り止め」なるものが販売されている.

曇り止めは種をあかせば界面活性剤であって, ガラスにあらかじめ塗布しておくと, 親水基を外側に向けた状態となって, 凝縮する水蒸気を膜状に広げる役割をする. 決して曇りがなくなるわけでなく, 水の層が均一にできるために視界が保たれることによる. 同様な現象が熱交換器の表面でも生じている.

冷却された伝熱面上に, 蒸気が凝縮した液体が無数の液滴になって付着, 成長, 流下する状態を滴状凝縮といい, 高い熱伝達係数をもつ. それよりさらに温度差を増すと, 液滴が互いに合体して膜状となる. この状態を膜状凝縮といい, 伝熱面が液体膜で覆われるようになると熱伝達係数は下がり, 滴状凝縮熱伝達係数のおよそ1/10となる.

滴状凝縮は熱伝達係数を大きくとれるため有利であるが, 伝熱面の性質によって左右される. 伝熱面が油脂や表面活性物質などによって被覆されていて, 液体が濡れにくいときに滴状凝縮が生ずるが, この状態を長時間保つのは難しい. そのため, 伝熱面に撥水性の膜をコーティングしたり, 添加物を加えるなどの工夫がなされている.

3.6 熱交換器

100℃の汚れた水1 l と10℃のきれいな水1 l がある. これらから100℃のきれいな水を得るにはどうすればよいだろうか.

両者を混ぜると55℃の汚れた水となる. ところが, 理想的な熱交換器があることを仮定すると, 図3.21のように熱交換装置に向流で両液体を流すことにより実現する.

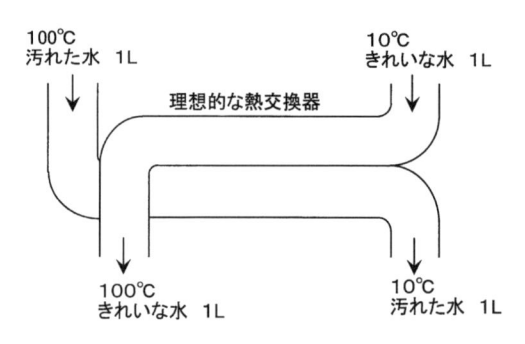

図 3.21　理想的な熱交換装置

3.6.1　総括熱伝達係数 U の定義

前述 3.3.2 a 項のように,隔壁を通して熱が移動するとき,壁の伝導伝熱はもちろんであるが,それに接する部分の流体による対流伝熱も考慮する必要がある.すなわち次式の U を決めることができれば熱移動量が求まる.

$$q = U\varDelta T \tag{3.20}$$

U の逆数 R は熱抵抗であり,高温流体と低温流体の境界層,壁表面についた汚れ,壁の材料による熱抵抗をすべて合わせたものとなる.

3.6.2　熱交換器の種類

熱交換器は大きく換熱型と蓄熱型とに分けられる.換熱型は両流体を固体壁により隔てて熱交換を行うもので,蓄熱型は蓄熱固体に蓄えられた熱を,流体の流れを交互に切り替えることによって熱交換をさせる.

図 3.22 に換熱型熱交換器の例を示している.蓄熱型とは違い,両流体が混合するおそれがないという利点を有しており,工業的に広く用いられている.図中,上段に流体の流れを,下段に温度変化を図示しており,T_c, T_h はそれぞれ低温側,高温側流体の温度,添字 i と o は入口と出口を表す.

3.6.3　対数平均温度差

図 3.22 からわかるように,流体の温度変化は直線的ではないため,入口と出口の平均温度差は単純な算術平均値を用いると大きな誤差を生ずる場合がある.そこで,通常は対数平均温度差(logarithmic mean temperature difference) $\varDelta T_{lm}$ が用いられる.

(a) 並流　(b) 向流　(c) 十字流れ

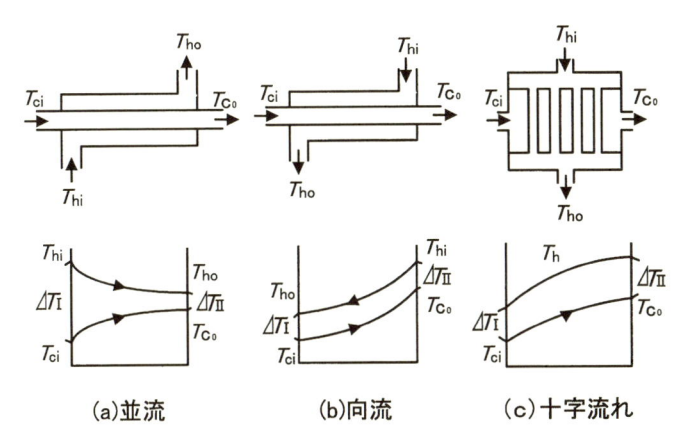

図 3.22　換熱型熱交換器

$$\Delta T_{\mathrm{lm}} = \frac{\Delta T_{\mathrm{I}} - \Delta T_{\mathrm{II}}}{\ln(\Delta T_{\mathrm{I}}/\Delta T_{\mathrm{II}})} \tag{3.46}$$

【例題 3.7】 自動車のラジエータはもっとも身近で最適化された熱交換器と考えられる．ラジエータの構造と働きを熱工学的に考察しなさい．

解． 自動車のラジエータは，冷却水が上から下へ，冷却用空気がそれに直角に当たるため，図 3.22 中の「十字流れ」に相当する．エンジンから発生する燃焼熱により暖められた冷却水が，ラジエータ内を通過する間に，空気の流れにより冷却される．熱交換器の材料としては，安価，軽量で比較的熱伝導率の高いアルミニウム（約 200 W m^{-1} K^{-1}）が広く使われている．

(1) 冷却水の働き

a. 伝熱媒体として，エチレングリコール水溶液に，防錆剤等の添加剤を加えている．これにより凍結温度を下げ，長期間の使用を可能にする．

b. 伝熱媒体の循環はポンプによっているが，エンジンを必要以上に冷却し過ぎないように，サーモスタットによってラジエータへ流入する伝熱媒体の流量を制御している．

(2) 冷却用空気の働き

a. 強制的に冷却用空気を供給するために，ファンが取り付けられ，エンジン回転によりベルトで駆動されて回る．最近では，動力エネルギーの損失を少なくするために，電動ファンにより冷却が必要なときだけ回転する場合もある．

b. 冷却用フィンが高密度に配置されており，小容量で大量の熱交換が可能となっている．

エンジニアリングセンスを発揮しよう

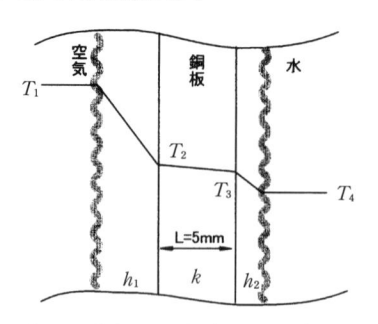

図のような熱交換器がある．左側の空気（自然対流）と右側の水（強制対流）が厚さ5mmの銅板によって仕切られているときを考える．放射による伝熱と壁表面の汚れを無視すれば，式(3.19)より

$$\frac{1}{U} = \frac{1}{h_1} + \frac{L}{k} + \frac{1}{h_2}$$

ここで，章末の表3.A.3より空気の h_1 は自然対流の場合 5〜25 W m^{-2} K^{-1}，水の h_2 は強制対流とすると 100〜15000 W m^{-2} K^{-1} で，銅板の k/L は 37200 W m^{-2} K である．これらを式(3.19)に代入したとすると，右辺の第2項と第3項は無視できるから，第1項だけを考えればよいことになる．すなわち，空気側のみの熱抵抗を評価すれば十分な精度で熱移動量を計算できることがわかる．

3.7 温度測定方法

ここでは，代表的な温度測定方法について説明する．ただし，◎，○，△，× はそれぞれ優，良，可，不可を定性的に示す．

① 熱電対 [精度 ○，応答速度 ◎，測定範囲 (高温 ○，低温 ○)，価格 (白金を除き安価)，使い易さ ◎，データ出力 ◎]

2種の金属を接触させ，温度差を与えるとゼーベック (Zeebeck) 効果によって熱起電力を生ずる．熱起電力は2つの金属の組合せによって異なり，通常よく使われる組合せとしては，クロメル-アルメル (CA)，鉄-コンスタンタン (IC)，白金-白金ロジウム (PR) などがある．金属線の直径が太いと高温に耐えることができるが，応答速度が遅くなる．直径が1mm程度の場合，使用最高温度はCA

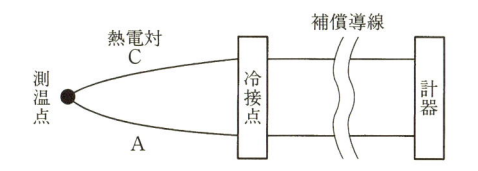

図 3.23 熱電対の使用方法 (CA 線の例)

では 800℃, IC では 500℃, PR では 1500℃ 程度とされている. PR などの高価な金属を用いるときは, 長距離にわたって高価な金属線を使って計器までつなげる代わりに, 使用する熱電対と同様な熱起電力をもつ補償導線という安価な金属線を用いる. 熱電対はその原理からもわかるように, 2ヶ所の温度差を測定するのに適しており, 電圧出力が得られるため, 自動記録にも適する. 基準接点として, 氷を用いることもあるが, 工業的にはそれに相当する電圧を印加することによって冷接点としている場合が多い. 通常, 図 3.23 のような接続方法をとる. なお, 各種金属の組合せによる熱起電力については文献を参照のこと.

② 抵抗温度計 [精度 ◎・△, 応答速度 △, 測定範囲 (高温 △, 低温 ○), 価格 (白金を除き安価), 使い易さ ◎, データ出力 ◎]

電気抵抗が温度によって変化する性質を利用する. 精度の高い測定には白金線を, また, 温度による抵抗変化の大きなサーミスタも広く使われる. 基本的には, 抵抗体に微弱電流を流して, その電流変化から温度を知る. サーミスタは小さくできるため, 応答速度も良いが, 抵抗測定電流による自己発熱に注意する必要がある.

③ 放射式温度計 [精度 ○, 応答速度 ◎, 測定範囲 (高温 ◎, 低温 ○), 価格 (高価), 使い易さ ◎, データ出力 ◎]

基本的に大きく 2 つに分けられる. 1 つは 2 色式放射温度計で, もう 1 つは赤外線放射温度計である. 前者は, 赤外部の 2 つの波長における放射強度を同時に測定し, それらの比によって温度を決定する. ガスによる放射などに注意して波長を選べば, 物体の放射率にかかわらず, 正確な値が得られる.

赤外線放射温度計は, 図 3.16 で示したように, 温度によって放射強度が変わる現象により温度を知る方法で, 広い温度範囲で測定が可能である. 反射型天体望遠鏡に似た構造の光学系で赤外線を集光し, 焦点に置いた受光器で検出する. そのため, 遠くの位置から小さい範囲の表面温度の測定が可能である. いちばん

の問題点は，測定対象物体の放射率を事前に知らなくてはならない点にある．

④ その他，光ファイバー温度計，示温塗料など

ⓐ 光ファイバー温度計 [精度 ○，応答速度 ◎，測定範囲 (高温 ○，低温 ○)，価格 (高価)，使い易さ ○，データ出力 ◎]

光ファイバー先端に取り付けた半導体結晶の，温度による光の吸収率の変化を利用している．まだ高価であり，センサー部分の寿命も短いが，金属導線を用いないために，高速電子の飛び交うプラズマ中や，電子レンジなど，電気的に影響を受けやすい場での温度測定に適している．

ⓑ 液体封入ガラス温度計 [精度 ○，応答速度 ○，測定範囲 (高温 △，低温 ○)，価格 (安価)，使い易さ ◎，データ出力 ×]

一般に水銀やアルコールをガラス管内に封入したものが使われ，最も一般的であり，精度も悪くないが，電気的な出力は得られないこと，衝撃に弱いことなどの欠点がある．

ⓒ バイメタル温度計 [精度 ○，応答速度 △，測定範囲 (高温 △，低温 ○)，価格 (安価)，使い易さ ◎，データ出力 ×]

2枚の熱膨張率の違う金属板を張り合わせ，1端を固定したもので，温度変化に伴う動きによってギアを回転させ，指針を回して温度を指示する．家庭用として温度計や，電気ごたつなどに使われている．

ⓓ 示温塗料 [精度 ×，応答速度 ○，測定範囲 (高温 △，低温 △)，価格 (安価)，使い易さ ◎，データ出力 ×]

クレヨン状，あるいはペイント状の塗料で，温度の変化に応じて色が変わる．色の変化は不可逆的と可逆的とあり，前者はいったん変わった色は消えないため温度の上昇のときに用いられ，後者では温度が変われば発色も変わる．塗料の成分によって変色温度が異なるため，目的に応じて使い分ける．精度の点では期待できないが，簡便・安価なため，機械装置の加熱監視などに適している．

3 章 補 遺

(a) 記号と単位

本章で使用する記号および無次元数をまとめると次のようになる．

3 章 補遺

表 3. A. 1 記号と単位

記号	意味	英語	単位	備考
A	面積	area	[m^2]	
c_p	定圧比熱	specific heat at constant pressure	[W s kg^{-1} K^{-1}]	
d	直径	diameter	[m]	
d_e	動水直径	hydraulic diameter	[m]	*1)
E	射出能	emissive power	[W m^{-2}]	*2)
E_B	黒体の射出能	black body emissive power	[W m^{-2}]	
F_{ij}	形態係数	shape factor	[−]	
G	質量速度	mass velocity	[kg m^{-2} s^{-1}]	
g	重力加速度	acceleration of gravity	[m s^{-2}]	
h	熱伝達係数	heat transfer coefficient	[W m^{-2} K^{-1}]	
I	放射強度	intensity of radiation	[W m^{-2}]	
k	熱伝導率	thermal conductivity	[W m^{-1} K^{-1}]	*3)
L	長さ	length	[m]	
m	質量	mass	[kg]	
$\dot{m}$	質量流量	mass rate of flow	[kg s^{-1}]	
p	圧力	pressure	[Pa]	
q	熱流束	heat flux	[W m^{-2}]	*4)
Q	伝熱量	heat transfer rate	[W]	*5)
r	半径	radius, radial distance	[m]	
R_{th}	熱抵抗	thermal resistance	[K W^{-1}]	
T, t	温度	temperature	[℃], [K]…	*6)
$\Delta T, \theta$	温度差	temperature difference	[℃], [K]…	
$\bar{u}$	平均流速	mean flow velocity	[m s^{-1}]	
U	総括熱伝達係数	over-all heat transfer coefficient	[W m^{-2} K^{-1}]	*7)
V	体積	volume	[m^3]	
W	質量流量	mass flow rate	[kg s^{-1}]	
α	熱拡散率	thermal diffusivity	[m^2 s^{-1}]	*8)
β	熱膨張係数	expansion coefficient	[K^{-1}]	
δ	境界層厚さ	boundary-layer thickness	[m]	
ε	放射率	emissivity	[−]	
λ	波長	wave length	[m]	
μ	粘度	viscosity	[kg m^{-1} s^{-1}]	
ν	動粘度	kinematic viscosity	[m^2 s^{-1}]	*9)
ρ	密度	density	[kg m^{-3}]	
σ	ステファン・ボルツマン定数	Stefan-Boltzmann constant	[W m^{-2} K^{-4}]	*10)
Ω	フィン効率	Fin efficiency	[−]	
τ	時間	time	[s]	

*1) $d_e=4A/P$ (P は管路の周囲長さ, 3.3.2d 項参照). *2) $E=\varepsilon\sigma T^4$. *3) 1 kcal m^{-1} h^{-1} ℃$^{-1}$= 1.163 W m^{-1} K^{-1}. *4) $q=Q/A$. *5) $Q=qA$, 1 kcal=4.182 kJ, 1 Btu=1055 J=252 cal (Btu: British thermal unit). *6) $F=9/5$ C+32, C=5/9(F−32), $K=C+273.15$ (F は華氏温度, C は摂氏温度, K は絶対温度). *7) $1/U=1/h_1+L/k+1/h_2$. *8) $\alpha=k/c_p\rho$, 例えば, 空気 2.19×10^{-5}, 水 1.47×10^{-7}, 銅 1×10^{-4}. *9) $\nu=\mu/\rho$. *10) 5.669×10^{-8} W m^{-2} K^{-4}.

表 3. A. 2 無次元数一覧

無次元数	意味	英語	式
Re	レイノルズ数	Reynolds number	$d\bar{u}\rho/\mu$
Nu	ヌッセルト数	Nusselt number	hL/k
Pr	プラントル数	Prandtl number	$c_p\mu/k = v/\alpha$
Gr	グラスホフ数	Grashof number	$(L^3 g/v^2)(\beta\Delta T)$

(b) k と h の数値例

参考のために種々物質の熱伝導率の値を図 3.A.1 と図 3.A.2 に，よく用いられる物質の物理的性質および熱伝達係数を表 3.A.3 示す．これらは伝熱計算の際に，計算の経過およびその結果が常識範囲にあるかどうかを確かめるための目安である．

表 3. A. 3 物質の性質と熱伝達係数の概略値

物質(0℃)	$\rho\,[\mathrm{kg\,m^{-3}}]$	$\mu\,[\mathrm{kg\,m^{-1}\,s^{-1}}]$	$c_p\,[\mathrm{kW\,s\,kg^{-1}\,K^{-1}}]$	$Pr\,[-]$	$k\,[\mathrm{W\,m^{-1}\,K^{-1}}]$
水	1,000	1.8×10^{-3}	4.2	13	0.566
空気(1気圧)	1.18	1.98×10^{-5}	1.0	0.71	0.024
銅	9,000	—	0.38	—	372
ステンレス鋼	7,800	—	0.46	—	16.3
グラスウール	24	—	0.7	—	0.040

条件		h の概略値 $[\mathrm{W\,m^{-2}\,K^{-1}}]$
空気	自然対流	5~25
	強制対流	10~500
水	強制対流	100~15,000
	沸騰	2,500~25,000
水蒸気	凝縮	5,000~100,000

演 習 問 題

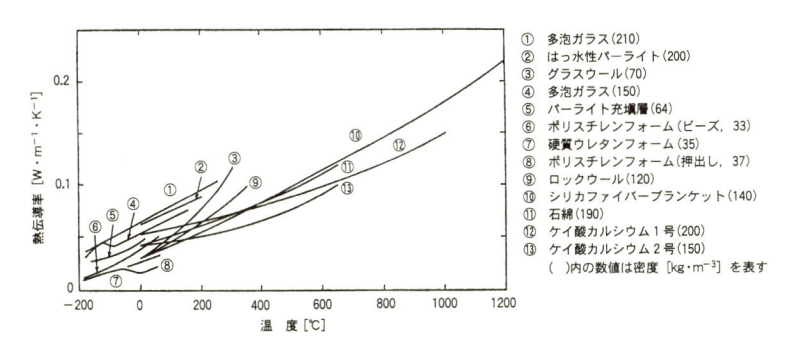

① 多泡ガラス(210)
② はっ水性パーライト(200)
③ グラスウール(70)
④ 多泡ガラス(150)
⑤ パーライト充填層(64)
⑥ ポリスチレンフォーム(ビーズ, 33)
⑦ 硬質ウレタンフォーム(35)
⑧ ポリスチレンフォーム(押出し, 37)
⑨ ロックウール(120)
⑩ シリカファイバーブランケット(140)
⑪ 石綿(190)
⑫ ケイ酸カルシウム1号(200)
⑬ ケイ酸カルシウム2号(150)
( )内の数値は密度 [kg·m^{-3}] を表す

図 3.A.1 種々保温材の熱伝導率

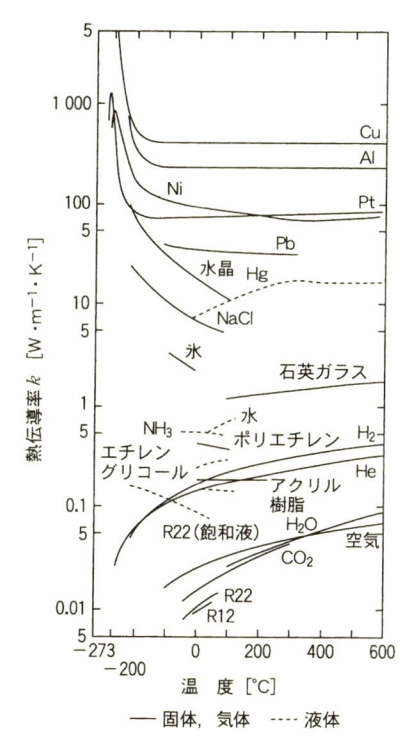

図 3.A.2 種々物質の熱伝導率(化学工学便覧(改訂6版), 丸善, 1999 より改変)

【演習問題】

3.1 50 cm 角で高さが 1 m の氷柱が 40℃ の室内においてある.扇風機などは用いずに自然対流伝熱のみのとき,次の問に答えよ.ただし,氷柱の大きさは不変であり,氷の密度は水と同じで,氷柱の上面と下面は断熱されていると仮定する.

①　問題を温度変化の線図とともに図示せよ．
②　氷柱表面での熱伝達係数を求めよ．
③　1時間当たりに融ける氷の重量を求めよ．

3.2 空気 23 kg h^{-1} が 20℃ (T_1) で内径 2.5 cm の管内を流れている．もし，管長 100 cm にわたって蒸気ジャケットを設け，99℃ に保たれるとき，加熱部分を通った後の空気の平均温度 (T_2) はいくらになるか．下記の手順にしたがって解答せよ．なお，管内壁と空気との平均温度差として算術平均値を用いて良い．
①　レイノルズ数とヌッセルト数を求めよ．
②　管内ガス側熱伝達係数を求めよ．
③　加熱部分出口における空気の平均温度を求めよ．
④　空気のかわりに水を同一流量で流し出口温度を求めるとき，空気の場合と大きく異なる点について記述せよ．

3.3 幅 1 m，高さ 50 cm，厚さ 5 cm の温水循環式ラジエータで室内を暖房している．ラジエータ表面が 93.0℃ に保たれ，室内空気が 16.0℃ のとき，ラジエータから単位時間に放出される熱量を求めよ．ただし放射の効果は無視し，ラジエータ端面は断熱されているものとする．

3.4 断面内側の寸法が 3 cm×2 cm の四角いパイプ内を 10℃ の水が 2000 kg h^{-1} で流れている．パイプ内壁の温度が 50℃ のときの熱伝達係数を次の手順にしたがって求めよ．
①　水の平均流速を求めよ．
②　パイプの相当直径を求めよ．
③　レイノルズ数を求め，流れの状態を規定せよ．
④　プラントル数とヌッセルト数を求めよ．
⑤　熱伝達係数を求めよ．

3.5 内径 200 mm，肉厚 10 mm の鋳鉄管内を 450℃ の燃焼ガスが流れている．外界の温度が 10℃，管内面の熱伝達係数が 47 W m^{-2} K^{-1}，管外面で 5 W m^{-2} K^{-1} とするとき，長さ 1 m 当たりの伝熱量を求めよ．ただし，鋳鉄の熱伝導度を 60 W m^{-1} K^{-1} とし，パイプの肉厚が直径に比べて薄いために平面と仮定してよい（対数平均を使わなくてよい）．

3.6 内径 2.5 cm の管内を空気が 20 kg h^{-1} で流れているときの管内ガス側の熱伝達係数を求めよ．また，空気の代わりに水を同じ速さ [m s^{-1}] で流した場合に，熱伝達係数は何倍になるか．下記の手順に従って解答せよ．
①　空気の流速を求めよ．
②　空気の Re を求めよ．
③　空気の Nu を求めよ．
④　空気側の熱伝達係数を求めよ．
⑤　水の Re を求めよ．

⑥ 水の Nu を求めよ．
⑦ 水の場合の熱伝達係数を求めよ．
⑧ 両者の比を求めよ．

3.7 次の温度をはかる際に適した方法を下の例より選んで＿＿＿に書き入れ，その理由を記せ．

〈熱電対温度計，抵抗温度計，放射温度計，ガラス管温度計，示温塗料，ガラスファイバー温度計〉

① 体温の変化を記録計に記録したいとき：＿＿＿
　　　理由：
② 人体の皮膚表面温度を知りたいとき：＿＿＿
　　　理由：
③ 24時間にわたって室内と室外の温度差を記録したいとき：＿＿＿
　　　理由：
④ 電子レンジの内部温度を知りたいとき：＿＿＿
　　　理由：
⑤ 燃焼炉の火炎温度を知りたいとき：＿＿＿
　　　理由：

4

物 質 分 離

　物質の分離・濃縮・精製行程は化学産業に限らず，食品，医薬品，電子産業など多くの分野で用いられ，分離・濃縮・精製行程のない製造プロセスはないといっても過言でない．また分離・精製技術は環境保全や新材料開発などでも重要な役割を担っている．プロセスに最適な分離精製法を導入するには種々の分離精製法を知らねばならないが，本章では代表的な分離法である，「蒸留」，「ガス吸収」および「膜分離」について説明し，分離装置の原理や基本的な設計法などを学ぶ．

4.1 分離技術序論

4.1.1 分離の原理と分離技術

　分離は原理的には物質の性質(物性)の「差」を利用するものである．それには異なる相の平衡状態に存在する分子の差を利用する平衡分離と，各分子がもつ運動や移動の速度の差を利用する速度差分離がある．例えば**平衡分離法**である「蒸留」は溶液の各成分の蒸気圧の差を利用して，揮発性成分を気相で濃縮分離することができる．また**速度差分離法**の一例として，気体分子の平均速度は分子量の平方根に反比例するので，微細孔膜を使うことで分子量に差のある分子からなる混合物を分離することが可能である．平衡分離法による代表的な分離技術を4.2節に，また速度差による代表的な分離技術をその推進力とともに表4.1に示す．平衡分離法では混合物の相と分離される相が異なるのに対し，速度差分離法では基本的にはそれらが同じ相で分離され，潜熱変化を伴わない．その代表的分離法である膜分離技術が省エネルギー分離プロセスといわれるゆえんである．

　混合は自発過程であるので時間さえ気にしなければ，放っておけば均一になるが，分離するためにはエネルギーもしくは分離剤が必要である．例えば気液平衡

表 4.1 代表的な速度差分離技術

分離技術	膜分離			ガス分離	PV	熱拡散	電気泳動	遠心分離
	RO,UF,MF	透析						
		電気透析	濃度透析					
推進力	圧力差	電圧	濃度差	圧力差	圧力差	温度差	電圧	遠心力
混合物の相	液相	液相	液相	気相	液相	気相,液相	液体	液相,気相
物性の差	溶解拡散,分子径,粒径	電荷	拡散係数	溶解拡散分子量	蒸気圧溶解拡散	熱拡散係数	電荷	密度差
分離相	液相	液相	液相	気相	気相	気相,液相	液相	液相,気相
分離エネルギー (ESA)	○	○	×	○	○	○	○	○
分離剤 (MSA)	×	×	○	×	×	×	×	×

RO;逆浸透 (reverse osmosis), UF;限外ろ過 (ultra-filtration), MF;精密ろ過 (micro-filtration), PV;パーベーパレーション (pervaporation), ESA;energy-separating agent, MSA;mass-separating agent.

分離の「蒸留」は溶液を蒸気にし，また液に戻すための潜熱が必要であるが，同じ気液平衡分離の「吸収」は分離剤である吸収剤の水を使うことで分離ができ，分離だけを見るとエネルギーを必要としない．ただし分離剤の再生にはエネルギーを要する．エネルギーを必要とする分離をESA (energy-separating agent)，また分離剤を必要とする分離をMSA (mass-separating agent) ということがある (表 4.1 参照).

4.1.2 分離装置と分離係数

連続分離装置 (単位分離器) の物質の流れを図 4.1 に示す．定常連続分離装置には最小限 1 つの入力流れ F と 2 つの出力流れ E と S が必要である．2 つの出力流れは装置内で互いに接触しながら，1 つは濃縮流れ E となり，他方は回収流れ S となって装置から出る．その接触の仕方には，充てん層のように塔内を連続的に接触する**微分接触法** (図 4.11 参照) と，棚段のような間欠的に接触する**段型接触法** (図 4.6 参照) がある．濃縮流れと回収流れが同じ方向で接触する**並流** (co-current) **接触**と向かい合って接触する**向流** (counter-current) **接触**および膜分離のような**十字流れ** (cross-flow) がある．

分離装置は質的評価である分離係数と量的評価である処理速度で評価される．

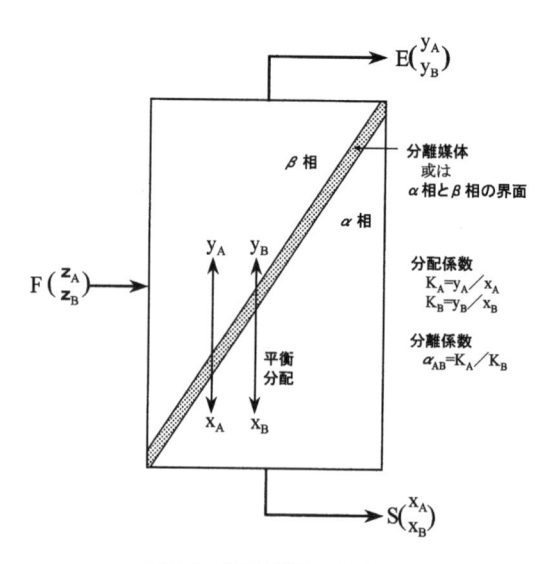

図4.1 単位分離器と分離係数

混合物の各成分は分離器の相や膜などの分離媒体により α 相と β 相に分配され,成分 A は α 相と β 相にそれぞれ濃度 x_A(モル分率)と y_A(モル分率)に,成分 B も同様に x_B と y_B に分配されたとすれば,A,B 各成分の分配係数 K は次式で定義される.

$$K_A = \frac{y_A}{x_A}, \qquad K_B = \frac{y_B}{x_B} \tag{4.1}$$

また B に対する A の分離係数 α_{AB} は次式で定義される.

$$\alpha_{AB} = \frac{K_A}{K_B} = \frac{y_A/x_A}{y_B/x_B} \tag{4.2}$$

分離係数は種々の分離操作においてそれぞれ異なる呼称で呼ばれるが,分離のしやすさを表す.例えば蒸留の場合,α_{AB} を相対揮発度あるいは比揮発度といい,蒸留による分離のしやすさを表す.

考察 1:向流接触,並流接触および十字流れを図示せよ.

【例題 1】 A,B 2 成分からなる混合物が図 4.1 に示すような分離器に供給され,濃縮流れ E から A,B 成分がそれぞれ $E_A = 8$ mol s^{-1},$E_B = 2$ mol s^{-1} の流量でまた回収流れ S からそれぞれ $S_A = 7$ mol s^{-1},$S_B = 13$ mol s^{-1} の流量で取り出される分離器がある.この分離器に供給される原料の流量 F とその A の濃度

z_A, 濃縮流れおよび回収流れのAの濃度(yおよびx)はいくらか. またこの分離器の分離係数 α_{AB} はいくらか.

解. $F=(8+2)+(7+13)=30$ mol s^{-1}, $z_F=(8+7)/(30)=50$ A-mol %, $y=8/(8+2)=80$ A-mol %, $x=7/(7+13)=35$ A-mol %, $\alpha_{AB}=\{(0.8)/(0.35)\}/\{(0.2)/(0.65)\}=7.43$ [—].

4.1.3 分離に要するエネルギー

「分離」と「混合」は逆の現象であるので,分離に要する最小エネルギーを見積もるには混合の可逆過程を考えればよい.等温 T,等圧 p 系の純成分A,Bの混合を考える.A,B2種類の完全気体がそれぞれ n_A, n_B モル入った2個の容器がコックを介して接続されている.このコックを開くと,A,B2成分はそれぞれ拡散し,十分時間が経つと均一な混合物Mになる.混合前と完全に混合した後の,ギブス(Gibbs)関数の差は混合ギブス関数 ΔG_{mix} といい,その ΔG_{mix} は全モル数を $n(=n_A+n_B)$ とすれば,次式で与えられる.

$$\Delta G_{mix}=nRT(x_A \ln x_A + x_B \ln x_B) \quad (\leq 0) \tag{4.3}$$

ここで x_A, x_B はそれぞれ混合物の成分A,Bのモル分率である.上式から自発過程である混合(拡散)の ΔG_{mix} は負であるがことがわかる.また膨張以外の最大仕事 $W_{e,max}$ とギブス関数の変化量 ΔG との関係は T, p 一定のとき,次式で与えられる.

$$W_{e,max}=-\Delta G \tag{4.4}$$

したがって,混合物Mから純成分A,Bに分離するに必要な最小理論仕事 W_{min} は混合によって減った ΔG_{mix} だけのエネルギーが必要になる.すなわち

$$W_{min}=-nRT(x_A \ln x_A + x_B \ln x_B)>0 \tag{4.5}$$

実際の分離操作で消費されるエネルギーは理論仕事よりかなり大きいので,工業的生産プロセスにおいて分離の効率化をはかるには,所要エネルギー当たりの分離度の大きい分離操作を選択する必要がある.しかし純粋製品を得るために要する仕事は一般的には $\ln x$ のマイナスに比例するから,目的成分の原料濃度が低いほど,分離に必要な最小仕事は大きくなる.分離に要するエネルギーは直接製品のコストに影響し,そのコストが総製品コストを支配するケースもある.図4.2に製品コストと原料濃度の関係を示す.原料濃度が薄くなれば,製品価格は指数的に増加する.

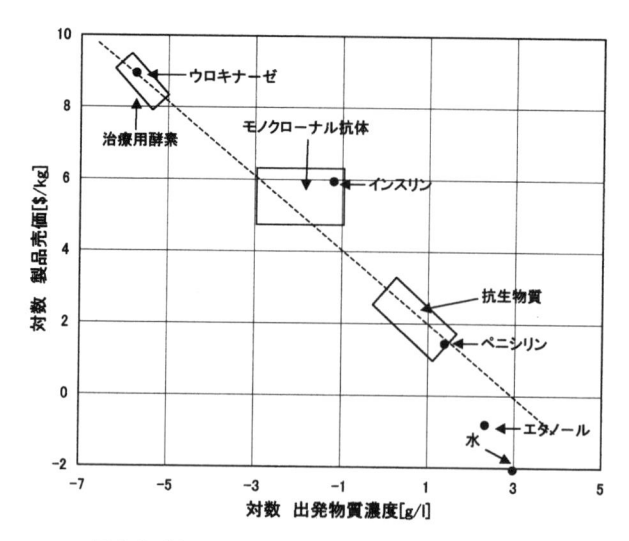

図 4.2 製品コストと原料濃度の関係 (文献 5 を改変)

考察 2: ΔG_{mix} が式 (4.3) で表されることを示せ.
考察 3: 膨張以外の最大仕事 $W_{e,max}$ が式 (4.4) で表されることを示せ.

4.2 平衡法による分離技術

本節では平衡を利用した分離技術のなかでも最も基本的な気液系の「蒸留」と「ガス吸収」について述べる．蒸留とガス吸収は同じ気液平衡を利用した分離技術であるが，前者は混合液の蒸気圧の差を利用し，後者は混合ガスの溶解度の差を利用しており，注目物質の移動方向が逆である．また分離手段として前者がエネルギー (ESA) を用いるのに対して，後者は分離媒体 (MSA) の吸収剤を用いる．また前者はラウール (Raoult) の式に代表される気液平衡関係を広範囲に使うのに対し，後者はヘンリー (Henry) の式で代表される気液平衡関係を希薄域で用いる．本節で平衡分離法の原理と基本的な操作・設計法を，蒸留塔から段型接触装置のそれを，またガス吸収塔から微分型接触装置のそれを学ぶ．

4.2.1 蒸　　留
混合液から揮発性成分 (低沸成分) を分離・濃縮するには混合物を構成する各成

分の蒸気圧の差を利用する．そのために溶液を加熱し，蒸気相をつくり，低沸成分の多い蒸気を再び冷却して濃縮液を得る．この操作を**蒸留** (distillation) という．蒸留は有効成分の回収や濃縮・精製などで，実験室や化学工場などで古くから利用され，今なお広く用いられている代表的な分離方法である．フラッシュ蒸留と単蒸留については 1 章で説明したので，本節では段型連続蒸留 (精留) 塔による蒸留塔の基本的な設計概念を説明する．

a. 蒸留の気液平衡

A-B 2 成分系の理想溶液を考える．蒸留では一般に揮発性成分 (低沸成分) を注目成分 A として扱い，液相のモル分率を x，気相のモル分率を y で表す．理想溶液の場合，気相中の成分 A の分圧 p_A は液相中の成分 A のモル分率 x_A に比例する (**ラウールの法則**，1.5.2.c 参照)．成分 B の気相中分圧 p_B についても同様である．

$$p_A = P_A x_A, \quad p_B = P_B x_B \tag{4.6}$$

ただし

$$x_A + x_B = 1$$

ここで P_A, P_B はそれぞれ純物質 A, B の蒸気圧である．ベンゼン-トルエン系などの同族列炭化水素系溶液ではラウールの法則が成り立つ．

全圧 Π はダルトン (Dalton) の法則から次式で与えられる．

$$\Pi = p_A + p_B = P_A x_A + P_B x_B = P_B \{1 + (\alpha^* - 1) x\} \tag{4.7}$$

ここで

$$\alpha^* = \frac{P_A}{P_B} \tag{4.8}$$

状態量が $x_B = 1 - x_A$ を代入して得られる x_A だけの変数で表されるとき，その x_A を x で表す．y についても同様である．α^* を理想溶液の**相対揮発度**と称し，蒸留による分離・精製のしやすさを表す．相対揮発度は蒸留操作における分離係数 α_{AB} に等しく，実在溶液の相対揮発度 α は活量係数 γ を用いて，$\alpha = \alpha_{AB} = (y_A/x_A)/(y_B/x_B) = (\gamma_A/\gamma_B)\alpha^*$ で表せる．液相の組成 x と全圧 Π との関係式 (4.7) を**液相線**という．理想溶液の場合，液相線は P_A と P_B を結ぶ直線になる．一方，気相の A 成分のモル分率 y_A はダルトンの法則から次式で与えられる．

$$y_A = \frac{p_A}{\Pi} = \frac{p_A}{p_A + p_B} = \frac{\alpha^* x}{1 + (\alpha^* - 1) x} \tag{4.9}$$

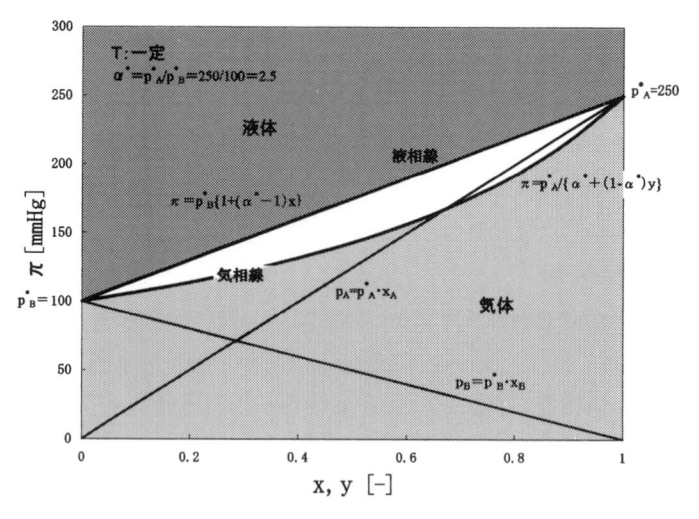

図 4.3 組成と蒸気圧の関係（温度一定）

上式は理想溶液の気液平衡関係を表す．また気相の組成 y と全圧 π との関係を**気相線**といい，気相線は式 (4.7) と式 (4.9) から次式で表される．

$$\Pi = \frac{P_A}{\alpha^* + (1-\alpha^*)y} \tag{4.10}$$

$T=$ 一定のときの $P_A=250$ mm Hg, $P_B=100$ mm Hg, したがって $\alpha^*=2.5$ の場合の液相線と気相線を図 4.3 に示す．系の圧力が液相線より高いときは液体で，気相線より低いときには蒸気になり，その間は蒸気と液が混在する．

蒸留は一般に大気圧下で行われるから，圧力一定の操作である．したがって蒸留塔内の各点の沸点は組成の変化に伴って変化し，α も変化する．蒸留塔の上部では低沸成分が濃縮されるので，上部は下部より低い温度で運転される．

考察 4：理想溶液の相対揮発度が分離係数となることを示せ．

b. 蒸留塔による低沸成分の濃縮の原理

蒸留塔による低沸成分の濃縮の原理を説明するため，圧力一定の場合の組成と沸点の関係を図 4.4 に示す．組成 x_1 の原液 (点 F) を組成一定で点 B (温度 T_1) まで加熱すると，沸騰し始め，点 C (温度 T_C) で完全に蒸気になりさらに点 S (温度 T_S) まで加熱すると過熱蒸気になる．逆に点 S から冷却して点 C になると凝縮し始め，点 B で完全に溶液になる．各組成で沸騰し始める温度の軌跡を**沸**

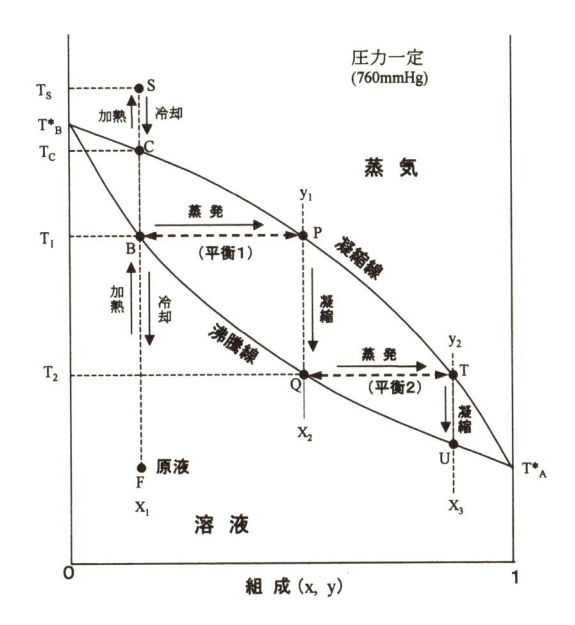

図 4.4 蒸留塔による低沸成分の濃縮の原理図

騰線といい，凝縮し始める温度の軌跡を**凝縮線**という．

原液を温度 T_1 まで加熱し，蒸発させると，x_1 に平衡な組成 y_1 の蒸気（点 P）が得られる．この蒸気を組成一定で冷却すると，蒸気は凝縮し始め，沸騰線（点 Q，温度 T_2）で組成 x_2 の溶液になる（$y_1 = x_2$）．ここで溶液を再び蒸発させれば，溶液 x_2 に平衡な組成 y_2 の蒸気（点 T）が得られる．このように蒸発と凝縮を繰り返すことで低沸成分が次第に富んでくる．混合蒸気の一部分が凝縮することを**分縮** (partial condensation) という．この分縮効果を利用して濃縮する操作を**精留** (rectification) というが，ふつう蒸留を行えば分縮が起こるので，精留のことを蒸留という場合が多い．気液が十分接触すれば平衡に近づく．蒸発の際，蒸発潜熱を奪い，逆に凝縮の際，凝縮熱を出す．蒸留塔では気液の接触と相変化に伴う熱の出入りを効率よく行わせることが重要で，その接触方法に段型と微分型がある．微分接触については次項の「ガス吸収」で述べ，本項では段型連続蒸留塔について説明する．

c. 蒸留塔の設計—マッケブ-シール (McCabe-Thiele) 法

一般的な段型連続蒸留塔の概念図を図 4.5 に示す．段型回分蒸留塔の場合には

原料を蒸留缶(スチル)に1回仕込み,スチルより上を濃縮部と考え,濃縮部だけからなる蒸留塔を考えれば対応できるので以下連続塔で話しを進める。段型連続蒸留塔は濃度の適当な段から原料を供給し(供給流量 F [mol s^{-1}],濃度 z_F [モル分率]),塔底のスチルあるいはリボイラーで加熱蒸発させ,蒸気にして,残りの液は缶出液として取り出す(缶出液流量 W [mol s^{-1}],濃度 x_W [モル分率]).一方塔頂では濃縮された全蒸気を凝縮器(コンデンサー)で液に戻し(全縮),その一部は分縮のため,塔内へ還され,残りを留出液として取り出す(留出液流量 D [mol s^{-1}],濃度 x_D [モル分率]).この凝縮液を塔に戻すことを**還流**(還流液流量 L [mol s^{-1}])という.還流の大きさは**還流比**(reflux ratio) R [—] で表す.

$$R = \frac{L}{D} \tag{4.11}$$

還流比が大きいほど,蒸気と溶液との接触が十分に行われ,分縮効果が大きくなる.特に蒸留のスタート時や蒸留塔の性能を調べる際に,凝縮液を全部塔内へ還す**全還流**(total reflux)操作を行う.このとき R は無限大となり,留出液(製品)は得られない.キャップ(泡鐘)型蒸留塔の断面図を図4.6に示す.塔内では蒸

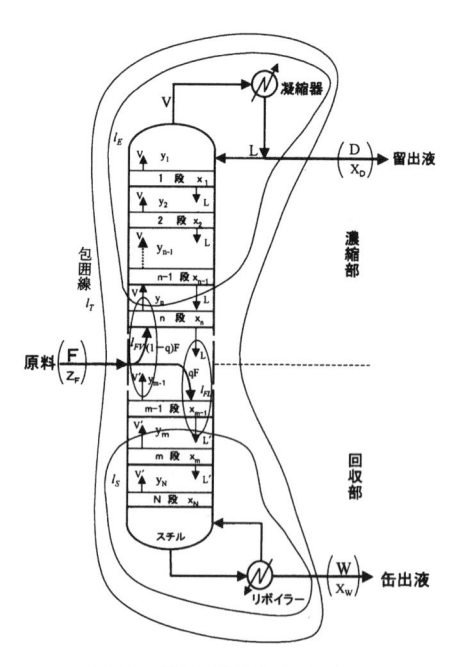

図4.5 段型連続蒸留塔の概念図 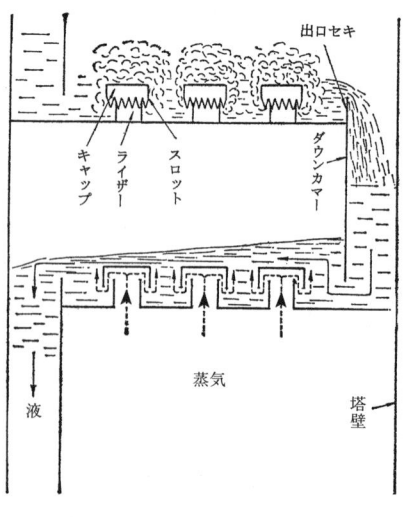   図4.6 キャップ(泡鐘)型蒸留塔の断面図

気が上昇流となり,凝縮液が下降流となって,気液は各段でキャップや皿を介して接触し,液はダウンカマーなどを通して下の段へ流れる.このほかにも気液が十分接触し,圧力損失の小さい段型蒸留装置が考案されている.

考察5:モル分率 x と質量分率 ω との関係を示せ.
考察6:このほかに段型接触装置にはどんなものがあるか調べ,図示せよ.

1925年,W. L. McCabe と E. W. Thiele は2成分系混合溶液の蒸留塔の設計において,①蒸発潜熱は組成によらず一定,②各段に出入りする液のエンタルピーは組成によらず一定,③塔は断熱で操作されている,④各段で気相液相は完全混合,⑤各段で気液平衡が成立,の仮定を設けて,塔内の蒸気の上昇流と液の下降流の流量はそれぞれ各段で等しいとして,塔の段数の推算法を提案した.ここでは**マッケブ-シール**(McCabe-Thiele)**法**による蒸留塔の段数の推算法について述べる.なお,**ポンション-サバリー**(Ponchon-Savarit)**法**は上記の①および②の仮定を含まない2成分系の連続蒸留塔の理論段数を図解法により求める方法であるが,ここでは触れない.

低沸成分は原料供給位置より上方で濃縮され,下方で回収されるので,上方を濃縮部,下方を回収部と呼ぶ.図4.5のように段数は塔頂から数え,濃縮部の任意の段を n 段,回収部のそれを m 段とし,濃縮部および回収部の上昇流量をそれぞれ V, V' [mol/s^{-1}],下降流量をそれぞれ L, L' [mol s^{-1}] とする.また塔内の溶液および蒸気のA成分の組成(モル分率)をそれぞれ x, y とし,段数を添え字で表す.塔全体の物質収支を包囲線 l_T でとれば,次の物質収支が成り立つ.

$$F = D + W \tag{4.12}$$
$$Fz_F = Dx_D + Wx_W \tag{4.13}$$

濃縮部においては図4.5に示すように,n 段(包囲線 l_E)で溶液全体と低沸成分の物質収支をとれば,次式を得る.

$$V = L + D \tag{4.14}$$
$$Vy_n = Lx_{n-1} + Dx_D \tag{4.15}$$

また還流比 R を用いて表すと,n 段目の蒸気組成 y は次式で与えられる.

$$y_n = \left(\frac{R}{R+1}\right)x_{n-1} + \left(\frac{1}{R+1}\right)x_D \tag{4.16}$$

式(4.15)は n 段目の y と $n-1$ 段目の x との関係を表し,濃縮部の**操作線**(oprerating line)という.濃縮部の操作線を図4.7に示す.濃縮部の操作線は x

$=x_D$ と対角線との交点 P を通る傾き $R/(R+1)(<1)$ の直線である．各段では気液平衡が成立すると仮定しているから，理論段数は階段作図から求めることができる．

次に各段の気相・液相の濃度の求め方(図 4.7 参照)を示す．

段 n	蒸気相濃度：y 操作線：$y=f(x)$ とする			溶液相濃度：x 平衡線：$x=g(y)$ とする	
1	$y_1=f(x_D)=x_D$	(点 P)	↘	$x_1=g(y_1)$	(点 E_1)
2	$y_2=f(x_1)$	(点 O_2)	↗	$x_2=g(y_2)$	(点 E_2)
3	$y_3=f(x_2)$	(点 O_3)	→	$x_3=g(y_3)$	(点 E_3)
·	·····	···		·····	···

以下同様である．

回収部においても図 4.5 の包囲線 l_S で同様に収支をとると，次の操作線を得る．

$$L' = V' + W \tag{4.17}$$

$$L'x_{m-1} = V'y_m + Wx_w \tag{4.18}$$

$$y_m = \frac{L'}{V'}x_{m-1} - \frac{W}{V'}x_W \tag{4.19}$$

上式は $x=x_W$ と対角線との交点 Q を通る傾き $L'/V'(>1)$ の直線である．この関係を図 4.8 に示す．これを回収部の操作線という．

また原料は液体の割合が q，蒸気の割合が $1-q$ で供給されるものとし，原料供給部で下降流および上昇流について，図 4.5 でそれぞれ包囲線 l_{FL} および l_{FV}

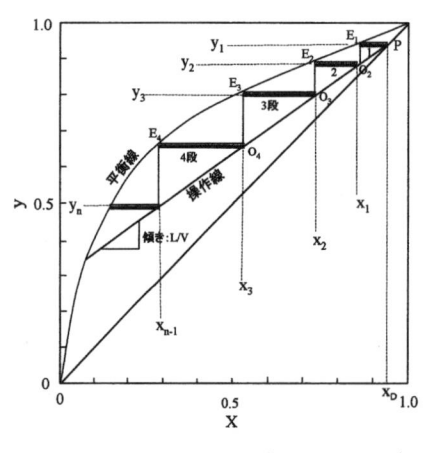

図 4.7 濃縮部の各段の濃度(平衡線と操作線) 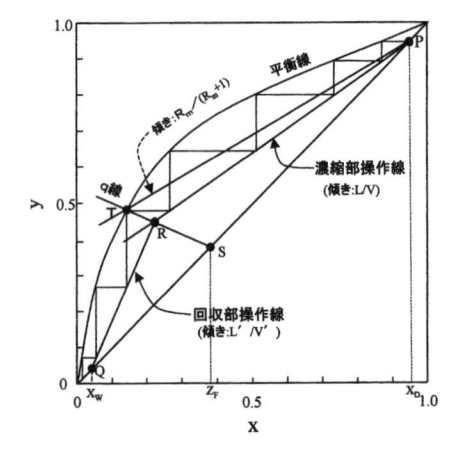　　図 4.8 平衡線，操作線および q 線

で収支を取ると，次式が成り立つ．

下降流： $L + qF = L'$ (4.20)

上昇流： $V = (1-q)F + V'$ (4.21)

この関係式を使うと，濃縮部の操作線と回収部の操作線の交点Rは次式で表わせる．

$$(1-q)y = -qx + z_F \qquad (4.22)$$

これを **q線** (q-line) といい，$x = z_F$ と対角線の交点Sを通る傾き $-q/(1-q)$ の直線である．したがって塔全体の段数を求めるには留出液濃度と缶出液濃度の間で，濃縮部と回収部の操作線と平衡線の間の階段作図から，容易に平衡（理論）段数を求めることができる．作図から求めた段数は塔底のスチルあるいはリボイラーの1段も含まれ，これをステップ数Sという．したがって必要な理論段数 $N = S - 1$ である．このような作図法で蒸留塔の段を求める方法をマッケブ-シール法という．実際の蒸留塔では各段で気液が必ずしも平衡でないため，平衡への到達の程度を表す**段効率**（＝理論段数/実際の段数）を用いて理論段数を補正する．

考察7：濃縮部および回収部の操作線が図4.8において，点P及び点Qを通ること，また q線が式(4.22)で表せること，および点Sを通ることを示せ．

d. 全還流と最小理論段数

蒸留塔を全還流で運転すると還流比Rは無限大となり，操作線は対角線（$y = x$）と一致し，塔段数は最も少なくなる．この段数を**最小理論段数** N_m といい，蒸留塔の段数を推算する基本になる．N_m は図解法から簡便に求めることができるが，気液平衡がラウールの式で表せれば解析的にも容易に求めることができる．ラウールの式は次式のように変形できる．

$$\frac{y}{1-y} = \frac{\alpha x}{1-x} \qquad (4.23)$$

全還流で操作するとき，各段で操作線と平衡線は次式になる．

段 (n)	操作線（対角線）	平衡線（ラウールの式）
1	$x_D = y_1$	$y_1/(1-y_1) = \alpha x_1/(1-x_1)$
2	$x_1 = y_2$	$y_2/(1-y_2) = \alpha x_2/(1-x_2)$
…	…	…………

n	$x_{n-1}=y_n$	$y_n/(1-y_n)=\alpha x_n/(1-x_n)$
⋯	⋯	⋯⋯⋯
スチル(N_m+1段)	$x_{w-1}=y_w$	$y_w/(1-y_w)=\alpha x_w/(1-x_w)$

相対揮発度 α を一定として,上の式を辺々を掛け合わせば,次式を得る.

$$\frac{x_D}{1-x_D}=\frac{\alpha^{(Nm+1)}x_w}{1-x_w} \tag{4.24}$$

$$S_m=N_m+1=\frac{\ln\{x_D(1-x_w)/x_w(1-x_D)\}}{\ln\alpha} \tag{4.25}$$

上式を**フェンスキ**(Fenske)**の式**といい,N_m が x_D, x_w および α から解析的に求められる.実際の操作では α は組成と温度に依存するので,塔頂と塔底の相対揮発度 α_t と α_b の幾何平均 α_{av} が用いられる.

$$\alpha_{av}=\sqrt{\alpha_t\alpha_b} \tag{4.26}$$

考察 8:ラウールの式が式 (4.23) に変形できることを示せ.

考察 9:圧力一定のときのエタノール-水系の組成と沸点の関係を便覧で調べ,プロットせよ.また各温度における純エタノールと水の蒸気圧 p^*_E,p^*_W を求め,$\alpha^*=p^*_E/p^*_W$ をプロットせよ.

e. 最小還流比

留出液をできるだけ多く得るには還流をできるだけ少なくする必要がある.図 4.8 に示すように,還流比 R を小さくすると濃縮部の操作線は P 点を軸に,傾きが少しずつ小さくなって,傾きは q 線が平衡線と交わる点 T まで可能である.この点を**ピンチポイント**といい,その還流比を**最小還流比**といい R_m で表す.実際の蒸留塔の還流比は最小還流比の 1.5~3 倍程度が経済的といわれ,R_m は実操作の目安に使用される.

原料の組成およびその状態 q と留出液,缶出液の組成がわかれば,最小理論段数 N_m,最小還流比 R_m が求まり,さらに還流比 R が与えられると理論段数 N は求まる.

考察 10:還流比 R と理論段数 N との関係を図示せよ.

f. 共沸混合物と共沸蒸留

エタノール-水系の気液平衡関係を図 4.9 に示す.図から $x=0.9$ の近傍で $y=x$ になり,これ以上蒸留しても,溶液は濃縮されない.このような混合物を**共沸混合物**(azeotrope)といい,その沸点を共沸点という.共沸混合物を共沸組成以

上に濃縮するには**共沸蒸留**，抽出蒸留，反応蒸留など，特殊な蒸留方法を用いる．

エタノール-水系の場合，エタノールのモル分率が0.904（質量分率で0.96）のとき共沸し，そのときの沸点は78.2℃で，水の沸点よりもまたエタノールの沸点（78.3℃）よりもさらに低くなる．このように混合物の沸点が混合物を形成する純成分の沸点よりも低くなる混合物を**最低共沸混合物**という．逆にアセトン-クロロホルム系のように混合物の沸点が高くなるものもある．このような混合物を**最高共沸混合物**という．最低共沸混合物は異種分子が入ることで分子間力が同種分子間力より弱くなる．以下最低共沸混合物を共沸組成以上に濃縮する1つの方法である共沸蒸留についてエタノール-水系で説明する．

共沸蒸留は2成分系共沸混合物に新たに共沸剤を加え，3成分系の共沸混合物組成をつくる方法である．この場合，原料は2成分の共沸組成に近いわずかに水が混入している溶液である．共沸剤としてシクロヘキサンやベンゼンあるいはペンタンが用いられるが，ここではベンゼンを共沸剤に用いて純エタノールを製造するプロセスを説明する．そのプロセスのフローシートを図4.10に示す．

原料のエタノール-水系2成分系共沸混合物は第1蒸留塔に供給され，この共沸混合物にベンゼンを加え蒸留すると，塔頂から3成分系最低共沸混合物が留出する．その組成はモル分率でエタノール：水：ベンゼンの比が0.2281：0.5388：0.2331で沸点は64.86℃である（ベンゼンの沸点：80.13℃）．原料中の水は3成

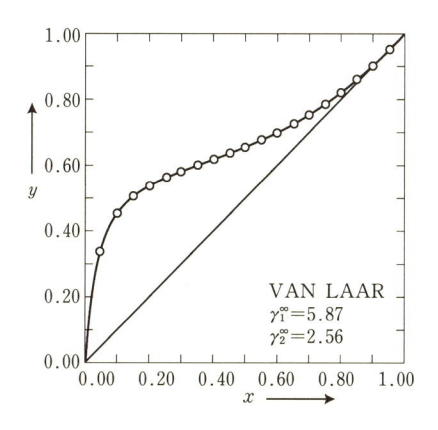

図4.9 エタノール-水系の気液平衡関係（$P=760$ mmHg）
（xは溶液中のエタノールモル分率，yは蒸気中のエタノールモル分率）
("Chemistry Data Series", DECHEMA (1981))

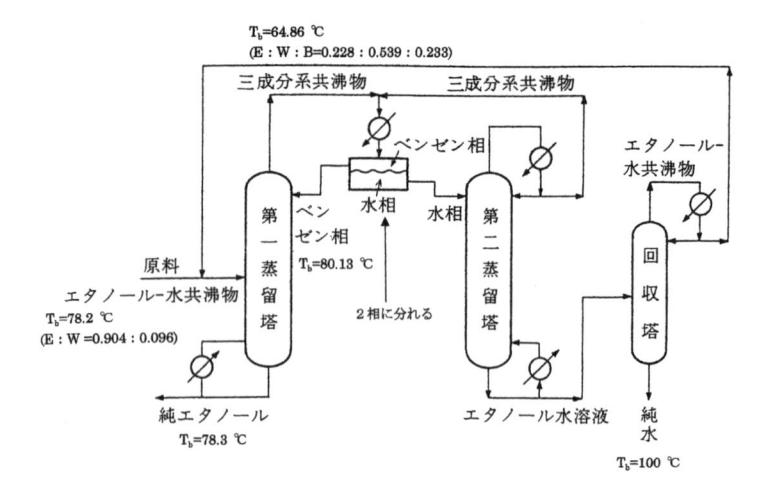

図 4.10 共沸蒸留の分離システム

分系共沸混合物として塔頂から抜き取られ，沸点の高いエタノールは塔底より純エタノールとして得られる．共沸蒸留で重要なことは3成分系共沸組成が2相を形成することである．すなわち，3成分系共沸組成の蒸気を冷却液化させるとベンゼン相と水相に相分離し，原料の中の水と共沸剤が分離できることである．これが共沸蒸留の1つの条件である．第1蒸留塔の凝縮器から出るベンゼン相は第1塔に戻され，共沸剤として用いられ，水相は第2蒸留塔に送られ，第2蒸留塔の塔頂では水相にわずかに溶けているベンゼンとエタノールがまた3成分系共沸混合物を形成し，その蒸気は第1蒸留塔の凝縮器へ送られる．第2蒸留塔でベンゼンが完全に取り除かれ，水が大部分のエタノール水溶液の缶出液は回収塔へ送られ，回収塔で塔頂からエタノール水系2成分系共沸混合物が留出液として得られる．これは第1蒸留塔の原料としてリサイクルされる．一方の回収塔の蒸留缶から共沸混合物形成に必要なエタノールが取り除かれた純水が得られる．このようにしてベンゼンをリサイクルしながら，第1蒸留塔の塔底から純エタノールが，また回収塔の塔底から純水が得られる．

考察11：共沸混合物をつくる系の沸点と組成の関係を図示し，単純蒸留では蒸留した組成が共沸点に収束することを説明せよ．

4.2.2 ガス吸収

ガス吸収は適当な溶媒(吸収剤)を用いて混合ガスから特定成分を分離，除去・精製する操作として古くから利用されている．最近では環境保全対策技術の一つとして，例えば火力発電所や製鉄所などから発生する燃焼ガスから二酸化炭素を回収・利用する有力プロセスとして吸収プロセスが注目され，活発に研究開発が行われている．ガス吸収は単なる物理的な溶解度の差を利用する物理吸収と化学反応を伴って吸収する反応吸収がある．表4.2にそれぞれの代表的な実用例を示す．本節の「ガス吸収」では**微分接触法**について説明する．微分接触装置は充てん塔のほか，濡壁塔や気泡塔などがある．代表的な微分接触装置と代表的な充てん物を図4.11に示す．比表面積が大きく，圧力損失の少ない充てん物が選ばれる．

吸収のメカニズムには，① 最も一般的に用いられる**二重境膜説**，② 非定常の現象解析に用いられる**ヒグビー**(Higbie)**の浸透説**，③ 同じく非定常の現象解析に用いられる**ダンクワーツ**(Danckwerts)**の表面更新説**，④ 界面近傍で展開される**境界層理論**，などが提案されている．本項では物理吸収による充てん層型ガス吸収塔を用いて，二重境膜説によるガス吸収の一般的な概念を学ぶとともに，微分接触法による分離装置の基本的な設計法について学ぶ．

表4.2 ガス吸収の実用例

型		溶 質	吸 収 剤
物理吸収		アセトン	水
		アンモニア	水
		ホルムアルデヒド	水
		塩化水素酸	水
		ベンゼンとトルエン	炭化水素オイル
		ナフタレン	炭化水素オイル
反応吸収	不可逆	二酸化炭素	水酸化ナトリウム水溶液
		シアン化水素酸	水酸化ナトリウム水溶液
		硫化水素	水酸化ナトリウム水溶液
	可逆	塩素	水
		一酸化炭素	アンモニウム第1銅塩水溶液
		CO_2+H_2S	モノエタノールアミン(MEA)水溶液あるいは，ジエタノールアミン(DEA)
		窒素酸化物	水

(a) 充てん塔　(b) 濡壁塔　(c) 気泡塔　(d) スプレー塔 (気液)

(1) 代表的な微分接触型分離装置

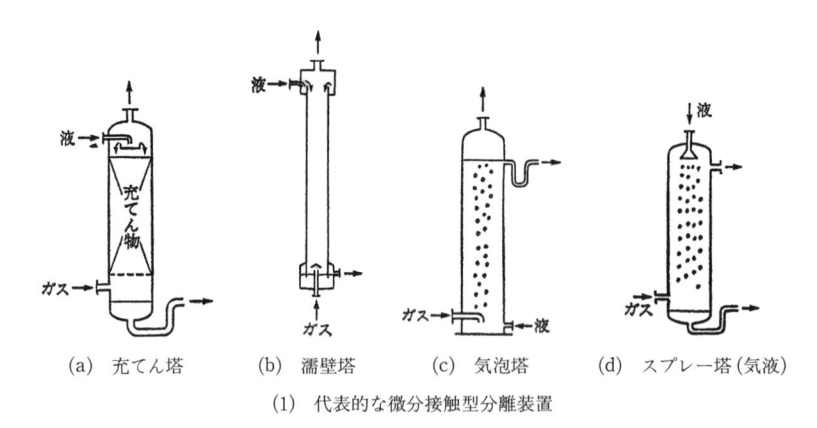

(a) ラシヒリング　(b) ポールリング　(c) テラレット®

(2) 代表的な充てん物

図 4.11 微分接触型分離装置と充てん物

考察 12：反応吸収の一つにアミン類による二酸化炭素の吸収がある (表 4.2 参照)．その反応式を示せ．

a. 二重境膜説による物質移動

図 4.12 のような，例えば，二酸化炭素を含んだ空気の流れが壁を伝って流下する水と平行に向流的に接触している濡壁塔を考える (図 4.11 の (1) の (b) 参照)．空気中の二酸化炭素は絶えずフレッシュな水に接触し，定常的に吸収される．空気流本体 (バルク) は十分乱れ，二酸化炭素の分圧は界面近傍の厚み δ_G までバルクの分圧 p_A であるが，δ_G の間で急激に減少し，気液界面で界面分圧 p_{Ai} になる．この仮想的な境界の厚みを**境膜**といい，分圧や濃度の境膜を濃度境膜という．この境膜という概念は 1904 年に Nernst により提唱されたといわれ，熱の移動現象でも用いられる重要な概念である．

液相本体 (バルク) も気相と同様に十分乱れながら流下するので，液側界面でも厚み δ_L の濃度境膜が存在する．すなわち二酸化炭素の濃度は液界面で C_{Ai} であり，液境膜厚み δ_L を隔てて液のバルク濃度 C_A になる．**二重境膜説** (two film theory) はこのように界面を介して両相に濃度境膜があり，その仮想的な境膜の

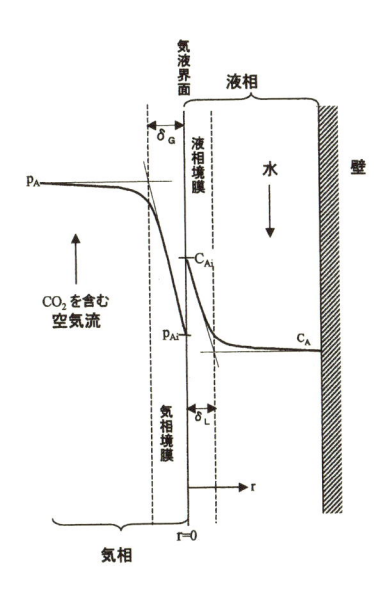

図 4.12 二重境膜説（濡壁塔）

中で濃度の降下が生じるという考え方である．この二重境膜説は 1914 年に Lewis-Whitman によって提唱されたモデルであるが，仮定と結果が簡潔明瞭なことから，吸収モデルとして一般的に使われている．

移動するためには**推進力**が必要であり，物質移動の場合には分圧や濃度の差が推進力になる．単位面積当たりの流量を**流束**（flux）という．物質 A の流束 N_A [mol m^{-2} s^{-1}] は成分 A の分圧 p_A [Pa]，濃度 c_A [mol m^{-3}]，液相の濃度 x_A [モル分率]，気相の濃度 y_A [モル分率] を用いて，次式で表すことができる．

$$N_A = k_G(p_A - p_{Ai}) = k_L(c_{Ai} - c_A) \tag{4.27}$$

$$= k_y(y_A - y_{Ai}) = k_x(x_{Ai} - x_A) \tag{4.28}$$

ここで，比例定数 k を**境膜物質移動係数**という．気液界面では平衡が成立するものと仮定する．ガス吸収で溶解した成分の溶液濃度は一般に薄い．希薄溶液の気液平衡関係は次の**ヘンリー（Henry）の法則**（1.5.2.b 参照）で表される．

$$p_A = Hc_A \tag{4.29}$$

$$p_A = Kx_A \tag{4.30}$$

$$y_A = mx_A \tag{4.31}$$

ここで，比例定数 H および m を一般にヘンリー（Henry）定数といい，H と K

および m の関係は次式で与えられる.

$$H = \frac{K}{c_M} = m\frac{\Pi}{c_M} \quad [\text{m}^3\,\text{Pa}\,\text{mol}^{-1}] \tag{4.32}$$

c_M は溶液の全濃度 $[\text{mol m}^{-3}]$ であるが,溶液が希薄であるから,溶媒のモル濃度 c_B とみなしてよい.また Π は全圧である.主な気体の主な溶媒に対するヘンリー定数 K を表 4.3 に示す.K が大きいとき,モル溶解度は小さい.二酸化炭素が溶解性の高い気体であることが分かる.

気液の平衡関係は式 (4.31) で表せるものと仮定する.y に平衡な液相濃度を x^*,x に平衡な気相濃度を y^* とすると,式 (4.28) は気相基準で次式になる(推進力の添え字 A は割愛する).

$$N_A = \frac{y - y_i}{1/k_y} = \frac{y_i - y^*}{m/k_x} \tag{4.33}$$

上式の分子分母をそれぞれ加えることで次式を得る.

$$N_A = \frac{(y - y_i) + (y_i - y^*)}{1/k_y + m/k_x} = K_y(y - y^*) \tag{4.34}$$

ここで

$$\frac{1}{K_y} = \frac{1}{k_y} + \frac{m}{k_x} \tag{4.35}$$

この K_y を気相基準**総括物質移動係数**という.K_y に対して k_y を**局所物質移動係数**という.

同様に物質移動を液相基準で表すと次式になる.

$$N_A = \frac{(x^* - x_i) + (x_i - x)}{1/mk_y + 1/k_x} = K_x(x^* - x) \tag{4.36}$$

ここで

表 4.3 主な気体のヘンリー定数 K [MPa]

溶 媒	c_B[1] [mol m^{-3}] $*10^{-3}$	気 体 25 ℃				
		H_2	N_2	O_2	CH_4	CO_2
水	54.9	7180	8570	4420	4040	166
エタノール	17.0	492	284	174	79.3	15.3
ベンゼン	11.2	391	230	125	49.0	10.4
アセトン	13.5	337	187	120	54.8	5.42
ヘキサン	7.60	153	73.6	51.2	20.1	—

1) c_B は溶媒のモル濃度.

$$\frac{1}{K_x} = \frac{1}{mk_y} + \frac{1}{k_x} \tag{4.37}$$

k_x および K_x をそれぞれ液相基準局所物質移動係数および総括物質移動係数という.

考察 13：総括物質移動係数と局所物質移動係数の関係式 (4.35) と (4.37) を導出せよ.

b. 拡散現象と物質移動との関係

拡散流束を J_i [mol m^{-2} s^{-1}] とすれば，フィック (Fick) の拡散式は次式で表すことができる．ここで x 軸の座標を示す x はモル分率の x_A と紛らわしいので，x の代わりに r を用いた．以下同じ．

$$J_i = c_i(v_i - v^*) = -D_{AB}\frac{dc_A}{dr} = -D_{AB}c_M\frac{dx_A}{dr} \tag{4.38}$$

ここで，c_i は成分 i の濃度 [mol m^{-3}] であり，c_M はモル平均濃度 [mol m^{-3}] で，次式で定義される．

$$c_M = \sum c_i \tag{4.39}$$

v_i は成分 i の絶対移動速度 [m s^{-1}] で，v^* はモル平均速度 [m s^{-1}] と称し，絶対移動流束 N_i [mol m^{-2} s^{-1}] を用いて次式で定義される．

$$v^* = \frac{\sum N_i}{c_M} \tag{4.40}$$

ここで

$$N_i = c_i v_i \tag{4.41}$$

したがって A, B 2 成分からなる系の拡散現象は次式で与えられる．

$$N_A = -D_{AB}c_M\frac{dx_A}{dr} + x_A(N_A + N_B) \tag{4.42}$$

蒸発，昇華，ガス吸収や液液抽出の場合は $N_B = 0$ と考えてよい．分子蒸発熱の等しい 2 成分系混合溶液の蒸留の場合は $N_B = -N_A$ とみなしうるケースがある．また 2A → A$_2$ なる 2 量化反応の触媒表面上の物質移動は $N_B = N_{A2} = -N_A/2$ とおくケースもある．ここでは $N_B = -N_A$ と $N_B = 0$ の 2 つのケースについて物質移動係数と拡散係数との関係を検討する．前者を**等モル相互拡散** (equi-molar counter-diffusion：EMD)，後者を**一方拡散** (uni-directional diffusion：UDD) という．

等モル相互拡散では $N_B = -N_A$ とおけば式 (4.42) は

$$N_A = -D_{AB}C_M \frac{dx_A}{dr} \tag{4.43}$$

となり，$r=0$ のとき，$x=x_{Ai}$，$r=\delta_L$ のとき，$x=x_A$ の境界条件で積分すると，次式を得る．

$$N_A = \frac{D_{AB}C_M}{\delta_L}(x_{Ai} - x_A) \tag{4.44}$$

したがって等モル相互拡散の物質移動係数 $(k_x)_{eq}$ は次式になる．

$$(k_x)_{eq} = D_{AB} \frac{C_M}{\delta_L} \tag{4.45}$$

一方拡散においては $N_B=0$ とおけば式 (4.42) は次式になる．

$$N_A = -D_{AB} \frac{C_M}{1-x_A} \frac{dx_A}{dr} \tag{4.46}$$

上式を，$r=0$ のとき，$x=x_{Ai}$，$r=\delta_L$ のとき，$x=x_A$ の境界条件を使って積分すると次式を得る．

$$N_A = D_{AB} \frac{C_M}{\delta_L x_{Blm}}(x_{Ai} - x_A) \tag{4.47}$$

したがって，一方拡散の物質移動係数 $(k_x)_{uni}$ は次式になる．

$$(k_x)_{uni} = D_{AB} \frac{C_M}{\delta_L x_{Blm}} \tag{4.48}$$

ここで，

$$x_{Blm} = \frac{x_{Bi} - x_B}{\ln(x_{Bi}/x_B)} \tag{4.49}$$

で表され，成分 B の界面とバルクの濃度の対数平均である．一方拡散物質移動係数は常に等モル相互拡散のそれより大きい．すなわち

$$\frac{(k_x)_{uni}}{(k_x)_{eq}} = \frac{1}{x_{Blm}} > 1 \tag{4.50}$$

考察 14：一方拡散の物質移動係数が式 (4.48) で与えられることを示せ．また一方拡散の物質移動係数は常に等モル相互拡散のそれより大きいことを示せ．

c. 吸収塔の設計と操作線

1) 操作線 充てん層型ガス吸収塔の概念図を図 4.13 に示す．塔底から溶解性成分 A を含む混合ガス (モル分率 y_b) を流量 G_M [mol s^{-1}] で供給し，塔頂からモル分率 x_t の吸収液を流量 L_M [mol s^{-1}] で供給する．気液は塔内で充てん物を介して向流接触し，混合ガスは塔頂で濃度 y_t まで吸収される．一方，吸収

4.2 平衡法による分離技術

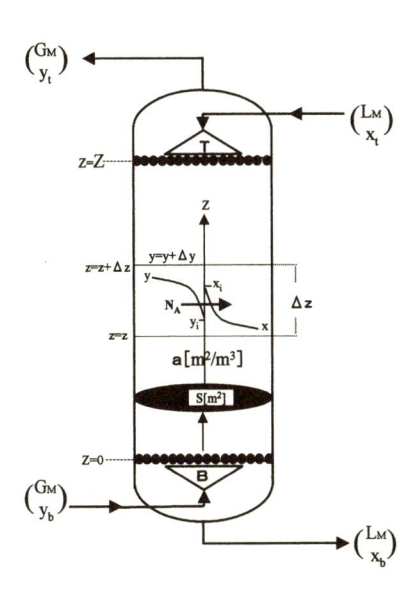

図 4.13 充てん層型ガス吸収装置の概念図

液は塔底で x_b まで増加する．ガス吸収により混合ガス全体のモル流量は減り，溶液のモル流量は増えるので，物質収支をとる際には吸収塔全域で変化しない溶解成分を除いたキャリアガス流量 G_I [mol s^{-1}] と溶媒流量 L_I [mol s^{-1}] を基準にとると便利である．すなわち塔底 $z=0$ から任意の高さ z の間で気相と液相について成分 A の物質収支をとれば次式になる．

$$G_I\left(\frac{y}{1-y}-\frac{y_b}{1-y_b}\right)=L_I\left(\frac{x}{1-x}-\frac{x_b}{1-x_b}\right) \tag{4.51}$$

上式を**ガス吸収の操作線**という．以下成分 A が希薄な 2 成分系混合ガスの吸収を考える．濃度が希薄な場合には次式が成り立つ．

$$G_M=\frac{G_I}{1-y}\approx G_I, \quad L_M=\frac{L_I}{1-x}\approx L_I \tag{4.52}$$

したがって G_M および L_M は稀薄な場合，一定とみなしてよい．操作線は溶質濃度が希薄な場合，次式になる．

$$G_M(y-y_b)=L_M(x-x_b) \tag{4.53}$$

図 4.14 に示すように，横軸に液相濃度 x，縦軸に気相濃度 y をとれば，操作線はガス吸収の場合，蒸留の場合とは逆に，気液平衡線より上になる．溶解成分

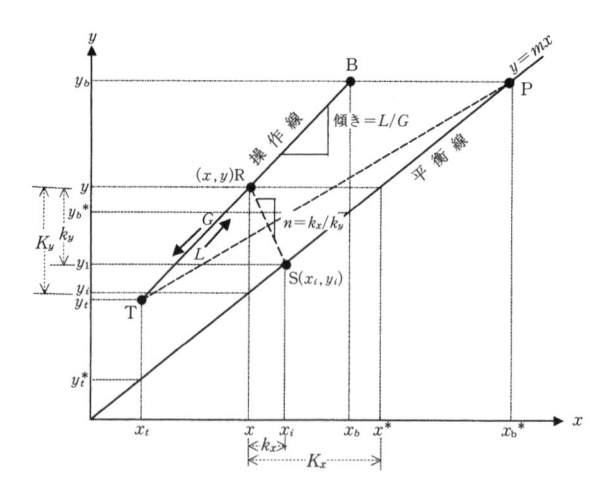

図 4.14 操作線と平衡線 (図中の k, K の範囲は当該係数に関係するドライビングフォースの大きさを示す)

が希薄な場合のガス吸収の操作線は塔底点 $B(x_b, y_b)$ と塔頂点 $T(x_t, y_t)$ を通る傾き L_M/G_M の直線になる．操作線の傾きは液流量を少なくすると，小さくなる．$y=y_b$ と平衡線の交点を P とすれば，その傾きは直線 TP まで小さくすることが可能である．そのとき塔底の吸収液の濃度は y_b に平衡な $x_b{}^*$ になり，これ以上吸収できなくなる．この点を**ピンチポイント**といい，実際に操作する液流量はこの最小流量の 1.5～3.0 倍で運転される．また液流量に対してガス流量が多くなると，圧力損失が大きくなり，やがて液が流下しなくなり，フラッディング (flooding：溢流) が起こる．実際のガス吸収ではフラッディングが起こる流量より少し小さい**ローディング速度**で運転するのがよいとされている．ローディング速度は吸収塔の直径を決める上で重要な条件である．

2) 吸収塔の高さの推算 図 4.13 の吸収塔の概念図を使って，断面積 S [m²] の吸収塔の高さ Z [m] を求めるために，任意の高さ z と $z+\varDelta z$ の間でまず気相を中心に物質収支をとる．すなわち，気相で減少した成分 A の流量は液相に移動した流量である．

$$-G_M \varDelta y = N_A a S \varDelta z \tag{4.54}$$

ここで，a は**比表面積** [m² m⁻³] といい，吸収塔単位体積当たりに気液が接触する面積で，充てん物の種類や，流量などの操作条件に依存する微分接触型分離装置にとって重要な特性である．式 (4.28) あるいは式 (4.34) を式 (4.54) に代入

し，塔の $z=0$ から $z=Z$ まで積分して次式を得る．

$$Z = \frac{G_M/S}{k_y a} \int_{y_b}^{y_t} \frac{dy}{y-y_i} \tag{4.55}$$

$$= \frac{G_M/S}{K_y a} \int_{y_b}^{y_t} \frac{dy}{y-y^*} \tag{4.56}$$

物質移動係数 k, K と比表面積 a との積を**物質移動容量係数** $[\mathrm{mol\,m^{-3}\,s^{-1}}]$ といい，微分接触装置の重要な装置特性である．ka および Ka をそれぞれ**境膜物質移動容量係数**，**総括物質移動容量係数**という．また上式の積分の部分を**移動単位数**（**NTU** ; number of transfer units）N といい，移動単位数が1のときの高さを**移動単位高さ**（**HTU** ; height per a transfer unit）H という．すなわち，塔高 Z，HTU および NTU は次式で表される．

$$Z = H_G N_G = H_{OG} N_{OG} \tag{4.57}$$

ここで

$$H_G = \frac{G_M/S}{k_y a}, \quad N_G = \int_{y_b}^{y_t} \frac{dy}{y-y_i} \tag{4.58}$$

$$H_{OG} = \frac{G_M/S}{K_y a}, \quad N_{OG} = \int_{y_b}^{y_t} \frac{dy}{y-y^*} \tag{4.59}$$

同様に液相基準で物質収支をとることで次式を得る．

$$Z = \frac{L_M/S}{k_x a} \int_{x_b}^{x_t} \frac{dx}{x_i-x} \tag{4.60}$$

$$= \frac{L_M/S}{K_x a} \int_{x_b}^{x_t} \frac{dx}{x^*-x} \tag{4.61}$$

したがって液側基準の Z，HTU および NTU は次式で表される．

$$Z = H_L N_L = H_{OL} N_{OL} \tag{4.62}$$

$$H_L = \frac{L_M/S}{k_x a}, \quad N_L = \int_{x_b}^{x_t} \frac{dx}{x_i-x} \tag{4.63}$$

$$H_{OL} = \frac{L_M/S}{K_x a}, \quad N_{OL} = \int_{x_b}^{x_t} \frac{dx}{x^*-x} \tag{4.64}$$

N_G および N_L は気液界面濃度がわかれば，また N_{OG} および N_{OL} は気液平衡関係がわかれば図積分から求めることができる．界面濃度を求めるには式 (4.28)，(4.58) および式 (4.63) から得られる次式を使う．

$$\frac{y-y_i}{x-x_i} = -\frac{k_x}{k_y} = -\frac{L_M}{G_M} \times \frac{H_G}{H_L} = n \tag{4.65}$$

すなわち図 4.14 において操作線の任意の点 $\mathrm{R}(x, y)$ を通る傾き n の直線と平衡

線の交点Sが界面濃度(x_i, y_i)になる．またN_G, N_L, N_{OG}, N_{OL}はヘンリーの法則が適用できるとき，解析的に解け，次式で与えられる．

$$\left.\begin{array}{ll} N_G = \dfrac{y_b - y_t}{(y - y_i)_{lm}}, & N_L = \dfrac{x_b - x_t}{(x - x_i)_{lm}} \\ N_{OG} = \dfrac{y_b - y_t}{(y - y^*)_{lm}}, & N_{OL} = \dfrac{x_b - x_i}{(x - x^*)_{lm}} \end{array}\right\} \quad (4.66)$$

ここで，例えば$(y - y^*)_{lm}$は塔底と塔頂の$(y - y^*)$の対数平均で，次式で定義される．

$$(y - y^*)_{lm} = \frac{(y_b - y_b^*) - (y_t - y_t^*)}{\ln\{(y_b - y_b^*)/(y_t - y_t^*)\}} \quad (4.67)$$

総括物質移動係数が式(4.35), (4.37)で表せるから，総括HTUについても次の関係が成立する．

$$H_{OG} = H_G + \lambda H_L \quad (4.68)$$

$$H_{OL} = \frac{1}{\lambda} H_G + H_L \quad (4.69)$$

ここで

$$\lambda = m \frac{G_M}{L_M} \quad (4.70)$$

であり，気液の容量比といわれる．

考察15：式(4.66), (4.68)および式(4.69)を導出せよ．

d. HETP (理論段相当高さ)

充てん層型ガス吸収塔においても気液が各段で平衡になっているものとして，蒸留のマッケブ-シール法と同じ方法で操作線と平衡線の間を階段作図することで理論段数Nを推算することができる．同じ分離を行うために必要な段数と充てん塔高さの関係は **HETP** (height equivalent to a theoretical plate; **理論段相当高さ**) と呼ばれる．HETPは次式で定義され，ガス吸収操作ばかりでなく，クロマト分離などに対しても求められる．

$$\text{HETP} = (\text{充てん塔の充てん高さ})/(\text{理論段数}) \quad (4.71)$$

したがって，HETPが小さい充てん塔の方が吸収性能が高いことになる．

冷蔵庫の氷と超 LSI

　ウイスキーのオンザロックに使う氷は透き通っていて，美味しいのに，家の冷蔵庫で作った氷は白く濁っていて，いま一つ美味しさに欠ける．作ったキュービック状の氷をよく見ると，外側は透明であるが，中心部に曇りが集中している．どうしてだろう？

　ふつう，水は空気や炭酸ガスなどの難凝固性ガスが溶け込んでいる混合物である．立方体の容器にそんな水を入れ，冷凍庫に置くと，容器は外側から順次冷やされ，凝固しやすい水は凍り始め，凝固しにくい空気は液体状の水の方に追いやられる．このように水中の空気は四方八方から中心部に移動し，行き場を失った空気は中心部に取り残され，結果として小さな泡が氷の中心部に霧のようになったまま凍ってしまうのである．逆に，外側の氷は不純物の空気を含まない透き通ったきれいな超純「氷」が精製される．したがって，美味しい氷を作る一つ方法として水を端から順次冷やし，空気などの不純物が逃げる場所を確保してやればよい．そして最後にその部分を切り捨てる．なんとこの分離精製法が超 LSI の製造に用いられているのだ．

　LSI などの高機能電子デバイスは超純度のシリコンに，鉄などの不純物を精密に制御し，ドーピングして製造されている．シリコンを超純度化し，また不純物のドーパントを均一化する精製技術に冷蔵庫の氷の精製法すなわち「ゾーンメルティング」(帯域精製) 法が用いられている．

　ゾーンメルティングでは円筒状の試料を円盤状のゾーンで加熱溶融し，試料の端から端まで掃引する．進行する溶融ゾーンに凝固しにくい不純物がたまる．これを加熱と冷却のゾーンを多数並べ，掃引を繰り返す．試料の端は不純物貯めで，最後にそれを切断廃棄すれば超純度化シリコンができ上がる．また不純物の均一化には試料の先端に 10^{-9} の重さの割合で不純物をつけてゾーン溶融し，試料全体を毎回向きを変えて繰り返し掃引すると，その不純物が一様に分布するようになる．するとその不純物の純度が 1 ppb である．すなわち 5 t のトラックに純砂糖を一杯積んで，その中に 1 粒の塩が混じっている純度である．君のパソコンにもそんな石「超 LSI」が入っているのだ．

　さて美味しいオンザロックの氷を作る 2 つ目の方法は水を煮沸し，空気や CO_2 を追い出した水を使うことである．そしてそれを素早く凍らせることである．日曜日の夜のウイスキーは美味しい氷を作って召し上がれ．作り方？どちらの方法を選ぶか，それはご自由に．

> **湿度計と「物質と熱」の同時移動**
>
> 梅雨のある日曜日，寝ぼけ眼で時計の横に掛けてある湿度計を見る．すると湿球と乾球の温度が同じ 21 ℃ を指している．「狂ったのかなこの湿度計？」，「蒸し暑いから？」．どうしてだろう，冷たいはずの水の温度が空気の温度と同じとは．
>
> 夏，庭に水を打つと涼しくなる．水は付近の熱で加熱され，蒸発する．水はその際，まわりから蒸発潜熱を奪い，蒸気となって大気に移動し，水を撒いたまわりの温度が下がる．だからふつう，水の温度（水温）は，空気の温度（気温）より低く，冷たい．家にある湿度計はガーゼで包まれた湿った湿球と裸の乾いた乾球からなり，それぞれ，水の温度 t_w と空気の温度 t を測って，その差から湿度を出している．
>
> 蒸発した蒸気が湿球のまわりから部屋の方へ移動する速さ N_w [mol m^{-2} s^{-1}] は，水温（湿球）における水の蒸気圧 p^* と空気中の蒸気圧 p の差に比例する．すなわち $N_w=k(p^*-p)$ と書ける．ここで比例定数 k は物質移動係数である．蒸気は N_w のモル流束で湿球から部屋へ移動することになる．水 1 モルを同じ温度の蒸気にする熱量すなわち蒸発潜熱を λ_w [J mol^{-1}] とすれば，この物質移動により熱量 $N_w\lambda_w$ [J m^{-2} s^{-1}] が部屋から湿球に移動したことになる．この熱は部屋から湿球に補われることになる．
>
> 湿球に移動する熱の流束 q [J m^{-2} s^{-1}] は室温と湿球の温度の差に比例する．すなわち $q=h(t-t_w)$ で表される．ここで比例定数 h は伝熱係数である．湿度計は物質の移動量と熱の移動量を釣り合わせるテクニシャンなのだ．すなわち $k(p^*-p)\lambda_w=h(t-t_w)$，これを変形して $C_H=h/k\lambda_w=(p^*-p)/(t-t_w)$ なる関係を得る．1929 年，Lewis は C_H が水-空気系では一定（=0.26）であることを見出した．したがって室温 t と湿球の温度 t_w がわかれば飽和蒸気圧 p^* は理科年表からわかっているから，p が算出され，湿度 $\phi=p/p_w$ がわかることになる．
>
> もし湿度が高くて，室内の水気圧が湿球の飽和蒸気圧と同じになって湿球から出る蒸気が部屋へ拡散しなくなれば（$N_w=0$）どうなるだろう．そのとき $p=p^*$，$t=t_w$ となる．すなわち湿球の温度と乾球の温度が同じなる．道理で今日は蒸し暑いわけだ．

4.3　速度差分離技術―膜分離法

成分 i の気体の平均速度 $\overline{v_i}$ はマックスウェル (Maxwell) 分布を仮定すれば次式で与えられる．

$$\overline{v_i} = \sqrt{\frac{8RT}{\pi M_i}} \tag{4.72}$$

すなわち，気体分子の平均速度は分子量 M_i の平方根に反比例する．例えば水素の平均速度は窒素の平均速度の $\sqrt{28/2}=3.74$ 倍である．この分子の速度差をうまく利用すれば，水素と窒素を分離することができる．速度差分離技術とはこのような分子やイオンの移動や拡散などの速度差を利用した分離法である．速度差分離技術は速度差を呈する場や方法を選び，それを取り出せるように工夫した技術である．そのような場として膜，電場や遠心力場がある．ここでは膜を使った分離法について述べる．

4.3.1 膜分離技術

ふるい（シーブ，フィルター）を考える．ふるいの穴より大きい物質は透過を阻止され，小さい物質は透過され，分離される．膜分離の原理の1つはふるい効果を利用するものである．ガスクロマトグラフィの充てん剤のモレキューラーシーブ（分子ふるい）の分離原理はこれである．もう1つの原理は高分子膜のような速度差の出る相を利用することである．例えばシリコン膜の中ではアルコール分子の方が水分子より移動速度が大きい．分離膜には大きく分けて，穴がある場合（多孔質膜）と穴のない非多孔質膜に分類される．多孔質膜の場合には原理

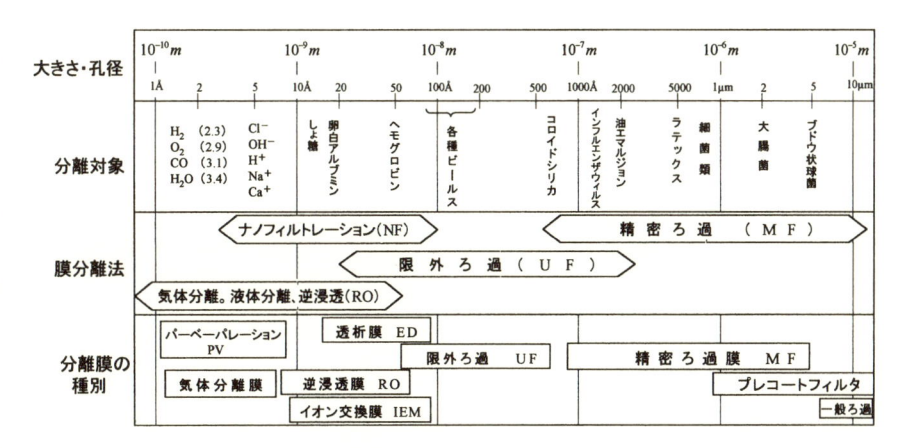

図 4.15 膜分離法と分離対象

RO：reverse osmosis（逆浸透）, NF：nano filtration（ナノフィルトレーション）, UF：ultra filtration（限外ろ過）, MF：micro filtration（精密ろ過）, PV：pervaporation（浸透気化）, ED：electric dialysis（電気透析）, IEM：ion exchange membrane（イオン交換膜）．

的にはふるい効果(**細孔モデル**)を利用し,非多孔質膜の場合には混合物の各分子はポリマー中を溶解拡散し(**溶解拡散モデル**),その差を利用する.透過速度は一般に多孔質膜の方が大きいので,大きな粒子や分子は多孔質膜でろ過する.

次に分離対象物質の大きさとその膜分離法を図4.15に示す.1 μm 以上の粒子は**一般ろ過**(filtration)で分離し,分離媒体としてろ紙,ろ布やろ過助剤を用いる.0.1 μm 前後の粒子は**精密ろ過**(micro-filtration;**MF**)で分離し,いわゆるメンブレンフィルターを用いる.インフルエンザウイルスをはじめ細菌類などは MF で分離が可能である.**限外ろ過**(ultra-filtration;**UF**)は各種ビールスや高分子を阻止し,低分子を透過する膜分離法で,食品の濃縮や人工腎臓などの医用機器やメンブレンリアクターとしても利用され,応用範囲が広い.**逆浸透**(reverse osmosis;**RO**)法は原理的には溶質やイオンなどを阻止し,溶媒のみを透過する.膜には半透膜が用いられ,海水の淡水化や超純水などの製造に,従来の蒸留などに代わって,相変化を伴わないことから省エネルギー分離法として注目されている.また最近膜材質の開発に伴って,限外ろ過と逆浸透の両領域をカバーする**ナノろ過**(nano-filtration;**NF**)膜が用いられている.膜分離では溶質を分離する「割合」を表すのに阻止率(式(4.81)および(4.82)参照)を用いるが,UF や RO 膜の目の細かさ(緻密性)を分画分子量で表す.**分画分子量**とは膜が95%以上阻止する溶質分子の分子量のことである.RO と UF は分画分子量が500程度を目途に区別している.また NF 膜の分画分子量の範囲はおおむね100～1000程度である.

4.3.2 濃度分極と物質移動係数

膜分離法は従来のろ過とは分離対象物が異なるばかりでなく,流れパターンも異なる.膜分離法は透過液が供給液液に対してクロスし(cross flow;十字流れ),1つの供給口に対し,2つ(以上)の取出口のある分離法で,定常かつ連続操作が可能である.一方,従来のろ過は1つの供給口に対し1つの取出口の分離法(全量ろ過;dead end filtration)で,原理的には非定常で回分操作である.膜分離法が画期的な新しい分離装置として位置付けられた背景には,省エネルギー分離法のほかに,プロセスの連続性や集中制御性も大きな要因である.図4.16にクロスフローろ過と全量ろ過のフローパターンを示す.

コロイドやタンパク質あるいは高分子溶液などを膜で分離すると,高圧側の膜

4.3 速度差分離技術—膜分離法

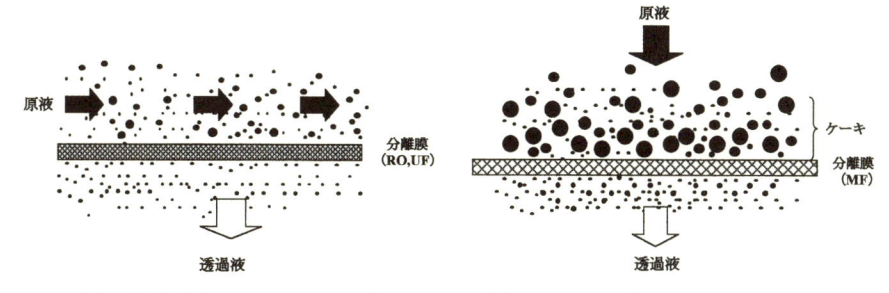

(a) 膜分離法(クロスフローろ過)　　(b) 従来のろ過(デッドエンドろ過；全ろ過)

図 4.16　膜分離法(a)と従来のろ過(b)の流体の流れ

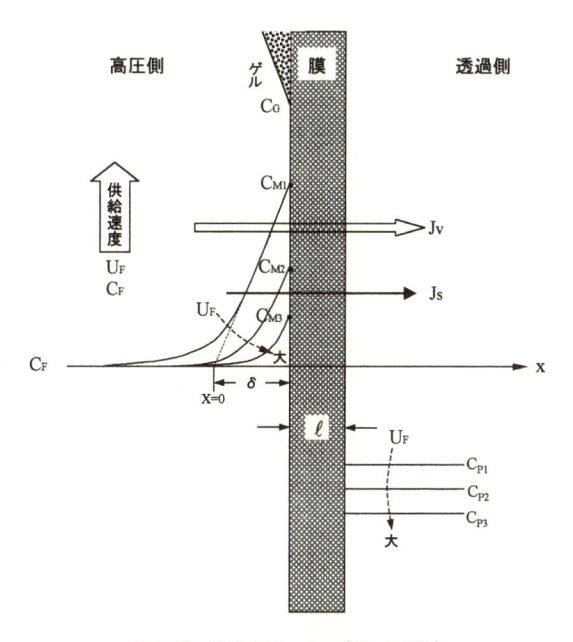

図 4.17　濃度分極モデル(U_F は変化)

表面近傍には阻止された物質の濃縮が起こり，濃度は極端に高まり，場合によってはその溶液が飽和濃度になり，ゲル化を起こし，膜表面にゲル層を形成する．このような現象を**濃度分極**(concentration polarization)といい，特にゲル層を形成する場合をゲル分極(gel polarization)という．この濃度分極は透過流束や阻止率などに直接影響を与え，実際の膜分離プロセスでは膜本来の性能と同様に重要な問題になる．ゲル濃度は溶質や膜の種類また原料濃度，供給速度や圧力や

温度などの操作条件などに影響を受ける．濃度分極が形成された後は定常操作が可能になる．

いま，操作圧 p_H [Pa]，供給濃度 c_F [mol m^{-3}] で供給速度 u_F [m s^{-1}] だけを変化させたときの濃度分極の模式図を図 4.17 に示す．濃度分極が形成しているとき，溶質の透過流束 J_s [mol m^{-2} s^{-1}] は体積透過流束 J_v [m^3 m^{-2} s^{-1}] と濃度分極による拡散の和として次式で表される．

濃度境膜内；$J_s = c \cdot J_v - D\dfrac{dc}{dx}$ (4.73)

膜透過後；$\quad = c_P \cdot J_v$ (4.74)

ここで，c は境膜内の溶液濃度，c_P は透過液濃度であり，x は透過方向座標軸である．J_v は濃度分極による濃度境膜内の次の境界条件を用いて解くことができる．

$x = 0 ; c = c_F$ (4.75)

$x = \delta ; c = c_M$ (4.76)

ここで，δ は濃度境膜厚み，c_M は膜表面における溶液濃度である．J_v は高圧側から低圧側にわたって一定とみなしてよく，境膜内で積分して次式を得る．

$J_v = k \cdot \ln\dfrac{c_M - c_P}{c_F - c_P}$ (4.77)

ここで

$k = D/\delta$ (4.78)

k は物質移動係数 [m s^{-1}] であり，D は境膜内の溶質の拡散係数 [m^2 s^{-1}] である．ゲル分極の場合には，式 (4.76) の代わりに式 (4.79) を用い，式 (4.77) の代

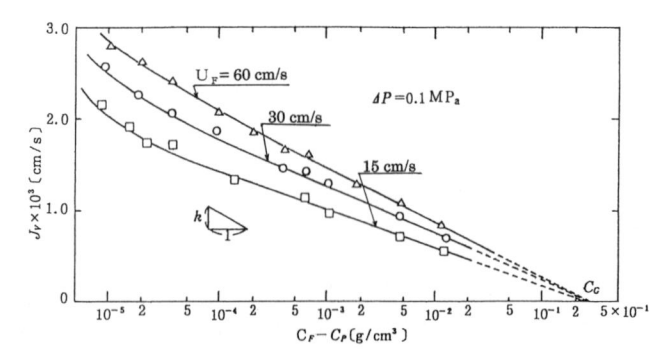

図 4.18 卵白アルブミン水溶液の透過流束 J_v と供給濃度 C_F との関係[2]

わりに式 (4.80) を得る.

$$x = \delta\,;\ c = c_G \tag{4.79}$$

$$J_v = k \cdot \ln \frac{c_G - c_P}{c_F - c_P} \tag{4.80}$$

卵白アルブミン (分子量 45000) 水溶液の濃度を 10〜10000 ppm の範囲で変えたとき透過流束 J_v と供給濃度 c_F との関係を, 供給速度 u_F をパラメーターにして図 4.18 に示す[3]. 一定になったときの傾きが物質移動係数 k であり, 収束した接片濃度が $(c_G - c_P)$ に相当する. すなわち, この方法からゲル層濃度 c_G を推算することができる. ゲル分極モデルが成立する領域では透過流束 J_v は操作圧に直接影響を受けない (4.3.4 項の限界流束と溶質排除を参照). J_v を大きくするには物質移動係数 k を大きくする必要がある. k を大きくするためには u_F を大きくして δ を小さくする.

考察 16: 図 4.18 におけるそれぞれの供給速度に対する物質移動係数 k を求めよ.

4.3.3 阻　止　率

UF や MF のろ過性能で透過流束と同様に重要な特性に**阻止率** (rejection) R がある. すなわち, 膜が溶質をどの程度阻止するかという分離の度合で, その定義は濃度分極により次の 2 通りの方法, すなわち膜表面濃度 c_M (あるいは c_G) を基準とした真の阻止率 (intrinsic rejection) R_{int} と原料濃度 c_F を基準とした見かけ阻止率 (observed rejection) R_{obs} があり, それぞれ次式で定義される (図 4.17 参照).

$$R_{\mathrm{int}} = 1 - \frac{c_P}{c_M} \quad \text{あるいは} \quad R_{\mathrm{int}} = 1 - \frac{c_P}{c_G} \tag{4.81}$$

$$R_{\mathrm{obs}} = 1 - \frac{c_P}{c_F} \tag{4.82}$$

したがって透過濃度 c_P が 0 (純溶媒) の完全分離のとき $R = 1$, また c_P が供給濃度 c_F に等しく, 分離が全く行われないとき $R_{\mathrm{obs}} = 0$ となり, R は一般に 0 と 1 の間にある. また $R_{\mathrm{int}} - R_{\mathrm{obs}} = c_P\{(c_N - c_F)/(c_N \cdot c_F)\} \geqq 0$ となり, 常に $R_{\mathrm{int}} \geqq R_{\mathrm{obs}}$ である.

R_{int} と R_{obs} の関係は物質移動係数 k により, 次式で関係づけることができる.

$$\frac{J_y}{k} = \ln\left(\frac{R_{\text{int}}/(1-R_{\text{int}})}{R_{\text{obs}}/(1-R_{\text{obs}})}\right) \tag{4.83}$$

また k が供給速度 u_F と次式の関係

$$k = a \cdot u_F^b \tag{4.84}$$

にあれば，式(4.83)は次のように変形できる．ここで a, b は定数である．

$$\ln\left(\frac{1-R_{\text{obs}}}{R_{\text{obs}}}\right) = \ln\left(\frac{1-R_{\text{ins}}}{R_{\text{ins}}}\right) + \frac{J_v}{au_F^b} \tag{4.85}$$

式(4.85)から $\ln\{(1-R_{\text{obs}})/R_{\text{obs}}\}$ と J_v/u_F^b の関係はほぼ直線関係にあり，その切片から $\ln\{(1-R_{\text{ins}})/R_{\text{ins}}\}$ が求められ，真の阻止率が得られる．

考察17：見かけの阻止率と供給速度との関係式(4.85)から，真の阻止率を求める図を示せ．

4.3.4　限界流束と溶質排除

水の透過流束 J_v は操作圧 Δp に比例する(ダルシー(Darcy)の法則)．

$$J_v = k_D \frac{\Delta p}{\mu l} \tag{4.86}$$

ここで，k_D は透過係数 $[\text{m}^2]$ である．しかし酵母やタンパク質や高分子などの水溶液では少し様子が異なる．図4.19にウシ血清アルブミン(分子量65000)水溶液の透過流束 J_v と操作圧 Δp との関係を回転数と濃度をパラメーターにして示す．水溶液の場合は Δp が小さいときには J_v と Δp はほぼ直線関係にあるが，Δp が大きくなると，濃度が濃いほど，また回転数が低いほど，j_v は小さく，より小さい Δp で一定値に近づく．これは操作圧 Δp を大きくすると，膜により阻

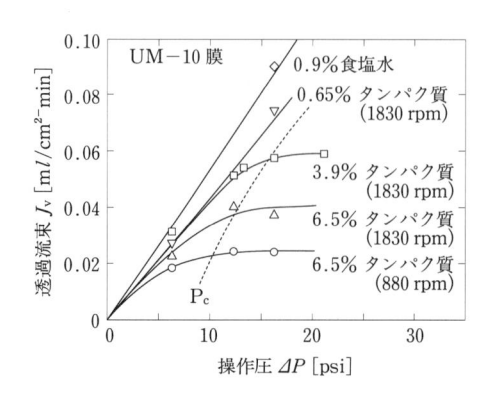

図4.19　透過流束と操作圧との関係(ウシ血清アルブミン-水系)

止される溶質の速度も大きくなり，濃度分極が加速され，膜表面にゲル層が形成し始める．圧力をさらに上げると J_v は増えるが，次第に Δp を大きくしても J_v はほとんど変わらなくなる．このときの圧力を限界圧力，透過流束を限界流束という．限界圧力以上の圧力で操作しても，圧力に見合った厚みのゲル層が形成され，ゲル層による透過抵抗が増加する結果，ゲル-膜間界面での圧力は変わらず，J_v はほぼ一定になる．一方ゲル層を形成しない場合でも濃度分極による浸透圧の効果により限界流束が存在するとの報告がある．

4.3.5 浸　透　圧

膜で分離する物質が分子オーダまで小さくなれば，その溶液には浸透圧が生じ，抵抗として作用する．海水と真水を半透膜で仕切ると，濃度が均一になろうとして，溶質分子は半透膜を透過できないから，真水側の水が海水側に浸透して，海水の濃度を薄めようと作用する．この浸透流に平衡な力が浸透圧で，浸透圧 π は希薄溶液に対して次のファントホッフ (van't Hoff) の式で与えられる．

$$\pi = c_A \cdot RT \tag{4.87}$$

ここで，c_A は溶質 A のモル濃度で，R は気体定数，T は温度である．浸透圧は溶質および溶媒の種類によらず，濃度と温度だけの関数であり，希薄理想溶液の場合 (0.2 mol l^{-1} 以下) に成立する．電解質ではファントホッフの i 係数を用いて，次式で与えられる．

$$\pi = i \cdot c_A \cdot RT \tag{4.88}$$

例えば，希薄 NaCl 水溶液の場合，完全電離と考えて，$i=2$ とおく．浸透圧はモル濃度に比例するので，浸透圧は同じ質量濃度の溶液では分子量の小さい分子の方が大きい．実在溶液では浸透係数 ϕ を用いて次のように補正する．

$$\pi = \phi \cdot i \cdot c_A \cdot RT \tag{4.89}$$

タンパク質や高分子のなかには濃度が高くなれば，ϕ が急激に大きくなるものもある．また透過流束を上げるため，使用目的に応じ溶質分子も適度に透過する NF 膜 (反射係数 $\sigma<1$) を使用することがある．反射係数については次項を参照されたい．

浸透流に逆らって溶液側から溶媒 (水) を取り出す膜分離法を逆浸透 (RO) 法という．RO 法はこの浸透圧が透過の抵抗になり，操作圧にはそれ以上の圧力が必要になる．RO 法の操作圧は一般に浸透圧の 2 倍程度にとる．

4.3.6 膜分離の透過モデル

透過モデルには大きく分けて2つある.分離対象物が比較的大きいMFやゲルが形成しやすい系に用いる抵抗モデルと,分離対象物が比較的小さいUFやROに用いる現象論モデルである.

a. 透過抵抗と透過抵抗モデル

精密ろ過(MF)は分離対象物が$0.1\mu m$以上と大きく,透過流束はゲル抵抗が支配的で抵抗モデルで考えられる.限外ろ過(UF)は分離対象物が$0.1\mu m$以下と小さく,次第に浸透圧の影響も現れてくる.膜分離における透過抵抗には①膜本来の抵抗R_M,②膜細孔内の吸着と目詰まり抵抗R_P,③膜表面の吸着とゲル層による抵抗R_G,④浸透圧による抵抗$\Delta\pi$,⑤濃度分極による境膜抵抗R_B,⑥膜の圧密化による抵抗,⑦膜の劣化による抵抗がある.MFの透過抵抗は高分子水溶液のゲルを形成しやすい水溶液では①のほか②,③が支配的であるが,UFやROでは①のほか,④と⑤が支配的になる.また⑥,⑦は経時的な要素が強く,不可逆的なものである.透過抵抗R_Tを次式で定義する.

$$J_v = \frac{(\Delta P - \sigma \Delta \pi)}{R_T} \cdot \frac{1}{\mu} \tag{4.90}$$

ここで

$$R_T = R_M + R_B + R_G + R_P \tag{4.91}$$

膜抵抗R_Mは純水の透過実験から求めることができる.R_Bは溶液を純水にすることにより,R_Gは膜表面をスポンジなどで静かに洗浄することにより,またR_Pは薬品洗浄により取り除くことができるから,それぞれの透過抵抗を分離することができる.このような考え方を**透過抵抗モデル**という.

b. 現象論的モデル

分離対象物が分子レベルまで小さくなると,溶質の浸透圧が影響してくる.このような系は現象論的モデルで解析される.溶液の体積透過流束J_v [$m^3 m^{-2} s^{-1}$]および溶質の透過流束J_s [$mol\, m^{-2} s^{-1}$]は非平衡の熱力学から導出され,最終的にはStavermanによって定義された**反射係数**σを用いて,次式で表すことができる.

$$J_v = L_P(\Delta P - \sigma \Delta \pi) \tag{4.92}$$

$$J_s = \omega \Delta \pi + (1-\sigma) J_v \overline{c_s} \tag{4.93}$$

ここで,σは溶質を完全に阻止する理想的半透膜の場合1,選択性がまったくな

いとき0で，一般に0~1の間にある．また，L_pは純水透過係数，ωは溶質透過係数である．$\bar{c}_s$は供給液濃度と透過液濃度との平均濃度である．ROやUFの膜透過特性はこの3つのろ過係数L_p, ωおよびσで一義的に決まる．詳細については成書[5]を参照して頂きたい．

4.3.7 膜の構造，素材とモジュール

a. 膜構造と膜素材

UFやMFおよびROに用いられる膜の構造には①均質膜，②非対称膜，および③複合膜がある．分離度は膜厚にほとんど影響を受けないから，現在では透過流束を大きくするために②または③が用いられ，活性層の薄膜化が積極的に進められている．

膜素材は大きく分けて酢酸セルロース系と非酢酸セルロース系とに分けることができる．また最近UFやMFの分野でもセラミック膜やガラス膜などの無機分離膜の研究開発が活発に行われている．バイオ分野おけるメンブレンリアクターにも無機分離膜の応用が期待されている．

b. 膜モジュール

膜を分離装置として用いるには膜のモジュール化が必要であり，単位体積当たりの透過面積を大きくすることや，メンテナンスの利便さなどの観点から現在①平膜型，②チューブラー(管状)型，③ホローファイバー(中空糸)型，④スパイラル型のモジュールが考案されている．図4.20にスパイラル型モジュール

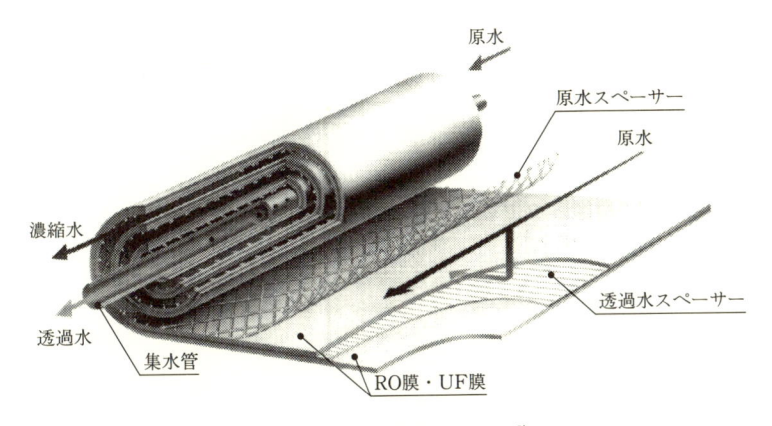

図4.20 スパイラル型モジュール[3]

を示す．
　考察18：膜素材にはどのようなものがあるか，また種々の膜分離技術と膜素材との関係を考察せよ．

4.3.8　膜によるガス混合物の分離

　空気から濃縮酸素を得る酸素富化膜，天然ガスから不純物の炭酸ガスを除去する合成膜，反応プロセスから生成物の水素を選択的に取り除く無機/金属膜など，最近ではガス混合物についても膜の特徴を生かした膜分離法が用いられ，種々の分野で応用研究が展開されている．具体的な応用例あるいは研究例を表4.4に示す．ここではガス混合物の膜による分離の代表的な2つの分離メカニズムについて説明する．1つは微細孔膜に適応するクヌッセン(Knudsen)拡散に代表される**細孔モデル**と，もう一方は高分子などの非多孔質膜に適用する**溶解拡散モデル**である．

表4.4　ガス分離膜の応用例

分離対象ガス	代表的な膜素材など	適用分野例
H_2/N_2	プラズマセパレーター	アンモニア合成排ガスから水素回収
H_2/CO		合成ガス組成調整
H_2/炭化水素	パラジウム，多孔質ガラス	石油精製水素回収，メンブレンリアクター
He/炭化水素	ポリジメチルシロキサン	天然ガスからヘリウム分離
He/N_2		ヘリウム回収
O_2/N_2	含フッ素ポリマー	酸素富化，燃料用酸素，医用窒素製造
H_2O/空気		空気乾燥
H_2O/炭化水素	ポリイミド，セルロース	水/有機溶媒分離，天然ガスの脱湿
CO_2/N_2		燃焼排ガスからCO_2の回収
CO_2/炭化水素		天然ガスから酸性ガス除去，ランドフィルガスの濃縮
VOC/空気	ポリイミド	揮発性有機化合物(VOC)の回収，大気汚染防止
SO_2/N_2		燃焼排ガスの脱硫
H_2S/炭化水素		サワーガス除去

a.　多孔質膜におけるクヌッセン拡散

　成分 i の気体の平均速度は式(4.72)で表され，分子量 M_i の平方根に反比例する．クヌッセン拡散法はこの現象を細孔膜で利用して分離するものである．分子の平均自由行程 λ より小さい直径 d_P の細孔をもつ膜の細孔内の分子運動は分子どうしが衝突するより壁に衝突する割合が多いので，この効果を発現できる．すなわち，クヌッセン数 Kn を $Kn=\lambda/d_P$ で定義し，$Kn \gg 1$ のとき，多孔質膜内

の成分iの透過流束は次式で与えられる．

$$J_i = \frac{k_P \Delta p_i}{\delta} \tag{4.94}$$

$$k_P = \frac{4\varepsilon d_P}{3\tau} \cdot \frac{1}{\sqrt{2\pi RTM_i}} \tag{4.95}$$

ここで，k_P は多孔質膜の透過係数 [mol m^{-1} s^{-1} Pa^{-1}]，ε は空間率 [—]，d_P は細孔直径 [m]，τ は迷路係数 [—]，R は気体定数 [J mol^{-1} K^{-1}]，M_i は気体の分子量 [g mol^{-1}]，T は絶対温度 [K]，Δp は膜間の圧力差 [Pa]，δ は膜厚 [m] である．透過係数 k_P は分子量の平方根に反比例するから分子量の小さい気体ほどよく透過する．実際には，多孔質膜は細孔径分布をもち，また細孔内では物理・化学吸着が起きるからクヌッセン拡散のほかに表面拡散や毛管凝縮が起こる．しかし，温度が高い場合，水素や窒素などの非凝縮性ガスはクヌッセン拡散が支配的と考えてよい．クヌッセン拡散に従えば，例えば水素と窒素の 50 mol ％ の混合ガスを多孔質 (Vycor) ガラス膜 (d_P=4 nm) に透過すれば，窒素に対する水素の透過係数の比は $\sqrt{28/2}$ になるので，透過側には約 79 ％ の水素が得られる．

b. 非多孔質膜に対する膜透過

シリコン膜のような非多孔質膜の高分子膜の場合，気体分子は膜に溶け，膜内を拡散する．混合ガスは各成分の溶解拡散の速度差で分離される．すなわち，膜内でフィック (Fick) の拡散を考えると次式が成立する．

$$J_i = -D_{iM}\frac{dc_i^*}{dz} = -D_{iM}S_i\frac{dc_i}{dr} = -P_i dp_i \tag{4.96}$$

ここで

$$c_i^* = S_i c_i \tag{4.97}$$

$$P_i = \frac{D_{iM}S_i}{\delta RT} \tag{4.98}$$

c_i^*，c_i は成分iのそれぞれ膜内濃度，溶液濃度であり，S_i [—] は溶解度または分配係数，δ は膜厚みである．また P_i [mol m^{-2} s^{-1} Pa^{-1}] は成分iの透過係数である．A, B 2 成分系で透過 (2 次) 側圧力が真空に近い場合，分離度 α は各成分の透過係数の比で与えられる．すなわち，A成分の高圧 (1 次) 側および 2 次側のモル分率をそれぞれ x および y とすると，

$$J_A = P_A(p_A{}^{\mathrm{I}} - p_A{}^{\mathrm{II}}) = P_A(p^{\mathrm{I}}x - p^{\mathrm{II}}y) \tag{4.99}$$

$$J_B = P_B(p_B{}^{\mathrm{I}} - p_B{}^{\mathrm{II}}) = P_B(p^{\mathrm{I}}(1-x) - p^{\mathrm{II}}(1-y)) \tag{4.100}$$

$$\frac{J_A}{J_B} = \frac{J_A/(J_A+J_B)}{J_B/(J_A+J_B)} = \frac{y}{(1-y)} = \frac{P_A p^{\mathrm{I}} x}{P_B p^{\mathrm{I}}(1-x)} \tag{4.101}$$

$$\alpha = \frac{y/(1-y)}{x/(1-x)} = \frac{P_A}{P_B} \tag{4.102}$$

ここで，p^{I} および p^{II} はそれぞれ1次側および2次側の全圧である．

　窒素や酸素などの無機成分に対し，ベンゼンやトルエンなどの有機成分の透過係数の比が大きい含フッ素ポリイミド膜は VOC (volatile organic compound) を高度に分離することができるので，このような膜を使った分離法が環境保全対策技術として注目されている．また水素を特異的に透過するパラジウム膜も溶解拡散モデルと考えられ，水素透過流束 J_H は次式で表される．

$$J_H = \frac{k_H}{\delta}\left(\sqrt{\frac{p_H{}^{\mathrm{I}}}{p_0}} - \sqrt{\frac{p_H{}^{\mathrm{II}}}{p_0}}\right) \tag{4.103}$$

ここで，k_H はパラジウム膜の透過係数，δ はパラジウム膜厚みで，$p_H{}^{\mathrm{I}}$ と $p_H{}^{\mathrm{II}}$ はそれぞれ水素の1次側と2次側の分圧である．パラジウム膜は水素を特異的に透過することから，超純水素を生成する製造プロセスとして実用化されている．

・・・・・禍を転じて福と為す・・・・・

　膜を扱う上でやっかいな問題の一つは膜の目詰りである．これは阻止する溶質が膜の表面でゲル層を形成し，膜の目を詰まらせ，透過流量の減少や透過濃度の変動を引き起こすものである．このため目詰りをなくするいろいろな工夫や，その現象を解明するためのいろいろモデルが提案されている．しかし，この現象を逆さにとって積極的に活用する試みがある．

　ゲル層は溶液の透過流量に対しては「抵抗」として作用するが，溶質を排除し，あたかも別の膜のように作用する効果がある．このことをゲル層による溶質排除という．溶質排除には2通りのケースがある．1つはゲル分極によってできたゲル層が同じ溶質を排除する自己排除型の場合と，もう1つは濃縮したい溶質とは別の物質，例えば金属コロイドなどを溶液の中入れ，コロイドのゲル層を膜表面に積極的に形成させ，本来の溶液を濃縮するものであり，これをダイナミック膜と称する．

　米国 Oak Ridge 国立原子力研究所で開発されたダイナミック膜は，Z_r 塩やポリイオンコンプレックス等を用いた新しい膜？で，膜の有効細孔径の調整法あるいは透過流束の制御法として注目されている．禍を転じて福と為せるか．

・・・・・膜と人工臓器・・・・・

　膜分離技術が化学産業や食品，環境産業など多くの分野で開発され，そして実用化されている．それに伴って，膜の使用量も年々増えている．例えば，膜による海

水の淡水化は，従来からの蒸留法に代わる勢いで増えている．また，膜の利用による新しい食品などが開発され，新しい分野での需要も増えている．しかし膜利用統計によれば膜の売上高の75％が医療分野で，その大部分が透析膜という．

1912年Abelらによって透析膜を使った *in vitro* での人工透析に成功して以来，人工臓器とその治療法の開発と発展は目覚しいものがある．血液透析の原理を図に示す．血液と透析液（還流液）を透析膜で仕切ると，両液間で濃度の高い成分が低い側に拡散移動する．すなわち老廃物の尿素，クレアチニンや中分子量毒性物質は血液側から透析液側に拡散し，除去される．透析膜は数十Åの細孔径の微細孔を有し，溶液や水分を透過させるが，この微小孔を透過できない大きな分子のタンパク質や赤血球などは血液中に残る．したがって，透析膜の特性や透析液の成分を調整することにより生体に必要な成分を補給し，血液中の有害成分を除去することができる．最近よく使われる透析膜のモジュールはホローファイバー（中空糸）モジュールで，再生セルロースでつくられた直径約225 μm の糸状膜1万本程度が束にしてハウジングされた透析器（ダイアライザー）である．その1本の膜の厚は10〜20 μm 程度であり血液はふつう，手首の動脈から採り出し，ダイアライザーで再生処理し，静脈に戻す．

日本の透析患者は平成10年の時点で18万人を越し，毎年8〜9千人の割合で増えており，ダイアライザーは延命に大きく貢献している．いまや膜は人工腎臓や人工血管など医療分野においてなくてはならない装置・素材になっている．日本はこの膜製造技術において世界のトップクラスにある．この技術を支えているのは日本が過去に培った製糸や紡糸技術である．膜製造メーカの多くが繊維系の会社であることからも裏づけられる．

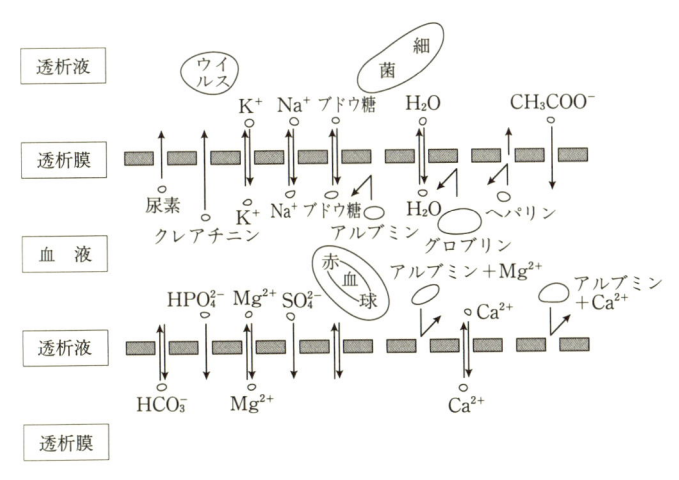

血液透析の原理

【演習問題】

4.1 p, T が一定のとき，混合物のギブス関数 G が $G=\sum n_i\mu_i$ で表せること，また成分 i の気体の化学ポテンシャル μ_i が $\mu_i=\mu_i^*+RT\ln p_i/p_0$ で表せることを示せ．ここで添え字 [*] は純物質，また [o] は標準状態を示す．

4.2 純物質が入っている2つの容器がコックのついた細い短い管で結ばれている．一方の容器には酸素が 1.0 atm, 25 ℃ で2モル入っており，もう一方の容器には窒素が 4.0 atm, 25 ℃ で6モル入っている．コックを開き，均一になると，混合のギブス関数 ΔG_{mix} はいくらになるか．またこの混合物を元の純物質に分離するには最低どれほどのエネルギー W_{min} が必要か．

4.3 相対揮発度 α が3の2成分系理想溶液がある．この溶液を全還流で操作して，留出液，および缶出液の低沸組成の濃度がそれぞれ 0.9 および 0.1 モル分率で得た．このとき蒸留塔の最小理論段数はいくらになるか

4.4 相対揮発度 α が 2.5 の2成分系理想溶液を段型連続蒸留塔で 1 atm の下に還流比 $R=2$ で精留している．モル分率 0.45 の原料を $q=0.5$ の状態で 400 mol h^{-1} の流量で供給している．塔頂より留出する液のモル分率は 0.95，缶出液のモル分率は 0.05 である．マッケブ-シール法を用いて，次の問いに答えよ．
  ① ⓐ 留出流量 D および缶出流量 W はいくらか．
    ⓑ 塔内下降液の流量 L（濃縮部）および L'（回収部）はいくらか．
    ⓒ 塔内上昇蒸気の流量 V（濃縮部）および V'（回収部）はいくらか．
  ② ⓐ 気液平衡線の式を書き，作図せよ．
    ⓑ 濃縮部の操作線を求め，作図せよ．
    ⓒ q 線の式を求め，作図せよ．
    ⓓ 回収部の操作線を求め，作図せよ．
  ③ 上から3段目の液相および気相の組成を求めよ．
  ④ 最小理論段数 N_{min} はいくらか
  ⑤ 最小還流比 R_{min} はいくらか

4.5 20 mol % のメタノール水溶液を蒸留して，98 mol % のメタノールを回収率 95 % で得たい．原料は沸点液で供給するものとして，次の問に答えよ．ただしメタノール-水系の気液平衡関係は次のとおりである（x, y はそれぞれメタノールの液相，気相における mol %）．
x：5.00 10.00 20.00 30.00 40.20 54.45 69.75 81.00 90.35 95.20
y：26.90 41.77 57.94 66.55 73.00 80.00 87.00 92.00 6.00 98.00
  ① 缶出液のメタノールの濃度はいくらか．
  ② 最小理論段数はいくらか．
  ③ 最小還流比はいくらか．
  ④ 還流比を最小還流比の2倍にするとき，ⓐ 濃縮部の操作線の式，ⓑ 回収部の操作線の式，また ⓒ その理論段数を求めよ．

4.6 1.5 % の NH_3 を含む 20 ℃, 1 atm の空気 (流量 1300 mol h^{-1}) を, 流量 3300 mol h^{-1} のフレッシュな水で向流接触させ, NH_3 の 96 % を吸収したい. 吸収塔の断面積を 0.5 m^2 とし, 次の問いに答えよ. ただし, NH_3-H_2O 系の気液平衡は $y = 0.75\,x$ で表せるものとする.
① 吸収塔の出口液濃度 x_B と出口アンモニア濃度 y_T を求めよ.
② 総括物質移動単位数 N_{OG} を求めよ.
③ H_{OG} = 0.7 m として, 所要理論塔高さ Z を求めよ.

4.7 SO_2 を 10 % 含む工業排ガス 25 m^3 h^{-1} を水で洗浄して SO_2 の 90 % を吸収除去し, 塔底より排出する吸収液の濃度を 0.002 % にする吸収塔を設計したい. 吸収液の流量と吸収塔の高さを次の手順で求める. ただし吸収塔の直径は 1 m, 操作は 30 ℃, 大気圧で行うものとし, SO_2-水系の溶解度は $y = 40\,x$ で与えられるものとする. また H_G = 0.7 m, H_L = 0.5 m とする.
① 出口ガス濃度 y_T を求めよ.
② 液流量 L はいくらか.
③ 操作線の式を求めよ.
④ ガス側基準移動単位数 N_G を図積分と解析法から求めよ.
⑤ 塔の高さ Z はいくらか.

4.8 20 ℃ の水素の平均速度を求めよ. また水素の 1 atm, 20 ℃ における平均自由行程 λ はいくらか調べよ. また減圧されると λ はどうなるか.

4.9 水素 30 % 窒素 70 % からなる 200 ℃ の混合ガスを細孔径 4 nm の多孔質ガラスを使って分離すると, 透過側のガス組成はいくらか. この場合, 透過メカニズムはクヌッセン拡散と考えてよい. また透過側は十分減圧されているものとする.

4.10 海水を 3. wt % の NaCl 水溶液とみなし, ϕ = 0.92 として, 20 ℃ の海水の浸透圧を計算せよ. また同じ濃度のショ糖の浸透圧を計算せよ.

4.11 濃度 100 mol m^{-3} のウシ血清アルブミン水溶液を有効膜面積 10 m^2 の UF モジュールを用いて濃縮したい. UF 膜の純水透過係数 L_P は 3.0×10^{-5} m s^{-1} Pa^{-1}, タンパク質水溶液の UF 膜に対する反射係数 σ は 0.85 および溶質透過係数 ω は 0.323×10^{-9} mol/sN である. 0.2 MPa の操作圧で運転するとき, 透過流量 Q [m^3 s^{-1}] と阻止率 R [―] を求めよ. ただし水溶液は 25 ℃ で十分攪拌され, 浸透圧は無視してよい.

5

反 応 工 学

5.1 均一系反応における反応速度論

反応速度(reaction rate)は,「単位時間,単位容積当たりにどれだけの量の化学反応が進行したか」で表され,化学結合の組み換えの速さを意味する.本節では,気相,液相のいずれかの単一相で等温条件下で行われる化学反応について**反応速度論**(reaction kinetics)を展開する.単一相内で起こる気相反応,液相反応を一括して**均一系反応**(homogeneous reaction)と呼ぶ.

5.1.1 反 応 速 度

すべての化学反応は熱力学的には可逆的であるが,反応速度を扱う上では可逆反応と不可逆反応とに区別される.**可逆反応**(reversible reaction)とは,正反応と逆反応の反応速度の差で反応全体の速度を表せる平衡反応のことであり,**不可逆反応**(irreversible reaction)とは,化学平衡が著しく生成系に片寄っているために逆反応の反応速度を無視できる反応のことである.反応速度論では,反応原系と生成系とが平衡状態に達する前の非平衡状態における反応速度を扱う.

均一系反応の反応速度を定量化するには,特定の成分の単位容積当たりの生成速度または消失速度を用いる.注目した成分 i の反応速度 r_i は,式(5.1)のように成分 i の濃度 C_i の反応時間 t に関する微分で表される.反応速度 r_i の次元は [(mol)/(volume)(time)] であり,単位は [mol dm^{-3} h^{-1}] などである.

$$r_i = \frac{dC_i}{dt} \tag{5.1}$$

均一系の可逆反応 aA+bB $\rightleftharpoons$ cC+dD について考えるとき,一般に反応物 A

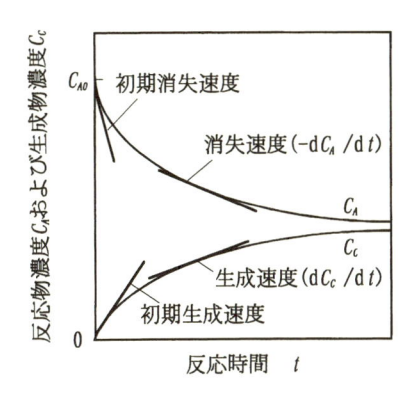

図 5.1 反応物および生成物の濃度の時間変化

と生成物 C の濃度 C_A, C_C の経時変化は図 5.1 のようになり,曲線の勾配で表される反応速度は時間とともに変化する(C_{A0} は A の初濃度).

化学反応の量論的関係を考慮すると,この反応の反応速度 r は式 (5.2) のように表される.r_A, r_B は消失速度であるので負の値である.

$$r = \frac{-r_A}{a} = \frac{-r_B}{b} = \frac{r_C}{c} = \frac{r_D}{d} \tag{5.2}$$

5.1.2 反応速度式

2 段階以上の複雑な反応機構を経て進行する化学反応を**複合反応** (complex reaction) といい,この各段階を**素反応** (elementary reaction) という.また,素反応だけで表される化学反応を**単一反応** (single reaction) という.

化学反応 A → B が単一反応で不可逆的に進行する場合,反応速度 r は反応物 A の濃度 C_A に比例し,$r = kC_A$ と表される.比例定数 k を**反応速度定数** (reaction rate constant) といい,k の値は反応系と反応温度 T だけに依存する.また,この反応を C_A に対して 1 次である **1 次反応** (first order reaction) という.

aA + bB → cC + dD で表される単一反応または複合反応を構成する 1 つの素反応について,正反応 (右向き) の反応速度式を式 (5.3) のように一般化できる.

$$r = k(C_A)^a (C_B)^b \tag{5.3}$$

$$\log r = \log k + a \log C_A + b \log C_B \tag{5.4}$$

このとき,この反応は成分 A に関して a 次,成分 B に関して b 次,全体として $(a+b)$ 次の反応であるという.式 (5.3) のように反応速度を反応原系の濃度の

ベキ数の連乗積で表すことをベキ数表現といい，その速度式をベキ数表現式という．

複合反応では，反応全体の反応速度式は各素反応の反応速度式を考慮して組み立てなければならない．複合反応を構成する一連の素反応群のなかで反応速度が著しく小さい素反応があるとき，化学反応全体の反応速度はその素反応の反応速度に依存し，他の素反応はいずれも平衡状態にあると仮定できる．このように化学反応全体の反応速度を支配する素反応を化学反応の**律速段階**(rate-determining step)という．以下，平衡状態を記号 $\rightleftarrows$ で，律速段階を記号 $\nleftrightarrow$ で表す．

【例題 5.1】 均一系可逆反応 $A+B \rightleftarrows C+D$ が，次のような素反応 ①，② からなり，素反応 ① を律速段階と仮定できる場合について，反応全体の反応速度 r を各成分濃度，平衡定数，速度定数を用いて表せ．

素反応 ① $B \nleftrightarrow 2B'$ （平衡定数 K_1，正，逆反応の速度定数 k_1, k_1'）
素反応 ② $A+2B' \rightleftarrows C+D$ （平衡定数 K_2，正，逆反応の速度定数 k_2, k_2'）

解．素反応 ①，② の正反応（右向き）の速度は，それぞれ反応系の濃度のベキ数表現式で $r_1=k_1C_B$, $r_2=k_2C_AC_{B'}^2$ と表せる．また，素反応 ① が律速段階であるので，反応全体の反応速度 r は ① の正反応と逆反応の速度差に等しく，

$$r = k_1 C_B - k_1' C_{B'}^2 \tag{5.5}$$

と表せる．中間体 B' の濃度 $C_{B'}$ は測定できないので，他の成分の濃度項で表現して消去する．素反応 ② は平衡状態と仮定できるので，質量作用の法則から，

$$K_2 = \frac{k_2}{k_2'} = \frac{C_C C_D}{C_A C_{B'}^2}, \quad \therefore C_{B'} = \left(\frac{C_C C_D}{K_2 C_A}\right)^{1/2}$$

となる．これを式 (5.5) に代入して，$K_1 = k_1/k_1'$ の関係を使って式を変形すれば，反応速度式は次式で表される．

$$r = k_1 C_B - k_1' \left(\frac{C_C C_D}{K_2 C_A}\right) = k_1 \left\{ C_B - \left(\frac{1}{K_1 K_2}\right)\left(\frac{C_C C_D}{C_A}\right) \right\}$$

5.1.3 反応速度定数の温度依存性

反応速度は反応温度に大きく依存する．反応速度定数 k と反応温度 T との関係は，アレニウス (Arrhenius) の式と呼ばれる式 (5.6)，(5.7) で表される．

$$k = A \exp\left(-\frac{E}{RT}\right) \tag{5.6}$$

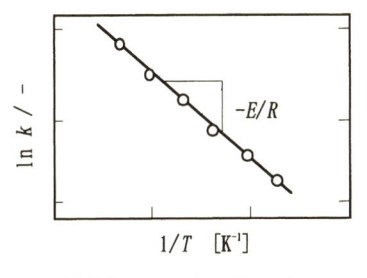

図5.2 アレニウスプロット

$$\ln k = \ln A - \frac{E}{RT} \tag{5.7}$$

ここで，A は頻度因子 (frequency factor)，E は**見かけの活性化エネルギー** (apparent activation energy) である．頻度因子 A は反応温度には大きく依存しないので，式(5.7)の $\ln A$ は定数とみなすことができる．このことから，図5.2のように $\ln k$-$1/T$ プロットを作成し，直線の傾きから見かけの活性化エネルギーの値を求めることができる．気体定数 R に 8.314 J mol^{-1} K^{-1} をとれば，見かけの活性化エネルギー E の単位は [J mol^{-1}] で求まる．

反応速度定数 k がどの程度の温度依存性を示すかは，見かけの活性化エネルギー E の大小により決まる．E の値は，多くの化学反応で 40〜250 kJ mol^{-1} の範囲にあるといわれ，ラジカル反応などでは 10 kJ mol^{-1} 程度のこともある．例えば，$E \fallingdotseq 50$ kJ mol^{-1} の反応の場合，300 K 付近の反応温度で，反応温度が 10 K 上がると k は約 2 倍になる．

5.1.4 反応器の種類と反応流体の流れ形式

反応器の種類を反応流体の流れ形式によって，次のように分類することができる．代表的な反応装置の概略図を図5.3に示す．

① **回分式** (batch system)
② **半回分式** (semi-batch system)
③ **連続流通式** (continuous-flow system)
　ⓐ **タンク型反応器** (tank-type reactor) (槽型とも呼ばれる)
　ⓑ **管型反応器** (tubular-type reactor)

これらの反応器内における反応流体の流れ形式には，**完全混合流れ** (complete

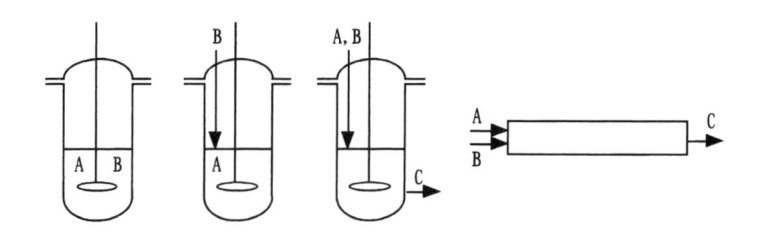

(1)回分式　　(2)半回分式　　(3a)連続流通式　　　　(3b)連続流通式
タンク型反応器（完全混合流れ）　　　管型反応器（ピストン流れ）

図 5.3　反応装置の概念図

mixing flow) と**ピストン流れ** (piston flow) とがある．(1), (2), (3 a) の反応器では完全混合流れとなり，(3 b) の反応器ではピストン流れとなる．

　これらのさまざまな形式の反応器が，目的や規模などにより選択される．一般に高価な製品（医薬品，染料など）の小量規模の生産には回分式反応器が使われる．回分式装置は，建設費が安く，使用の融通性が高いことが利点である．半回分式装置は，反応に関与する1成分の供給速度を制御することにより反応温度の制御が可能である．一方，安価な製品を大規模に工業生産する場合には，連続流通式の装置が使用される．

5.1.5　微分法による反応速度解析

　微分法とは，実験により注目する成分について濃度-時間（あるいは転化率-時間）曲線を作成し，この曲線上の任意の時間における勾配から，反応速度を数値として求める方法である．微分法では，曲線の勾配を図上微分で求める際に実験者により個人差が生じやすい．

a.　回分式反応装置の場合

　回分式撹拌タンク型反応装置（図 5.3(1)）で A＋B→C＋D のような反応を取り扱うとき，反応速度（r_A または r_C）は，図 5.1 の濃度-時間曲線を図上で微分して求められる．式 (5.8) のように反応速度は注目成分 i の転化率 x_i，モル数 n_i，圧力 P_i を変数としても表せるので，これらの変数の時間変化のプロットからも反応速度を求めることができる．**転化率** (conversion) とは，反応率とも呼ばれ，反応物質の反応した割合を示し，例えば，成分 A の転化率 x_A は，$x_A=(C_{A0}-C_A)/C_{A0}=1-C_A/C_{A0}$ と定義される．

$$r_A = \frac{-dC_A}{dt} = r_c = \frac{dC_c}{dt} = C_{A0}\frac{dx_A}{dt} = \frac{n_{A0}}{V_r}\cdot\frac{dx_A}{dt}$$
$$= \frac{1}{V_r}\cdot\frac{dn_c}{dt} = \frac{1}{RT}\cdot\frac{dP_c}{dt} \tag{5.8}$$

C_{A0} は A の初濃度,n_{A0} は A の反応開始時のモル数,V_r は反応器容積である.

微分法で求めた速度データから反応次数を決定し,反応機構を推測することができる.B の初濃度 C_{B0} を一定(または過剰)にして C_{A0} をいくつか変化させて反応を行ない,各実験の $t=0$ における初期反応速度 r_{A0} を微分法で求める.式(5.4)にしたがって $\log r_{A0}$-$\log C_{A0}$ プロットを作成すれば傾きが反応次数 a となる(初速度法).同様にして反応次数 b も求められる.実験的に求まる反応次数 a, b の値は,整数とは限らず小数,負の数,0 のこともある.また,反応条件の範囲が広いときにはベキ数値を一定にできないこともあり,このような場合は反応条件範囲を区切って取り扱う.ベキ数値が整数にならないとき,この反応は複合反応である可能性が高い.

【例題 5.2】 塩化ベンゼンジアゾニウムの分解反応($C_6H_5N_2Cl \rightarrow C_6H_5Cl + N_2$)を $C_6H_5N_2Cl$ の初濃度 $C_0=100$ mmol dm^{-3} として反応温度 50 ℃ で行ったところ,発生した N_2 量から反応時間 t における $C_6H_5N_2Cl$ の転化率 x は次のようになった.この結果を微分法により解析して,反応次数 n,反応速度定数 k を求めよ.

t [min]	6	9	12	14	20	24	30
x [−]	0.331	0.446	0.559	0.617	0.743	0.798	0.864

解. $C=C_0(1-x)$ より,図 5.1 と同様の $C_6H_5N_2Cl$ 濃度 C-t 曲線を描き,任意の t における傾きから反応速度 $r(=dC/dt)$ を次のように求める.

t [min]	0	6	9	12	14	20	24	30
C [mmol dm^{-3}]	100	66.9	55.4	44.1	38.3	25.7	20.2	13.6
r [mmol dm^{-3} min^{-1}]	5.5	4.5	3.5	3.1	2.8	1.8	1.2	1.0

これより C, r の対数を計算した後,$\log r$-$\log C$ グラフを作成する(図 5.4).

$\log C$	2.00	1.825	1.744	1.644	1.583	1.410	1.305	1.134
$\log r$	−	0.653	0.544	0.491	0.447	0.255	0.079	0.00

$\log r = \log k + n \log C$(式(5.4))を利用して,グラフの y 切片($\log k=-1.14$)と傾きより,$n=0.98$, $k=0.072$ min^{-1} が求まる.

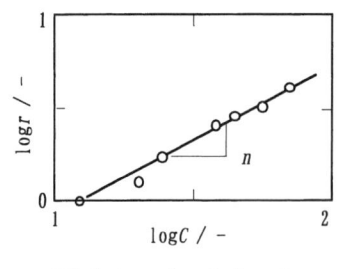

図 5.4 $\log r$-$\log C$ プロット 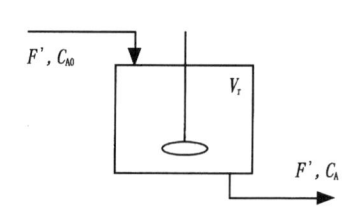　　図 5.5 連続流通式タンク型反応器のモデル図

b. 連続流通式タンク型反応器の場合

図 5.5 の連続流通式撹拌タンク型反応器では，反応器に一定速度で反応物の供給と生成物を含む反応溶液の排出が行われる．反応器内の流れ型式は完全混合流れとしてよい場合が多く，反応を始めてしばらくすると，反応速度と反応器内および排出される溶液中の各成分濃度は一定になる．この状態を定常状態という．定常状態では反応速度は一定であるので，微分をとる操作をしなくても反応速度を数値として簡単に求められる．

単純な反応 A → B について，原料流体中の成分 A の濃度 C_{A0} [mol m^{-3}]，反応器から流出する溶液中の A の濃度 C_A [mol m^{-3}]，反応器容積 V_r [m^3]，反応流体の容積流量 F' [m^3 h^{-1}]，反応速度 r_A [mol m^{-3} h^{-1}] のとき，成分 A について反応器全体で物質収支をとると，

$$F'C_{A0} = F'C_A + r_A V_r$$

となり，反応速度 r_A は式 (5.9) で表される．

$$\therefore r_A = \frac{C_{A0} - C_A}{V_r/F'} = \frac{C_{A0} x_A}{V_r/F'} \tag{5.9}$$

ここで，V_r/F' [単位：h] は平均反応時間を意味し，V_r および F' を変えることで反応速度が変化する．

c. 連続流通式管型反応器の場合

連続流通式管型反応器では，注目成分の濃度は，反応時間ではなく反応器内の長さ方向の位置に対して変化するので，回分式反応器の場合のように濃度-時間曲線 (図 5.1) を描くことはできない．図 5.6 のモデル図に示した容積 V_r [m^3] の管型反応器内の任意の位置で微少容積 dV_r を考える．

反応器の入口における供給原料のモル流量を F_0 [mol h^{-1}]，原料中の注目成分

5.1 均一系反応における反応速度論

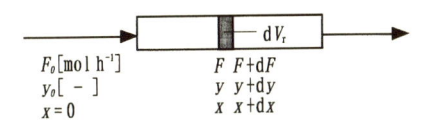

図5.6 連続流通式管型反応器のモデル図

のモル分率を y_0, 反応器内の任意断面における流量を F [mol h^{-1}], 注目成分のモル分率を y, 転化率を x とし, 微少容積 dV_r 内における F, y, x それぞれについての微少変化量を dF, dy, dx とする. モル数変化のない反応では, $dF=0$ である. 定常状態において, 微少容積 dV_r 内における注目成分の物質収支をとれば, 単位時間当たりの dV_r への流入量と流出量との差が dV_r 内での注目成分の反応量になる. したがって,

$$Fy-(F+dF)(y+dy)=rdV_r \qquad (r\text{ は反応速度 [mol m}^{-3}\text{ h}^{-1}])$$

$$\therefore -d(Fy)=rdV_r$$

となる. また, 反応器への注目成分のみの供給流量を $F_0 y_0$ として, 転化率 x の定義から $x=(F_0y_0-Fy)/F_0y_0=1-Fy/F_0y_0$ であるから, この微分をとると, $F_0 y_0 dx=-d(Fy)$ となり, 次の基礎方程式が導かれる.

(基礎方程式) $F_0 y_0 dx=r dV_r$ (5.10)

$$\therefore r=y_0 \frac{dx}{d(V_r/F_0)}=\frac{dx}{d(V_r/F_0 y_0)} \tag{5.11}$$

V_r あるいは F_0, $F_0 y_0$ を変化させて注目成分の反応器出口における転化率 x を測定したデータから $x\text{-}(V_r/F_0)$ または $x\text{-}(V_r/F_0 y_0)$ グラフを作成し, 曲線を図上微分すれば, 反応速度 r が求まる. 流通式管型反応器における (V_r/F_0) 項は, [(volume)(time)/(mol)] の次元をもち, 回分式反応器の反応時間 t に相当するので, time factor と呼ばれる.

流通式管型反応器の特殊な型である流通式微分反応器は, 速度解析をするための流通式反応器である. 容積の小さい反応器を用いて, 転化率をできる限り小さく (10% 以下) なるように保ちながら, time factor の変化 $\Delta(V_r/F_0)$ に対する転化率の変化 Δx を実測する. 反応速度 r は $r=y_0 \Delta x/\Delta(V_r/F_0)$ として計算される. この方法で反応速度を求めるためには, $x\text{-}(V_r/F_0)$ 関係に比例関係がなければならない.

5.1.6 積分法による反応速度解析

微分法では反応速度の数値が直接求まるが，積分法は，微分法で求めた反応速度の数値がどのような反応速度式に適合するかを検討する方法である．

a. 回分式反応器の場合

ある反応 A → B を考える．反応初期 ($t=0$) の成分 A のモル数を n_{A0}，任意の時間 t 経過後のモル数を n_A，A の転化率を x_A とする．式 (5.8) の $r_A=(n_{A0}/V_r)dx_A/dt$ を変数分離して，反応開始から時間 t の範囲で積分すると

$$\therefore t = \frac{n_{A0}}{V_r}\int_0^{x_A}\frac{1}{r_A}dx_A \tag{5.12}$$

となる．$r_A=f(x_A)$ が簡単な関数で表される場合には，解析解が求まる．

A → B が1次不可逆反応の場合，時間 t 経過後の成分 A のモル数 n_A は $n_A=n_{A0}(1-x_A)$ であるから，$r_A=kC_A=kn_{A0}(1-x_A)/V_r$ となり，式 (5.12) は次のようになる．

$$t = \frac{n_{A0}}{V_r}\int_0^{x_A}\frac{dx_A}{kn_{A0}(1-x_A)/V_r} = \frac{1}{k}\ln\frac{1}{1-x_A} \tag{5.13}$$

$\ln[1/(1-x_A)]$-t プロットの直線の勾配から k の値が求まる．1次反応では，反応速度定数 k は初濃度 C_{A0} (または n_{A0}) とは無関係である．このような挙動は1次反応に特徴的なものであり，1次反応以外の場合には k は初濃度 C_{A0} にも依存する．例えば，2次不可逆反応 $2A \to B$ ($r_A=kC_A^2$) の場合には次のようになる．

$$t = \frac{V_r}{kn_{A0}}\frac{x_A}{1-x_A} = \frac{1}{kC_{A0}}\frac{x_A}{1-x_A} \tag{5.14}$$

反応速度式の代表的な解析解を C_A および x_A について整理すると，表5.1のようになる．C_A, x_A の経時変化は反応次数によって異なる変化をするので，これらの変化から反応次数を確認することができる．

表5.1 反応次数の違いによる反応速度式の解析解 (回分式反応器)

反応次数	反応式	反応速度式	C_A の経時変化	転化率の経時変化
0	A → B	$r=k_0$	$C_A=C_{A0}-k_0t$	$x_A=k_0t/C_{A0}$
1	A → B	$r=k_1C_A$	$C_A=C_{A0}e^{-k_1t}$	$x_A=1-e^{-k_1t}$
2	2A → B	$r=k_2C_A^2$	$C_A=C_{A0}/(1+C_{A0}k_2t)$	$x_A=C_{A0}k_2t/(1+C_{A0}k_2t)$

【例題5.3】 モル数変化のない1次不可逆反応 A → B を回分式反応器で行ったところ，40 mol％ 反応するのに 60 min を要した．反応速度定数 k を求めよ．また，90 mol％ 反応させるのに要する反応時間 $t_{90\%}$ を求めよ．

解． 式 (5.13) より $60=(1/k)\ln(1-0.4)^{-1}$, $\therefore k=8.52\times10^{-3}$ min^{-1}.
また, $t_{90\%}=(1/k)\ln(1-0.9)^{-1}=270$ min.

b. 連続流通式タンク型反応器の場合

原料流体中の成分 A の濃度 C_{A0}, 反応器から流出する流体中の A の濃度 C_A, 反応器容積 V_r, 反応流体の容積流量 F' [m^3 h^{-1}], 反応速度 r_A は定常状態で一定である．式 (5.9) を変形して, 次式が得られる.

$$\frac{V_r}{F'}=\frac{C_{A0}-C_A}{r_A} \tag{5.15}$$

1 次不可逆反応 A → B ($r_A=kC_A$) の場合, C_A および転化率 x_A は次のように表せる．

$$\frac{V_r}{F'}=\frac{C_{A0}-C_A}{kC_A}, \quad \therefore C_A=\frac{C_{A0}}{1+k(V_r/F')} \tag{5.16}$$

$$x_A=\frac{C_{A0}-C_A}{C_{A0}}=1-\frac{1}{1+k(V_r/F')} \tag{5.17}$$

流通式撹拌タンク型反応器では, C_A あるいは x_A と V_r/F' との関係式を求めるのに積分の手続きは不要である．

2 次不可逆反応 2A → B ($r_A=kC_A^2$) の場合には式 (5.15) より次のように表せる．

$$C_A=\frac{-1+[1+4k(V_r/F')C_{A0}]^{1/2}}{2k(V_r/F')} \tag{5.18}$$

また, 式 (5.15) より, $V_r/F'=x_A/kC_{A0}(1-x_A)^2$ を $x_A(0\leq x_A\leq 1)$ について解くと,

$$x_A=\frac{[1+2k(V_r/F')C_{A0}]+[1+4k(V_r/F')C_{A0}]^{1/2}}{2k(V_r/F')C_{A0}} \tag{5.19}$$

1 次反応の式 (5.17) と比べて, 2 次反応の式 (5.19) では, V_r/F' の値が大きくなっても x_A の増加割合が小さい．このように流通式タンク型反応器は, 取り扱う化学反応の反応速度が原料濃度に対して高次であるほど転化率を高められないという欠点があるので, 反応熱の除去などの利点が生かせる場合を除いては高次の反応次数の化学反応を行うのには適さない．

数個の反応器を直列に並べた多段連続流通式タンク型反応器のモデル図を図 5.7 に示す．この反応器は, 反応次数の高い化学反応の転化率を高めたり, 各タンクごとに反応温度を変えられるなどの利点がある．容積 V_r のタンクが n 個直

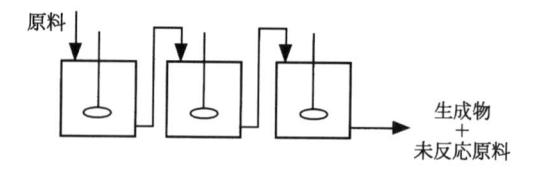

図 5.7 多段連続流通式タンク型反応器のモデル図

列に配置された多段連続流通式タンク型反応器を考え，どのタンクも同じ温度で操作されるとする．任意の i 番目のタンクに供給される流体の成分Aの濃度を C_{Ai-1}，i 番目のタンクから流出する流体のAの濃度を C_{Ai}，転化率を x_i，流体の容積流量を F' とする．液相反応では反応による容積変化は小さく無視できるので，F' は常に一定とみなされる．1次不可逆反応に対しては，式(5.16)および(5.17)を順次適用すると，

$$\left.\begin{aligned}
&\text{第1タンク：} C_{A1}=C_{A0}/[1+k(V_r/F')]\,;\ x_1=1-1/[1+k(V_r/F')] \\
&\text{第2タンク：} C_{A2}=C_{A1}/[1+k(V_r/F')]\,; \\
&\qquad\qquad\quad =C_{A0}/[1+k(V_r/F')]^2\,;\ x_2=1-1/[1+k(V_r/F')]^2 \\
&\text{第}i\text{タンク：} C_{Ai}=C_{A0}/[1+k(V_r/F')]^i\,;\ x_i=1-1/[1+k(V_r/F')]^i
\end{aligned}\right\} \quad (5.20)$$

となり，i 番目タンク出口での転化率 x_i が求められる．

また，n 段連続流通式タンク型反応器の全体の反応器容積を $V_r'(=nV_r)$ とすると，

$$x_n=1-\frac{1}{[1+k(V_r'/nF')]^n}$$

と表される．n が無限大のとき，近似式，$1/[1+(X/n)]^n \fallingdotseq \exp(-X)$ の関係を使って上式を変形すると，

$$\lim_{n\to\infty} x_n = 1-\exp\left(-\frac{kV_r'}{F'}\right), \quad \therefore \frac{V_r'}{F'}=\frac{1}{k}\ln\frac{1}{1-x_\infty} \quad (5.21)$$

となる．式(5.21)は，次項の式(5.24)と同形であり，無限小容積のタンク型反応器を無限個直列に並べた多段連続流通式タンク型反応器が連続流通式管型反応器に相当することを意味する．したがって，反応器容積が同じ V_r' のとき，最大の転化率を与える反応器は流通式管型反応器である．多段連続流通式タンク型反応器では，式(5.20)からわかるように段数 n が小さくなるにつれて n 番目のタンク出口での転化率 x_n が低下する．

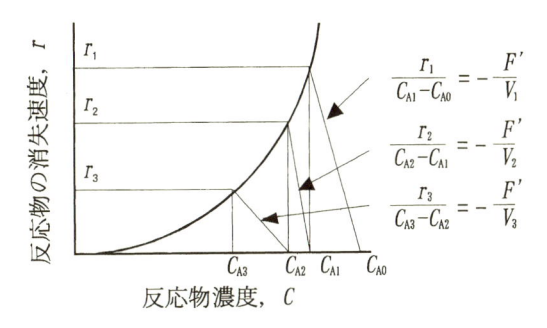

5.1 均一系反応における反応速度論

$$\frac{r_1}{C_{A1}-C_{A0}} = -\frac{F'}{V_1}$$

$$\frac{r_2}{C_{A2}-C_{A1}} = -\frac{F'}{V_2}$$

$$\frac{r_3}{C_{A3}-C_{A2}} = -\frac{F'}{V_3}$$

図 5.8 連続直列タンク型反応器に対する図解法

1次不可逆反応以外の反応および容積の異なるタンクが連続直列に並べられた反応器 ($V_r \neq V_r'/n$) の場合では，注目成分の濃度 C と反応速度 $r(=kf(C))$ との関係をグラフ化して (反応速度線図)，図上で解を求めることができる．

例えば，容積の異なる3つのタンク型反応器が直列に連結されている場合，各タンクにおいて式 (5.15) が成り立つので，$V_1/F' = (C_{A0}-C_{A1})/r_1$ となり，図 5.8 の反応速度線図の傾きから V_1/F' が求まる．また，第3タンク出口における転化率 x_3 は，$x_3 = 1-1/\{[1+k(V_1/F')][1+k(V_2/F')][1+k(V_3/F')]\}$ である．

c. 連続流通式管型反応器の場合

式 (5.10) 式で与えられた基礎方程式 ($F_0 y_0\, dx = r\, dV_r$) を積分して次式が得られる．

$$\int_0^{V_r} \frac{dV_r}{F_0} = \frac{V_r}{F_0} = y_0 \int_0^{x_A} \frac{dx_A}{r_A} \tag{5.22}$$

反応速度の一般式 $r_A = kf(x_A)$ を式 (5.22) に代入して計算すれば，反応器出口での注目成分 A の転化率 x_A と time factor (V_r/F_0) との関係式が得られる．

モル数に変動のない気相1次不可逆反応 A → B ($r_A = kC_A$) を流通式管型反応器で行うことを考える．原料中の成分 A のモル分率 y_0，転化率 x_A，全圧 P [atm]，温度 T，気体定数 R と理想気体の状態方程式を使うと，気相における成分 A の濃度 C_A は $C_A = y_0(1-x_A)P/RT$ と変形できる．k は1次反応速度定数 [単位: h^{-1}] であるが，ここで $k' = k/RT$ [$\text{mol}\,\text{dm}^{-3}\,\text{atm}^{-1}\,\text{h}^{-1}$] とおくと，$r_A = k'Py_0(1-x_A)$ となる．

$$\therefore\ \frac{V_r}{F_0} = y_0 \int_0^{x_A} \frac{dx_A}{k'Py_0(1-x_A)} = \frac{1}{k'P}\ln\frac{1}{1-x_A} \tag{5.23}$$

モル流量 F_0 [mol h^{-1}] を容積流量 F' [dm^3 h^{-1}] に変換すると，$F_0=F'P/RT$ であるから，

$$\therefore \frac{V_r}{F'}=\frac{1}{k}\ln\frac{1}{1-x_A} \tag{5.24}$$

となる．V_r/F' は次元 [time] の time factor であり，反応器内の平均滞留時間を表し，回分系における反応時間に相当する．time factor V_r/F' を**空間時間**(space time) といい，その逆数 F'/V_r を**空間速度**(space velocity) SV という．

モル数変動を伴う反応系を取り扱う場合は，積分式 (5.22) に補正を加えなければならない．連続流通式管型反応器で任意の反応 aA+bB → cC+dD を行うとき，反応流体のモル数増加率(気相反応の場合は容積増加率に同じ) ε を $\varepsilon=[(c+d)-(a+b)]/(a+b)$ とすると，成分 A の転化率が x_A である任意の反応器断面におけるモル流量 F は，$F=F_0(1+\varepsilon x_A)$ である．また，成分 A の分圧はモル数変化のない場合の $1/(1+\varepsilon x_A)$ 倍になる．例えば，上記の反応が A に対して 1 次，B に対して 0 次の 1 次不可逆反応の場合の反応速度式を転化率 x_A の関数で表すと，

$$r_A = k'Py_0\left(\frac{1-x_A}{1+\varepsilon x_A}\right)$$

となる．この関係式を式 (5.22) に代入して積分すると，

$$\frac{V_r}{F_0}=y_0\int\left(\frac{1}{r_A}\right)dx_A=\left(\frac{1}{k'P}\right)\left\{(1+\varepsilon)\ln\left(\frac{1}{1-x_A}\right)-\varepsilon x_A\right\} \tag{5.25}$$

が得られる．モル流量 F_0 を容積流量 F' に変換して，

$$\frac{V_r}{F'}=\left(\frac{1}{k}\right)\left\{(1+\varepsilon)\ln\left(\frac{1}{1-x_A}\right)-\varepsilon x_A\right\} \tag{5.26}$$

となる．$\varepsilon=0$ の場合，式 (5.25), (5.26) は，それぞれ式 (5.23), (5.24) に等しくなる．

d. リサイクル操作を伴う連続流通式管型反応器の場合

連続流通式管型反応器の応用として，図 5.9 のように反応器出口の生成物を含む流れの一部を反応器入口にリサイクルする操作を伴った管型反応器がある．リサイクル操作は反応器を等温に維持したり，反応全体の選択率を向上させたい場合に行われ，バイオケミカル反応や石油化学合成プロセスに利用されることが多い．

モル数変化のない液相反応を考える．定常状態では，新しく反応系に流入する

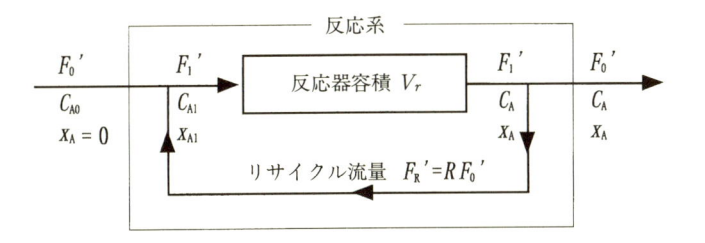

5.1 均一系反応における反応速度論

図 5.9 リサイクル操作式流通管型反応器のモデル図

原料流体の容積流量 F_0' [m³ h⁻¹] と反応系から排出される容積流量は等しい．反応器出口から入口へ戻される流体の容積流量をリサイクル流量 F_R' として，リサイクル比（循環比）R を $R=F_R'/F_0'$ と定義すると，反応器内を流れる反応流体の全容積流量 F_1' [m³ h⁻¹] は，$F_1'=F_0'+F_R'=F_0'(1+R)$ であり，リサイクル流れの A の濃度は反応系の出口の A の濃度と等しい．原料流体中の A の濃度を C_{A0}，反応器入口の A の濃度を C_{A1} として，反応器入口の合流点における成分 A に関する物質収支から，式(5.27)が導かれる．

$$F_1'C_{A1}=F_0'C_{A0}+F_0'RC_A$$
$$\therefore\ C_{A1}=\frac{F_0'(C_{A0}+RC_A)}{F_1'}=\frac{C_{A0}+RC_A}{1+R} \tag{5.27}$$

反応系の出口での転化率 x_A は，転化率の定義から $x_A=(C_{A0}-C_A)/C_{A0}=1-C_A/C_{A0}$ となる．また，反応器入口での転化率相当値 x_{A1} は，合流点の流体の組成に注目して次式で表される．

$$x_{A1}=\frac{C_{A0}-C_{A1}}{C_{A0}}=\frac{x_A R}{1+R} \tag{5.28}$$

連続流通式管型反応器における物質収支に基づく基礎方程式(5.10)の導出と同様にして，仮想微小領域での物質収支から $C_{A0}F_1'dx_A=r_A dV_r$ となる．これを反応器の入口から出口まで積分すると，次式となる．

$$\int_0^{V_r}\frac{dV_r}{F_1'}=\frac{V_r}{F_1'}=C_{A0}\int_{x_{A1}}^{x_A}\frac{dx_A}{r_A} \tag{5.29}$$

1次不可逆反応 A → B の場合，$r_A=kC_A=kC_{A0}(1-x_A)$ を代入して次のようになる．

$$\frac{V_r}{F_1'}=\frac{V_r}{F_0'(1+R)}=C_{A0}\int\left\{\frac{1}{kC_{A0}(1-x_A)}\right\}dx_A$$

$$= \left(\frac{1}{k}\right)\ln\left\{\frac{1+R(1-x_A)}{(1+R)(1-x_A)}\right\}$$

$$\therefore \frac{V_r}{F_0'} = \frac{1+R}{k}\ln\frac{1+R(1-x_A)}{(1+R)(1-x_A)} \tag{5.30}$$

リサイクルをしない場合 ($R=0$), 式 (5.30) は, $V_r/F_0'=(1/k)\ln[1/(1-x_A)]$ となって通常の流通式管型反応器における式 (5.23) と同じになる. また, リサイクル比 R が大きくなると, $[1+R(1-x_A)]/[(1+R)(1-x_A)]$ は1に近づき, 近似式 $\ln X=(X-1)/X$ の関係を使って式を変形すると $V_r/F_0'=(1/k)x_A/(1-x_A)$ となり, 連続流通式タンク型反応器の場合の式 (5.17) と同じ意味になる. 通常のリサイクル運転では, 転化率 x_A はピストン流れと完全混合流れの場合の中間的な値を示す. 反応器のタイプ別に反応速度式と解析解の式番号を表 5.2 に整理した.

表 5.2 反応器タイプ別の反応速度式の整理

反応器タイプ	反応速度式 基礎式	解析解	
		1次不可逆反応	2次不可逆反応
回分式タンク型	(5.8)	(5.13)	(5.14)
連続流通式タンク型	(5.9)	(5.16) (5.17)	(5.18) (5.19)
連続流通式管型	(5.11)	(5.24) (5.30)*	(5.14)**

* リサイクル操作型, ** $t=V_r/F'$ に変換.

5.1.7 複合反応の反応速度解析

複合反応の速度解析においては, 一般に複雑な多元連立方程式を解かなければならない. ここでは, 簡単な解析解の得られる例として1次不可逆反応の組合せからなる複合反応を回分系反応器で行った場合について考える.

a. 並発反応 (competitive reaction) の場合

$$A \xrightarrow{k_1} B$$
$$A \xrightarrow{k_2} C$$

(k_1, k_2 は各過程の1次反応速度定数)

成分 A から成分 B および C が並発的に生成するとき, おのおののステップがともに1次不可逆とすれば, 成分 A の消失速度, 成分 B および C の生成速度は各成分の濃度を C_i として次式で表される.

$$-dC_A/dt = (k_1+k_2)C_A \tag{a}$$

$$dC_B/dt = k_1 C_A \tag{b}$$

$$dC_C/dt = k_2 C_A \tag{c}$$

初期条件を $t=0$, $C_A=C_{A0}$, $C_B=C_C=0$ として微分方程式 (a), (b), (c) を連立して解けば,

$$C_A = C_{A0} \exp[-(k_1+k_2)t] \tag{5.31}$$

$$C_B = \left(\frac{k_1}{k_1+k_2}\right) C_{A0}\{1-\exp[-(k_1+k_2)t]\} \tag{5.32}$$

$$C_C = \left(\frac{k_2}{k_1+k_2}\right) C_{A0}\{1-\exp[-(k_1+k_2)t]\} \tag{5.33}$$

となる。並発反応過程では、生成物 B と C との生成速度比は速度定数の比 k_1/k_2 に等しく、反応時間によらず一定となる。また、濃度比も一定に保たれる。

$$r_B/r_C = \frac{dC_B/dt}{dC_C/dt} = \frac{k_1}{k_2} = \frac{C_B}{C_C} = \text{constant}$$

b. 逐次反応 (stepwise reaction) **の場合**

A $\xrightarrow{k_1}$ B $\xrightarrow{k_2}$ C (k_1, k_2：各過程の 1 次反応速度定数)

成分 A および B の消失速度、成分 C の生成速度は各成分の濃度を C_i として次式で表される。

$$-\frac{dC_A}{dt} = k_1 C_A \tag{d}$$

$$-\frac{dC_B}{dt} = k_2 C_B - k_1 C_A \tag{e}$$

$$\frac{dC_C}{dt} = k_2 C_B \tag{f}$$

初期条件を $t=0$, $C_A=C_{A0}$, $C_B=C_C=0$ とすると、式 (d) より

$$C_A = C_{A0} \exp(-k_1 t) \tag{5.34}$$

となる。この式を式 (e) に代入して整理すれば、

$$\frac{dC_B}{dt} + k_2 C_B - k_1 C_{A0} \exp(-k_1 t) = 0$$

$$\therefore \ C_B = \left(\frac{k_1}{k_2-k_1}\right) C_{A0}[\exp(-k_1 t) - \exp(-k_2 t)] \tag{5.35}$$

となる。また、物質収支より、

$$C_C = C_{A0} - C_A - C_B \tag{5.36}$$

と表せる。式 (5.34), (5.35), (5.36) で示される各成分の濃度の時間変化の様子は、k_1 と k_2 の数値の相対比により変わる。$k_1 \gg k_2$ の場合、C_A は反応時間経過と

> **複合反応における生成物の選択性**
>
> 　複合反応系では，望ましい生成物(目的生成物)を与える反応過程のほかにも望ましくない生成物(副生成物)を与える副反応過程が同時に起こる．このとき，目的生成物への転化割合を目的生成物の選択率(反応の選択性)という．触媒を用いる反応の場合，それを触媒の選択性という．
>
> 　化学反応を促進させる手段として，加熱したり(熱化学反応)，光または放射線を当てたり(光化学反応，放射線化学反応)あるいは電気エネルギーを利用(電気化学反応)したりする．これら多くの手段のなかで反応の選択性を際立って改善できるのは，触媒成分を共存させる触媒反応である．光化学反応でも波長の選択によって高い選択性を与えることもあるが，その選択性の高さと効率のよさから触媒反応が工業的規模の化学反応の促進手段として多く利用されている．

ともに急激に減少し，C_B は急増して長時間高濃度に保たれ，C_C は徐々に遅い速度で増加する．逆に $k_1 \ll k_2$ の場合，C_A は徐々に減少し，C_B は常に低濃度になり，C_C は反応初期から増加し始める．逐次反応過程では，中間生成物Bの濃度 C_B の時間変化において極大値 ($dC_B/dt=0$) が現れる．

　連続流通式反応器を用いて並発反応や逐次反応を行う場合には，回分系における反応時間 t を time factor (V_r/F_0) に置き換えて同様の解析を行えばよい．

5.1.8　連続流通式反応器に関連する諸量

　連続流通式反応器の性能を表現するためのパラメーターとして，空間速度，空時収量，滞留時間などの諸量が用いられる．タンク型あるいは管型のいずれであっても連続流通式反応器においては，これらの諸量は同じ意味をもつ．

　5.1.6c項でも述べた空間速度 SV は，反応器の原料処理能力を示すパラメーターであって，単位時間に反応器容積の何倍の原料流体を反応器に供給するかを意味する．

$$SV\,[\mathrm{h}^{-1}] = \frac{F'\,[\mathrm{m}^3\,\mathrm{h}^{-1}]}{V_r\,[\mathrm{m}^3]} = \frac{F_0 v_m}{V_r}\,[\mathrm{h}^{-1}] \tag{5.37}$$

ここで，F_0 はモル流量 [mol h^{-1}]，v_m はモル比容積(標準状態で 0.0224 m^3 mol^{-1})，V_r は反応器容積 [m^3] である．

　標準状態における SV を SV_0 と表して，反応条件下の値 SV_{PT} と区別する．また，液相反応における SV を液空間速度(liquid hourly space velocity,

LHSV)，気相反応における SV を気空間速度 (gas hourly space velocity, GHSV) と呼んで，区別することもある．

空時収量 (space time yield) STY は単位時間当たりの目的生成物の生産量を表し，反応速度と同じ次元 $[(\mathrm{mol})/(\mathrm{volume})(\mathrm{time})]$ をもつ．ただし，反応速度が目的生成物濃度の時間微分であるのに対して，STY は反応器全体についての目的生成物の生産速度の平均値である．連続流通式反応器の出口における流体中の目的生成物のモル分率を y_out とすれば，STY は次のように表される．

$$STY\,[\mathrm{mol\,m^{-3}\,h^{-1}}] = \frac{F_0 y_\mathrm{out}}{V_r} = \frac{SV_0 y_\mathrm{out}}{0.0224} \tag{5.38}$$

滞留時間 (residence time) または**接触時間** (contact time) は，回分式反応器における反応時間に相当するもので，連続流通式反応器における原料物質の反応器内平均滞留時間を示す．等温，等圧条件下でのモル数変化のない反応の場合，滞留時間は $1/SV_\mathrm{PT}$ あるいは V_r/F' の値と等しくなるが，非等温条件下の反応，モル数変化のある反応，また触媒などの充てん物がある場合は，正確な滞留時間を算出することは困難である．このような場合は空塔基準の $1/SV_\mathrm{PT}$ あるいは time factor (V_r/F_0) を滞留時間の代わりに用いてデータを整理する．

5.2　不均一系反応における反応速度論

化学反応が進行する環境の中に複数の相が存在する場合，この反応を**不均一系反応** (heterogeneous reaction) と呼ぶ．不均一系反応にはさまざまなタイプがあり，その速度論的特徴を一括して表現するのは困難である．不均一系反応においては，本質的な化学結合の組換え速度に加えて，異相間の物質移動速度や特定の相内での拡散移動速度が反応速度に影響を与える場合が少なくない．このことが均一系反応の速度論との基本的な違いである．

5.2.1　不均一系反応

不均一系反応には，気・液・固の3相の組合せにより種々の反応系があり，代表的なものを以下に示す．

① **気液系反応**　液体反応物中に気体反応物を溶解させたり，溶媒中に気体反応物を溶解させて反応させる．$PdCl_2$-$CuCl_2$-HCl 系触媒を含む水溶液にオレ

フィンと酸素を溶解させ，アルデヒドなど含酸素化合物を合成する液相酸化プロセス (hoechst wacker process) が一例としてあげられる．

② **気固系反応** 固体反応物と気体反応物との接触により反応を行う．石炭の水素によるガス化，金属硫化物の空気酸化による SO_2 生成反応などの例がある．

以下の3つはいずれも固体触媒を用いる触媒反応で，上記の反応と区別することがある．

③ **気-固体触媒系反応(気相接触反応)** 固体触媒を用いた気相反応で，原料流体を気化させ高温で固体触媒に接触させて反応を行う．メタノール合成，石油ナフサの改質による芳香族炭化水素製造など，石油化学をはじめ多くの分野で工業的規模で実施されている．

④ **液-固体触媒系反応(液相接触反応)** 固体触媒を用いた液相反応で，触媒充てん層に反応液を流通させたり，反応液中に固体触媒を懸濁させて反応を行う．塩化アルミニウム触媒による芳香族炭化水素のアルキル化反応など有機合成プロセスで多く用いられる．

⑤ **気-液-固体触媒系反応** 微細な固体触媒を懸濁させた反応液に気泡を吹き込んで気液相に接触する触媒表面で反応を進行させるスラリー型反応器が，油脂の水素化による硬化油製造などに用いられる．また，固体触媒を充てんした管型反応器に気液混合流体を流通させるトリクルベッド型反応器が，重質油の水素化脱硫プロセスなどに利用される．

本節では，気相接触反応および気固系反応について，その速度論を考える．

5.2.2 気相接触反応

気相接触反応 (vapor-phase catalytic reaction) に限らず液相接触反応でも固体触媒上における化学反応は，図5.10に示したような物理的過程と化学的過程の連続プロセスである．

過程①，⑤は物理的過程，過程②，③，④は化学的過程である．過程③が律速段階である場合は表面反応律速であるといい，触媒の本質的な改良をしないと，全過程の反応速度(**総括反応速度**)を上げることはできない．過程②，④が律速段階である場合は，それぞれ吸着律速，脱離律速であるといい，反応温度などの条件を変化させるか，触媒を改良すれば，これらの過程の速度を上げることがで

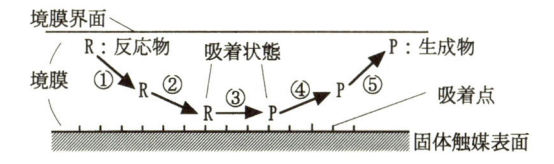

図 5.10 触媒表面での化学反応の概念
① 拡散過程：界面境膜中における反応物 R の拡散移動，② 吸着過程：R の触媒表面への活性化吸着，③ 表面反応過程：触媒表面上での吸着種間の化学反応，④ 脱離過程：反応生成物 P の触媒表面からの脱離，⑤ 拡散過程：P の拡散移動．

きる．また，②，③，④ の化学的過程のうちいずれかが律速段階である場合に単に反応律速であるということもある．一方，過程 ①，⑤ の境膜内拡散（物質移動）速度が全反応の律速段階である場合は，拡散律速であるという．気相接触反応では，化学的過程の速度が非常に速いラジカル反応などで拡散律速になることもあるが，通常の反応条件下では，物質移動速度は化学的過程の速度より速いのが一般的である．

反応 $A(g) \rightarrow B(g)$（(g) は気相状態を示す）について考える．上記の ②，③，④ の化学的過程を 1 つにまとめて考えて，その速度を r_S，過程 ①，⑤ の物質移動速度を r_D とすると，

$$r_S = k_S a_m P_{Ai} \tag{5.39}$$

$$r_D = k_G a_m (P_A - P_{Ai}) \tag{5.40}$$

と表せる．ここで，k_S は表面反応速度定数，k_G は境膜内物質移動係数，a_m は触媒の外表面積，P_A, P_{Ai} はそれぞれ成分 A の境膜外および触媒表面における分圧である．定常状態では，両過程の速度は総括反応速度 r に等しくなるので，$r = r_S = r_D$ となる．この関係式を使って測定が不可能な P_{Ai} を消去すると，総括反応速度 r は，

$$r = \frac{a_m P_A}{1/k_G + 1/k_S} = k' a_m P_A, \quad \frac{1}{k'} = \frac{1}{k_G} + \frac{1}{k_S} \tag{5.41}$$

となる．$1/k'$ は総括抵抗，$1/k_G$ は物質移動抵抗，$1/k_S$ は化学反応抵抗を意味するので，次のように表せる．

$$(総括抵抗) = (物質移動抵抗) + (化学反応抵抗) \tag{5.41'}$$

5.2.3 ガス境膜内物質移動抵抗

固体粒子の充てん層に反応気体を流通させるとき，充てんした粒子の表面ガス境膜内における物質移動係数 k_G の値は種々の実験式から計算される．実験式の一例として，白井の式をあげておく．

$$\frac{k_G d_P RT}{D} = 2.0 + 0.75 \left(\frac{d_P u \rho}{\mu}\right)^{1/2} \left(\frac{\mu}{\rho D}\right)^{1/3} \tag{5.42}$$

ここで，d_P は粒子径，R は気体定数，T は温度，D は注目成分の拡散係数，u は流体の流速，μ は流体の粘度，ρ は流体の密度である．流体が静止状態のとき $(u=0)$，k_G 値は最小となり，k_G 値は流体の流速 u の増加とともに増加する．

式(5.42)は，シャーウッド数 $Sh(=k_G d_P RT/D)$，粒子径基準のレイノルズ数 $Re_P(=d_P u \rho/\mu)$，シュミット数 $Sc(=\mu/\rho D)$ の3つの無次元項を用いて次のように書き換えられる．

$$Sh = 2.0 + 0.75\, Re_P^{1/2} Sc^{1/3} \tag{5.42'}$$

境膜内物質移動過程が総括反応速度に影響するか否かを判定する方法としては，タンク型反応器では撹拌器の回転数を変化させたとき，管型反応器では反応流体の流速を変化させたときの総括反応速度への影響を調べるとよい．流体の流速を速くすれば総括反応速度が一定の飽和値を示す領域が現れる．このような領域では，総括反応速度は化学的過程の速度だけに依存するものとして観測されるので，化学的過程の速度が全体の反応速度を支配する反応律速であると判断される．このように k_G(式(5.42)) が十分大きくなると，式(5.41)の物質移動抵抗 $(1/k_G)$ は無視できるほど小さくなり，式(5.40)中の境膜外と触媒表面における反応物の圧力差 $(P_A - P_{Ai})$ は0に近くなる．これに対して，k_G が小さい領域では，化学的過程の速度よりも境膜内物質移動速度が遅く，触媒表面における反応

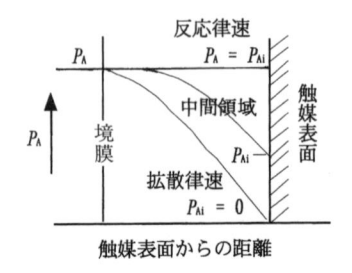

図5.11 流体と触媒表面間の物質移動

物の分圧 P_{Ai} は 0 に近くなる(図 5.11).

また,見かけの活性化エネルギーの値も境膜内物質移動抵抗の評価判定に役立つ.k_G の温度依存性は反応速度定数の温度依存性よりもはるかに小さいので,見かけの活性化エネルギーが十数 kJ mol^{-1} 以下の小さな値のときにも物質移動抵抗が大きいと判断してよい場合が多い.境膜内物質移動抵抗の影響を除去するには,一般に低い反応温度領域を選び,反応流体の流速を上げる対策をとる.

5.2.4 吸着平衡

気相接触反応の反応速度を定式化するためには,触媒表面への反応物の吸着現象を定量的に表現する必要がある.固体表面上で起こる化学反応に関する吸着は活性化吸着(化学吸着)に限られるので,ここでは吸着を単分子層吸着の領域に限定して考え,多層吸着を伴う物理吸着については扱わないことにする.単分子層吸着の範囲において,吸着が平衡に達したときの吸着量と吸着質の分圧または濃度との関係を表す**吸着平衡式**(または吸着等温式)として,ラングミュア(Langmuir)式,テムキン(Temkin)式,フロイントリッヒ(Freundlich)式の 3 つがよく知られている.

a. ラングミュア型吸着平衡式

気体成分が固体に吸着する気相吸着において,すべての吸着点の強さが等しい均一な表面を仮定し,吸着した化学種間には相互作用がない理想的な吸着現象を考える.

1) 単独・非解離吸着の場合 成分 A が単独で触媒固体表面にある吸着点 M と結合して吸着状態 AM になるとすると,吸着点を一つの反応物として,吸着現象を化学反応と同様に考えることができる.A+M ⇌ AM で表される吸着平衡において,吸着平衡定数 K_A [atm^{-1}] は質量作用の法則に従って次のように表される.

$$(吸着平衡定数) = \frac{(AM\,の濃度)}{(A\,の吸着平衡圧)(空の吸着点\,M\,の濃度)}$$

$$K_A = \frac{L\theta_A}{P_A(L\theta_0)} = \frac{\theta_A}{P_A(1-\theta_A)} \tag{5.43}$$

ここで,L は単位触媒質量当たりの吸着点のモル数 [mol g^{-1}],θ_A は吸着点のうちで A が吸着した割合を表す被覆率 [―],θ_0 は空の吸着点の割合を表す露出率

[―]（単独吸着では $\theta_0=1-\theta_A$），P_A は A の吸着平衡圧 [atm] である．式 (5.43) を θ_A について解くと，

$$\theta_A = \frac{K_A P_A}{1+K_A P_A} \tag{5.44}$$

となる．式 (5.43)，(5.44) はいずれも単独・非解離吸着に対するラングミュア吸着平衡式である．この平衡は単位分子層吸着に限定されるので，P_A のときの平衡吸着量を v [cm^3 g^{-1}]，$P_A \to \infty$ のときの吸着量（飽和吸着量）を v_m とすると，$\theta_A = v/v_m$ である．これを式 (5.43) に代入して変形すると，

$$\frac{1}{v} = \frac{1}{v_m} + \frac{1}{v_m K_A} \cdot \frac{1}{P_A} \tag{5.45}$$

となる．実験データから $1/v$-$1/P_A$ プロットを作成して，直線関係が得られれば，その吸着はラングミュア式で整理されたといい，切片と勾配から v_m, K_A が求められる．

液相吸着について濃度 C_A [mol dm^{-3}] を変数として表現するときは，式 (5.43)～(5.45) 中の P_A の代わりに C_A を変数として用い，K_A を K_A' [dm^3 mol^{-1}] に書き換えればよい．例えば式 (5.44) は $\theta_A = K_A'C_A/(1+K_A'C_A)$ となる．$K_A P_A$，$K_A'C_A$ はどちらも無次元項であって，成分 A の吸着項と呼ばれる．以下では，主として気相吸着の場合を取り扱うので K_A と P_A を用いる．

2) 単独・解離吸着の場合　2 原子分子 A が原子 A' に解離し 2 つの吸着点 M に吸着して吸着状態 A'M になるような吸着では，吸着平衡 A+2M ⇌ 2A'M から次の式が成り立つ．

$$K_A = \frac{(L\theta_A)^2}{P_A(L\theta_0)^2} = \frac{\theta_A^2}{P_A(1-\theta_A)^2} \tag{5.46}$$

$$\theta_A = \frac{(K_A P_A)^{1/2}}{1+(K_A P_A)^{1/2}}, \quad \theta_0 = \frac{1}{1+(K_A P_A)^{1/2}} \tag{5.47}$$

3) 混合吸着の場合　多成分が同時に 1 つの表面に吸着することを混合吸着（または競争吸着）という．混合吸着が平衡に達したとき，任意の成分 i について単独吸着の場合と同様に考えると，次のラングミュア型の吸着平衡式が書ける．

$$\theta_i = \frac{K_i P_i}{1+\sum K_i P_i}, \quad \theta_0 = \frac{1}{1+\sum K_i P_i} \tag{5.48}$$

ここで，$\sum K_i P_i$ は任意の i 成分を含む全成分についての吸着項の総和を表す．また，被覆率については $\theta_0 + \sum \theta_i = 1$ の関係が成り立つ．単独吸着の場合の逆数

プロット (5.45) に対応して混合吸着では，次式となる．

$$\frac{1}{v_i} = \frac{1}{v_m} + \left(\frac{1}{v_m K_i} + \frac{\sum K_j P_j}{v_m K_i}\right)\frac{1}{P_i} \qquad (j \neq i) \tag{5.49}$$

ここで，$\sum K_j P_j$ は注目した成分 i を除く他の任意の吸着成分の吸着項の総和を表す．混合吸着において，成分 i だけが他の成分 j より強く吸着する場合には，強吸着種 i が支配的に吸着するので，他の成分の吸着項 $\sum K_j P_j$ は省略できる．また，i 以外の成分 j の中で成分 A だけが強く吸着する場合には，$\sum K_j P_j = K_A P_A$ となる．また，吸着成分の中に解離吸着する成分があるときは，その成分の吸着項については式 (5.47) のように平方根をとる．

b. ラングミュア型以外の吸着平衡式

実在の吸着表面では吸着強度の異なる吸着点が連続的に存在し，しかも吸着種間には相互作用が生じている．吸着強度は，実験的には吸着熱として観測される．実在の吸着平衡における実験式に種々の型式が提案されていて，次の2つがよく知られている．

テムキン吸着平衡式 　　$\theta_A = \left(\dfrac{1}{\alpha + \beta}\right)\ln K_A P_A$

フロイントリッヒ吸着平衡式 　　$\theta_A = (K_A P_A)^{1/n}$

ここで，α, β, n は正の定数で吸着系に依存する．P_A を変化させて測定した吸着量 v および飽和吸着量 $v_m(\theta_A = v/v_m)$ から θ_A-$\ln P_A$ および $\ln \theta_A$-$\ln P_A$ をプロットしてデータを整理すれば，これらの吸着平衡式に従うかどうかを調べることができる．

5.2.5 吸着速度

吸着速度 (adsorption rate) の表現には種々あるが，ラングミュア型吸着平衡式を基礎とした表現方法を述べる．

a. 単独・非解離吸着の場合

単独・非解離吸着 $A + M \rightleftharpoons AM$ について，吸着初期 ($t=0$) で被覆率 $\theta_A = 0$，露出率 $\theta_0 = 1$ の状態から平衡時 ($t = \infty$) の θ_A，θ_0 の状態に至るまでの間の任意の時間 t における仮想的な状態 θ_A'，θ_0' を想定する．この状態は非平衡状態であるが，θ_A' と吸着平衡状態にあると仮定した A の分圧を仮想平衡圧 P_A' とする．時間 t 経過後に観測される吸着速度 r_{ad} は正方向の吸着速度 r_a と逆方向の脱離

速度 r_d の速度差として次式で表される.

$$r_{ad} = r_a - r_d = k_a P_A(L\theta_0') - k_d(L\theta_A')$$

$$= \frac{k_a P_A L}{1+K_A P_A'} - \frac{k_d L K_A P_A'}{1+K_A P_A'} = \frac{k_a L}{1+K_A P_A'}(P_A - P_A') \qquad (5.50)$$

L は単位質量当たりの吸着点のモル数 [mol g^{-1}], k_a は吸着速度定数, k_d は脱離速度定数 ($=k_a/K_A$), P_A は A の吸着平衡圧である. 式 (5.50) の $(P_A - P_A')$ は推進力項であって, 平衡時には 0 になる.

b. 混合・非解離吸着の場合

複数の吸着種, 例えば A, B, C などが同時に存在する場合, A 以外の他の成分は吸着平衡にあるとすると, 式 (5.48) の考え方を用いて A の吸着速度 r_{ad} は次式で表される.

$$r_{ad} = \frac{k_a L}{1+K_A P_A' + \sum K_j P_j}(P_A - P_A') \qquad (5.51)$$

$\sum K_j P_j$ は注目した A 成分を除く他の任意の吸着成分の吸着項の総和を表す.

c. 混合・解離吸着の場合

成分 A が吸着に際して解離を伴い, A 以外の他の成分は吸着平衡にあるとき, A の吸着速度 r_{ad} は次式で表される.

$$r_{ad} = k_a P_A(L\theta_0')^2 - k_d(L\theta_A')^2$$

$$= \frac{k_a L^2}{[1+(K_A P_A')^{1/2} + \sum K_j P_j]^2}(P_A - P_A') \qquad (5.52)$$

式 (5.50)〜(5.52) で表した吸着速度式中の仮想平衡圧 P_A' の数値は測定不可能であるので, 次項 c で扱うように他の平衡条件を用いて消去する. ただし, 吸着初期 ($t=0$) では $P_A'=0$, また, 平衡状態 ($t=\infty$) では $P_A'=P_A$ である.

5.2.6 ラングミュア-ヒンシェルウッド型触媒反応速度式

固体表面上に吸着した化学種または吸着化学種どうしが結合を組み換えて化学反応が進行する反応機構を**ラングミュア-ヒンシェルウッド** (Langmuir-Hinshelwood) **機構**という. 均一表面を仮定しているラングミュア型吸着平衡式は必ずしも一般の吸着現象を満足に表現しうるものではないが, 固体触媒上で起こる気相接触反応の速度は, ラングミュア式を基礎としたラングミュア-ヒンシェルウッド式で整理できることが多い. これは, 触媒反応に関与する化学種が, 中程度の強さの吸着点に吸着して活性化されたものだけだからである. 実際強すぎる

吸着点に強く吸着した化学種は吸着点を被覆するだけで反応には関与せず，弱い吸着点に吸着したものは活性化される程度が低くこれも反応に関与しない．以下，律速段階を限定して反応速度式を組み立てることを考える．

a. 表面反応律速の場合

気相接触反応 $A(g)+B(g) \rightarrow C(g)+D(g)$ が次のような素反応の連続からなる場合を考える．ここで，(g) は気相，(a) は吸着状態を示す．

① $A(g) \rightleftharpoons A(a), \quad B(g) \rightleftharpoons B(a)$
② $A(a)+B(a) \rightleftharpoons C(a)+D(a)$
③ $C(a) \rightleftharpoons C(g), \quad D(a) \rightleftharpoons D(g)$

表面反応過程 ② が律速段階であるとき，反応物の吸着過程 ① および生成物の脱離過程 ③ は速いので平衡状態を想定して扱うことができる．総括反応速度 r は律速段階の正方向と逆方向の速度の差として，ラングミュア型吸着式を用いて次式で示される．

$$r = k_s L\theta_A L\theta_B - k_s' L\theta_C L\theta_D \quad (k_s, k_s' は ② の正および逆反応の速度定数)$$

$$= k_s \frac{L^2 K_A P_A K_B P_B}{(1+\sum K_i P_i)^2} - k_s' \frac{L^2 K_C P_C K_D P_D}{(1+\sum K_i P_i)^2}$$

$$= k \frac{P_A P_B - P_C P_D / K}{(1+K_A P_A + K_B P_B + K_C P_C + K_D P_D)^2} \tag{5.53}$$

$k = k_s K_A K_B L^2$，$K = k_s K_A K_B / k_s' K_C K_D$，i は反応に関与する任意成分 (A, B, C, D) であり，L は単位質量当たりの吸着点のモル数 [mol g^{-1}]，K_i は成分 i の吸着平衡定数，P_i は i の吸着平衡圧，θ_i は i の被覆率，k は総括反応速度定数である．また，式 (5.53) の右辺の分子は推進力項で平衡時には 0 になり，右辺の分母の逆数は活性点の空の割合であるので，次のように一般化できる．

反応速度＝(総括反応速度定数)(推進力項)/(吸着項の和)^n
　　　　＝(総括反応速度定数)(推進力項)(触媒活性点の空の割合)

n は律速段階の素反応に関与する吸着点 (吸着種) の数であり，触媒活性点の空の割合は触媒の活量に相当する．

b. 解離吸着種を含む表面反応律速の場合

例えば，有機物 A の B への水素化反応 $A+H_2 \rightarrow B$ を考える．

① $A(g) \rightleftharpoons A(a), \quad H_2(g) \rightleftharpoons 2H(a)$
② $A(a)+2H(a) \rightleftharpoons B(a) \quad$ (速度定数は k_s)

③ $B(a) \rightleftharpoons B(g)$

原子状に解離吸着した水素を含む表面反応過程②が律速段階で不可逆的に進行すると，②の正反応の速度だけを考えればよいので反応速度は次式となる．

$$r = k_S L\theta_A (L\theta_H)^2 = \frac{k_S L^3 K_A K_H P_A P_H}{[1 + K_A P_A + (K_H P_H)^{1/2} + K_B P_B]^3} \tag{5.54}$$

c. 吸着律速の場合

$A(g) + B(g) \rightarrow C(g) + D(g)$ が次のような素反応群からなる場合，

① $A(g) \rightleftharpoons A(a)$　　（速度定数は k_a）
② $B(g) \rightleftharpoons B(a)$
③ $A(a) + B(a) \rightleftharpoons C(a) + D(a)$
④ $C(a) \rightleftharpoons C(g), \quad D(a) \rightleftharpoons D(g)$

成分 A の吸着過程①が律速段階であって，他の素反応は平衡状態と仮定できるので，総括反応速度は素反応①の速度に等しく，これを表式化すればよい．式 (5.50) を誘導した手順と同様に，

$$r = r_{ad} = \frac{k_a L(P_A - P_A')}{1 + K_A P_A' + K_B P_B + K_C P_C + K_D P_D} \tag{5.55}$$

となる．また，圧平衡定数 K_P を用いて P_A' は，

$$K_P = P_C P_D / P_A' P_B, \quad \therefore P_A' = \frac{P_C P_D}{K_P P_B}$$

と表せる．P_A' を速度式 (5.55) に代入して，次式が得られる．

$$r = \frac{k_a L[P_A - (P_C P_D / K_P P_B)]}{1 + K_A (P_C P_D / K_P P_B) + K_B P_B + K_C P_C + K_D P_D} \tag{5.56}$$

5.2.7 反応速度式の積分形

目的とする反応の希望の転化率を得るのに必要な反応器サイズを求めるには，5.1節の均一系反応で扱った積分法の手続きに従って反応速度式を積分すればよい．反応速度式の積分形は反応流体の流れ形式によって異なるが，ここでは連続流通式管型反応器の場合を例にして説明する．図 5.6 の連続流通式管型反応器のモデル図において，反応器容積 V_r の代わりに触媒質量 W [g] を，また微小容積 dV_r に代えて微小触媒量 dW をとれば，式 (5.22) と同じ形の次式が得られる．

$$F_0 y_0 dx = r dW, \quad \therefore \frac{W}{F_0} = y_0 \int_0^x \frac{1}{r} dx \tag{5.57}$$

F_0 は供給原料のモル流量 [mol h^{-1}], r は反応速度 [mol h^{-1} g$_{cat}$$^{-1}$] (g$_{cat}$ は触媒1 g あたり), y_0 は供給原料中の注目成分のモル分率 [—], x は注目成分の転化率 [—] である.式 (5.57) において r が単純な関数の場合には,右辺の積分が容易にできる.しかし,気相接触反応の速度式は,例えばラングミュア-ヒンシェルウッド式のように複雑で,積分が容易にできないのがふつうである.解析的な積分が困難な場合には図積分または数値積分をして積分値を求めることになる.

簡単に解析的積分ができる例を考える.ある気相接触反応 (A → B) が表面反応律速で進行し,逆反応も考慮して次の反応速度式で表されたとする.

$$r = \frac{k'(P_A - P_B/K)}{1 + K_A P_A + K_B P_B}$$

k' は総括反応速度定数 ($k' = k_S K_A L$), k_S, k_S' は表面反応の正,逆反応の速度定数, K_A, K_B は成分 A, B の吸着平衡定数, L は単位質量当たりの吸着点モル数 [mol g^{-1}], $K = k_S K_A / k_S' K_B$ である.この反応を連続流通式管型反応器で行ったとき,原料流体は成分 A のみからなり ($y_0 = 1$),全圧を P,反応器出口での A の転化率を x_A とすると, A, B の分圧 P_A, P_B はそれぞれ, $P_A = (1 - x_A)P$, $P_B = x_A P$ とおける. time factor W/F_0 と転化率 x_A との関係式を求めると,式 (5.58) のようになる.注目する反応系について k', K_A, K_B の数値が温度の関数として既知であるならば,希望の転化率を与える W/F_0 の値が求まる.

$$\therefore W/F_0 = \frac{1}{k'} \int_0^x \frac{(1/P) + K_A + (K_B - K_A)x_A}{1 - (1 + 1/K)x_A} dx_A$$

$$= \frac{1}{k'} \left\{ \frac{(1/P + K_A)(1 + 1/K) + K_B - K_A}{(1 + 1/K)^2} \ln \frac{1}{1 - (1 + 1/K)x_A} - \frac{(K_B - K_A)x_A}{1 + 1/K} \right\}$$

(5.58)

【例題 5.4】 常圧 (1 atm) 下である気相接触反応 A → B が表面反応で進行し,time factor W/F_0 と転化率 x_A との関係が式 (5.58) で与えられるとき,転化率 80% を実現させるための W/F_0 を求めよ.ただし, $k' = 5$ mol h^{-1} atm^{-1} g$_{cat}$$^{-1}$, $K_A = 1$ atm^{-1}, $K_B = 0$, $K = \infty$ とする.

解.式 (5.58) より, $W/F_0 = (1/5)(\ln 5 + 0.8) = 0.48$ g$_{cat}$ h mol^{-1}

5.2.8 固体細孔内拡散と触媒有効係数

触媒反応では,式 (5.39) のように触媒の表面積 a_m が大きい方が総括反応速度 r を大きくできるので,図 5.12 のモデルのように無数の細孔をもつ表面積の大

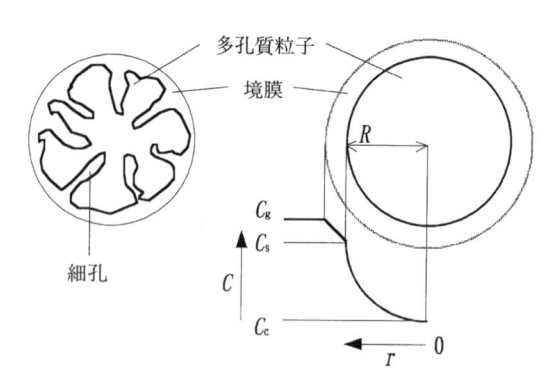

図 5.12 球状触媒粒子内における物質移動モデル

きな**多孔質** (porous) 粒子を用いることが多い.しかし,多孔質粒子には,粒子の外表面にある境膜内物質移動抵抗のほかに,細孔内にも物質移動抵抗が存在する.本項では,多孔質触媒粒子について反応ガスの細孔内拡散過程も考慮した反応速度の取り扱い方を考える.

多孔質触媒を用いる接触反応において,触媒質量基準の総括反応速度は触媒粒子径によって異なる.多孔質触媒の有効表面は大部分が粒子内部の細孔表面であるが,単位表面積当たりの活性が高く反応物の供給速度(細孔内拡散)が相対的に遅いとき,反応物の濃度 C が,境膜から粒子の中心に向かって,境膜外の濃度 C_g,粒子外表面の濃度 C_s,粒子中心の濃度 C_c と減少するので(図 5.12),触媒細孔内の表面の利用率が低くなる.このような反応速度に対する細孔内拡散の影響を整理するのに**触媒有効係数** (catalyst effectiveness factor) E_f が用いられ,次のように定義される.

$$E_f = \frac{(実測された反応速度)}{(粒子内部も外表面と同じ反応物濃度と仮定したときの仮想的な反応速度)}$$

反応速度式が簡単な式で表される場合には,注目成分についての物質収支式を解くことから多孔質触媒粒子の E_f の計算式が導かれる.例えば,1次不可逆反応が半径 R の球状触媒粒子の細孔内で進行する場合,E_f は式 (5.59) で表される.ここで,$m(=(R/3)(k_w\rho/D_e)^{1/2})$ はチル (Thiele) 数と呼ばれる無次元項であり,触媒質量基準の1次反応速度定数 k_w,触媒粒子のかさ密度 ρ(細孔容積を考慮した見かけ密度,真密度よりも小さい),注目成分の細孔内有効拡散係数 D_e を変数とする関数である.

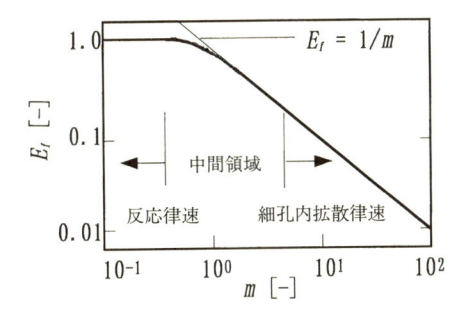

5.2 不均一系反応における反応速度論

図5.13 触媒有効係数とチイル数との関係

$$E_f = \frac{1}{m}\left[\frac{1}{\tanh(3m)} - \frac{1}{3m}\right] \tag{5.59}$$

図5.13に E_f と m との関係を示した．$m<0.3$ では $E_f \fallingdotseq 1$ で反応律速である．$m>5$ では $E_f \fallingdotseq 1/m$ となり細孔内拡散律速である．m を計算するための細孔内有効拡散係数 D_e は不明の場合が多く，このような場合，E_f を式(5.59)などから直接計算することは困難である．E_f を簡単に求める方法として粉砕法がある．粉砕法では，粉砕して粒子径を小さくした触媒を反応に用いて，反応速度が粒子径に影響されなくなったときの反応速度を E_f の定義式の分母の値として用いる．

工業規模の装置では，反応流体の流通抵抗を低減させる必要から，ある程度大きな粒子径の触媒が選ばれ，E_f が極端に小さくならないように触媒の形状や調製法および成形法が工夫される．

5.2.9 気固系反応

気固不均一系反応にもさまざまなタイプがあり，一例として，硫化亜鉛の空気中での高温酸化分解による亜硫酸ガス生成反応などがあげられる．

$$ZnS(s) + (3/2)O_2(g) \to ZnO(s) + SO_2(g)$$

本項では，気固系反応に関する速度論的解析の例として，次の一般式のように，反応原系と生成系の両方に気体と固体が共存する場合を取り上げる．

$$aA(g) + bB(s) \to rR(g) + sS(s)$$

ここで，(g)は気相，(s)は固相を示す．

a. 非多孔質固体粒子が反応に関与する場合 (未反応芯モデル)

固体反応物 B が細孔をもたない緻密な構造のときは，化学反応が起こる位置は反応時間とともに固体表面から内部に向かって移動する．この種の気固不均一系反応の速度論的な取扱いについては，図5.14 に示す未反応芯モデルが実験結果に適合することが多い．B の固体粒子は半径 r_0 の理想的な球形であり，反応が進行しても粒子の大きさは変わらないとする．このとき気固系反応は，次の3つの過程を経て進行する．

気相の成分 A が固体 B のまわりの静止ガス境膜内を拡散し (①)，粒子表面から生成した固相 S の内部を移動する (②)．A と B の反応は半径 r の球面で起こり (③)，この反応球面は反応時間 t とともに粒子の表面から中心に向かって移動する．未反応芯 B の半径 r の時間的変化 $(-dr/dt)$ は次式で与えられる．

$$4\pi r^2\left(-\frac{dr}{dt}\right)=\alpha v_{Ai} \tag{5.60}$$

α は1モルの A と反応する固体 B の容積，v_{Ai} は A の拡散移動速度(または反応速度)である．未反応芯モデルに従う気固系反応では，過程 ①，②，③ のうちでいずれか1つの過程だけが他の2つに比べて遅い場合が多い．

1) 静止ガス境膜内拡散 ① が律速の場合　静止ガス境膜内の成分 A の拡散速度 v_{Ai} [mol h^{-1}] は，一般に，

$$v_{Ai}=4\pi r_0^2 k_{gA}(C_{Ag}-C_{As})$$

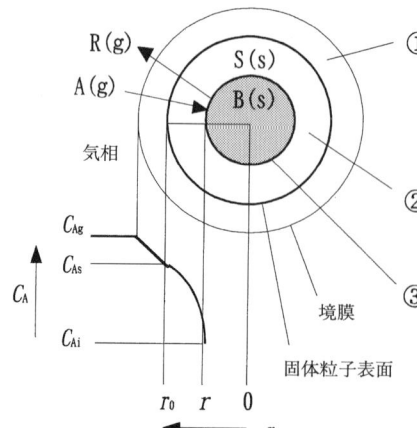

①気-固界面の外側に存在する静止ガス境膜内の成分Aの拡散移動
　C_{Ag}：境膜外の気相中のAの濃度
　C_{As}：粒子外表面でのAの濃度
　k_{gA}：Aの境膜内物質移動係数

②生成した固相S内における成分Aの拡散移動
　D_{Ai}：Aの固相S内での拡散係数

③未反応芯Bと固相Sとの界面での気-固系反応
　C_{Ai}：固相SとBの界面でのAの濃度
　k_{cA}：未反応芯単位面積あたりの反応速度定数

図5.14　未反応芯モデル図

と表される．Aの濃度 C_A は半径 r の関数で表され，図5.14のように変化するが，①が律速段階のとき，過程②,③が速いので $C_{As}=0$ とおける．

$$\therefore v_{Ai}=4\pi r_0^2 k_{gA} C_{Ag}$$

この式を式(5.60)に代入して積分すれば，次にようになる．

$$aC_{Ag}k_{gA}r_0^2 t = \int_{r_0}^{r}(-r^2)dr = \frac{r_0^3}{3}-\frac{r^3}{3}$$

$$\therefore t=\left(\frac{r_0}{3aC_{Ag}k_{gA}}\right)\left[1-\left(\frac{r}{r_0}\right)^3\right] \tag{5.61}$$

任意の時間tにおける固体成分Bの転化率 x_B は次式で表される．

$$x_B=\frac{(4/3)\pi r_0^3-(4/3)\pi r^3}{(4/3)\pi r_0^3}=1-\left(\frac{r}{r_0}\right)^3$$

反応が完結（$r=0$）するのに要する時間 t_b は，式(5.61)から $t_b=r_0/3aC_{Ag}k_{gA}$ である．したがって，

$$\frac{t}{t_b}=x_B \tag{5.62}$$

の関係が得られる．t と x_B の実測データをプロットしたとき，原点を通る直線関係（比例関係）が得られる場合にはガス境膜内拡散過程が律速と判断される．

2） 生成物固相内の反応ガスの拡散過程②が律速の場合　　生成した固相S内におけるAの拡散速度 v_{Ai} は，一般に次式で表される．

$$v_{Ai}=4\pi r^2 D_{Ai}(dC_A/dr) \tag{5.63}$$

定常状態では v_{Ai} は一定であるので，式(5.63)を境界条件（$r=r$ で $C_A=C_{Ai}$，$r=r_0$ で $C_A=C_{As}$）の下に積分すると，次式となる．

$$v_{Ai}=4\pi D_{Ai}\frac{C_{As}-C_{Ai}}{(1/r)-(1/r_0)}$$

拡散過程①が速いので，$C_{As}=C_{Ag}$，反応過程③も速いので，$C_{Ai}=0$ とおくと，

$$v_{Ai}=\frac{4\pi D_{Ai} C_{Ag}}{(1/r)-(1/r_0)}$$

これを式(5.60)に代入して積分すれば，式(5.64)が得られる．

$$-4\pi r^2\left(\frac{dr}{dt}\right)=\frac{a 4\pi C_{Ag} D_{Ai}}{(1/r)-(1/r_0)}$$

$$\therefore t=\left(\frac{r_0^2}{6aC_{Ag}D_{Ai}}\right)\left[1-3\left(\frac{r}{r_0}\right)^2+2\left(\frac{r}{r_0}\right)^3\right] \tag{5.64}$$

$t_b=r_0^2/6aC_{Ag}D_{Ai}$ であるので，

$$\frac{t}{t_b} = 1 - 3\left(\frac{r}{r_0}\right)^2 + 2\left(\frac{r}{r_0}\right)^3 = 1 - 3(1-x_B)^{2/3} + 2(1-x_B) \tag{5.65}$$

となり，$[1-3(1-x_B)^{2/3}+2(1-x_B)]$-$t$ プロットが比例関係を与える．

3) 化学反応過程 ③ が律速の場合 未反応芯 B と生成物固相 S との界面（半径位置 r）での気固系反応速度 v_{Ai} をその位置における A の濃度 C_{Ai} に関して 1 次であるとすると，

$$v_{Ai} = 4\pi r^2 k_{cA} C_{Ai} \tag{5.66}$$

であるが，拡散過程 ①，② が速いので $C_{Ai}=C_{Ag}$ とおけ，$v_{Ai}=4\pi r^2 k_{cA} C_{Ag}$ である．(1)，(2) と同様の手続きで，$-4\pi r^2 (dr/dt) = a 4\pi r^2 k_{cA} C_{Ag}$ を積分して

$$\therefore\ t = \frac{r_0 - r}{a k_{cA} C_{Ag}}$$

となる．$t_b = r_0 / a k_{cA} C_{Ag}$ であるので，

$$t = t_b\left[1 - \frac{r}{r_0}\right] \tag{5.67}$$

$$\frac{t}{t_b} = 1 - \left(\frac{r}{r_0}\right) = 1 - (1-x_B)^{1/3} \tag{5.68}$$

となり，$(1-x_B)^{1/3}$-t プロットが直線関係を与える．

【例題 5.5】 球形粒子が関与する未反応芯モデルに従う気固不均一系反応において，同一反応条件下で粒子径だけが異なる 4 種の球形試料について固体粒子径 d_p と反応完結時間 t_b との間に次の関係が得られた．固体粒子外部の境膜内物質移動は十分速いことがわかっている．生成物固相内の反応ガス拡散過程と未反応芯界面での化学反応過程のいずれが律速段階であるかを検討せよ．

d_p [mm]	0.10	0.20	0.30	0.50
t_b [s]	200	800	1800	5000

解． 化学反応律速では，$t_b = r_0/a k_{cA} C_{Ag} = d_p/2 a k_{cA} C_{Ag} \propto d_p$ 固相内のガス拡散律速では，$t_b = r_0^2/6 a C_{Ag} D_{Ai} = d_p^2/24 a C_{Ag} D_{Ai} \propto d_p^2$ である．与えられたデータを t_b-d_p^2 プロットすると比例関係にあるので，この反応の律速は固相内の反応ガス拡散過程である．

b. 多孔質固体粒子が反応に関与する場合（粒子内均一反応モデル）

コークス燃焼反応などのように，固体反応物 B が多孔質であれば反応ガス A が固体内部まで容易に浸透できるので，固体粒子内全領域でほぼ均一に反応が起こりうる．このような場合を粒子内均一反応モデルといい，その速度論的な取扱

いは回分式タンク型反応器の場合と類似して簡単になる．粒子内均一反応モデルでは粒子の形状には無関係に式(5.12), (5.13)と同様な手続きによって，固体成分Bの転化率x_Bと反応時間tとの関係は，

$$\frac{dx_B}{dt}=kC_{As}(1-x_B)$$

となる．ここで，C_{As}は一定であるから積分して次式が求まる．

$$\ln\left(\frac{1}{1-x_B}\right)=kC_{As}t, \quad x_B=1-\exp(-kC_{As}t) \tag{5.69}$$

5.3 反応装置・反応操作設計の基本事項

多くの優れた化学反応プロセスが開発されているが，個々のプロセスの各論的説明は他の成書に譲り，プロセス設計に共通した事柄について概説する．

化学反応プロセスは，化学反応，反応装置，反応操作の3要素からなり，注目する化学反応プロセスを効率よく行うために，これら3要素を矛盾なく組み合わせなければならない．前節までは等温条件下の化学反応を取り扱ったが，実際のプロセスでは熱収支を考慮した非等温操作になるため，熱力学的情報が不可欠である．化学反応プロセスに関連した事項は，表5.3のように化学反応因子と反応装置(および反応操作)因子に大別できる．

表5.3 化学反応プロセスに関連した因子

化学反応因子	反応装置因子
1. 反応相の種類 　(気・液・固，均一・不均一) 2. 反応速度の大小 3. 化学平衡定数の大小 4. 反応熱の正・負と大小 5. 触媒の活性・選択性・寿命 6. 原料・製品の組成・安定性 7. その他	1. 原料供給の形式(回分・半回分・連続) 2. 流体の流れ形式(ピストン・完全混合) 3. 装置の伝熱形式(断熱式・外部熱交換式・自己熱交換式) 4. 固体触媒の使用形式(固定充てん層・流動層・移動層) 5. その他

一般の化学反応では，反応温度が高すぎると副反応が起こりやすくなり，反応温度が低ければ反応速度が低下するので，副反応の併発を避けられる温度領域内でできるだけ高い反応温度を選択すれば，空時収量STYを大きくすることができる．

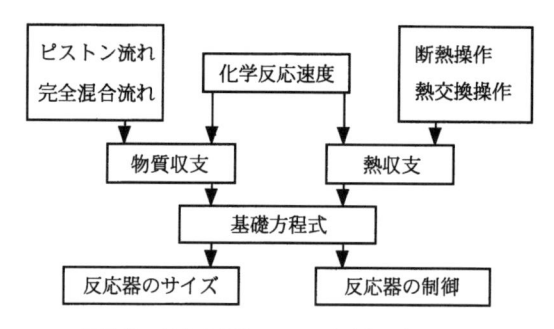

```
┌─────────────┐  ┌─────────────┐  ┌─────────────┐
│ ピストン流れ │  │化学反応速度 │  │ 断熱操作    │
│ 完全混合流れ │  │             │  │ 熱交換操作  │
└──────┬──────┘  └─────────────┘  └──────┬──────┘
       │                                 │
       ▼                                 ▼
   ┌───────┐                         ┌───────┐
   │ 物質収支 │                         │ 熱収支 │
   └───┬───┘                         └───┬───┘
       └────────────┬────────────────────┘
                    ▼
              ┌───────────┐
              │ 基礎方程式 │
              └─────┬─────┘
        ┌──────────┴──────────┐
        ▼                     ▼
  ┌───────────┐         ┌───────────┐
  │反応器のサイズ│         │反応器の制御│
  └───────────┘         └───────────┘
```

図 5.15　反応器設計のための基本的な作業手順

　反応温度制御 (加熱, 除熱あるいは断熱) は, 反応熱の正・負とその大小によって異なる. 気相接触反応において, 発熱反応で発熱量が大きいときは, 外部熱交換式装置や多管あるいは多段反応装置による除熱方式が採用される. また, 吸熱反応で反応熱の絶対値が大きい場合, 多段反応塔で中間加熱することにより反応流体の温度を適温域に保つ方法がとられる. 一方, 液相反応では, 流体の熱容量が気相反応に比べて桁違いに大きく, 反応熱は流体のわずかな温度変化や蒸発に吸収されるので, 特別な配慮をしない場合が多い.

　反応器設計のための基本的な作業を図 5.15 に系統図として示した. 扱う化学反応によって, その反応に適した反応流体の流れ形式と熱移動方式を選択する. 装置設計のために, 反応速度に関する情報と流体の流れ形式から物質収支の基礎方程式を, 反応速度に関する情報と熱移動方式とから熱収支の基礎方程式をたて, これらを連立して解くことによって, 反応器のサイズとその制御方法を決定する.

【演習問題】

5.1　アンモニア合成反応 ($N_2+3H_2 \rightleftharpoons 2NH_3$) において, ある反応条件下で N_2 の消失速度 r_{N_2} は, $r_{N_2}=-0.50\times 10^2\,\mathrm{mol\,m^{-3}\,s^{-1}}$ であった. H_2 の消失速度 r_{H_2} および NH_3 の生成速度 r_{NH_3} の数値を求めよ.

5.2　ある均一系可逆反応 ($A+B \rightleftharpoons C+D$) が次の素反応 ①〜③ からなり, 素反応 ② (正方向の速度定数は k_2) が律速段階であると仮定できるとする. 反応速度式を導け. ここで, E および AE は反応の中間種である.

　　素反応 ①　　　$B \rightleftharpoons 2E$　　　（平衡定数は K_1）
　　素反応 ②　　　$A+E \rightleftharpoons AE$　　（平衡定数は K_2）

素反応 ③   AE+E $\rightleftarrows$ C+D   （平衡定数は K_3）

5.3 反応速度定数の温度依存性がアレニウス式で整理され，頻度因子 A が温度の影響を受けず一定であるとして，見かけの活性化エネルギー $E=40$ kJ mol^{-1} の場合，反応温度が 300 K から 310 K に上昇すると k の値は何倍になるか．また，同じ温度範囲の温度上昇で速度定数が 2 倍を示すのは，見かけの活性化エネルギー E が何 kJ mol^{-1} のときか．

5.4 反応 H$_2$+Br$_2$ → 2HBr について，下記の結果(反応時間 t における HBr 濃度 C_{HBr})を得た．この結果を微分法により解析して，反応次数 n，反応速度定数 k を求めよ．初期条件 $t=0$ で，$C_{H_2}=C_{Br_2}=20.08$ mmol dm^{-3} とする．

t [s]	900	1500	2400	3900	6000	9000
C_{HBr} [mmol dm^{-3}]	5.98	9.18	12.68	17.91	22.39	26.29

5.5 1 次可逆反応 (A $\rightleftarrows$ B) を回分式反応器で行った．正反応と逆反応の反応速度定数をそれぞれ k, k'，$t\rightarrow\infty$ での転化率(平衡転化率) x_{Ae} として，反応時間 t と転化率 x_A との関係を表した次式を導け．

$$k+k'=\frac{1}{t}\ln\frac{x_{Ae}}{x_{Ae}-x_A}$$

5.6 モル数変化のない 1 次不可逆反応 A → B を回分式反応器で行ったところ，40 mol％ 反応するのに 60 min を要した．反応速度定数 k [min^{-1}] を求めよ．また，90 mol％ 反応させるのに要する反応時間 $t_{90\%}$ [min] を求めよ．

5.7 800 K で運転中の連続流通式管型反応器に 300 K で $F'=3$ m^3 h^{-1} の供給速度で原料ガスを送入してモル数変化のない 1 次不可逆反応を行った．反応速度定数 $k=6000$ h^{-1} のとき，転化率を 90％ にするには反応器容積 [dm^3] はどれほど必要か．

5.8 モル数変化のない 1 次不可逆液相反応 A → B を容積の異なる 3 段連続流通式タンク型反応器を用いて等温で行った．タンクの容積はそれぞれ，第 1 タンク 1 dm^3，第 2 タンク 2 dm^3，第 3 タンク V [dm^3] とする．反応速度定数 $k=0.2$ min^{-1}，原料成分 A の供給速度 $F'=0.5$ dm^3 min^{-1} であった．第 3 タンク出口における成分 A の転化率を 80％ にしたい．V の値を求めよ．また，計算で求めた第 3 タンクの容積を加えた 3 つのタンクの容積と同じ容積の連続流通式管型反応器(ピストン流れ)で同じ反応を同じ温度，同じ原料供給速度で行ったとき，転化率 x はいくらになるか求めよ．

5.9 次式で表される逐次反応を回分式タンク型反応器で行った．各ステップはともに 1 次不可逆反応で，$k_1=1.0$ h^{-1}，$k_2=0.5$ h^{-1}，初期条件は $C_{A0}=1000$ mol m^{-3}，$(C_{B0}=C_{C0}=0)$ であるとする．中間生成物 B の濃度 C_B を最大にしたいとき，反応を何時間で中止すればよいか．また，その時の各成分の濃度はいくらか．

A $\xrightarrow{k_1}$ B $\xrightarrow{k_2}$ C   ($r_1=k_1C_A$, $r_2=k_2C_B$)

5.10 リサイクル操作を伴う流通式管型反応器で液相 1 次不可逆反応を行う．リサイクル比 $R=1$ のとき反応器から流出する流体中の注目成分の転化率 x が 70％ で

あった．① 同じ反応条件で，$R=5$ にして操作したときの x を求めよ．また，② リサイクル操作を停止したとき $(R=0)$ の x を求めよ．

5.11 多孔質固体触媒を用いる気相接触反応を行うとき，低温よりも高温において，全反応速度が物質移動抵抗によって支配されやすいかのはなぜか説明せよ．ただし，熱移動の抵抗は無視できるものとする．

5.12 Ni 触媒 1 g 上での水素の平衡吸着圧 P と 0 ℃，1 atm (STP) における平衡吸着量 v との間に次の関係が得られた．式 (5.45) で示されるラングミュア式によるデータ整理をして，飽和吸着量 v_m を求めよ．

P [Pa]	353	540	740	1000	1586	2333
v [cm³]	2.56	3.21	3.71	4.11	4.71	5.50

5.13 気相接触反応 $(A+B \to C)$ において，A, B の吸着過程および表面反応過程は速く平衡状態にあると仮定でき，C の脱離過程が律速段階である場合，反応速度式が次式で表されることを導け．
$$r = \frac{k_a L K_P (P_A P_B - P_C/K_P)}{1 + K_A P_A + K_B P_B + K_P K_C P_A P_B}$$

5.14 気相接触反応 $A \to B$ が不可逆で進行し，表面反応過程が律速で，成分 B の吸着が弱いと仮定して，反応速度 r が次式で表されたとする．
$$r = \frac{kP_A}{1 + K_A P_A} \quad (k\text{ は反応速度定数，} K_A \text{ は A の吸着平衡定数，} P_A \text{ は A の吸着平衡圧})$$

この反応を連続流通式管型反応器で成分 A のみ $(y_0=1)$ の原料流体を供給して行ったとき，W/F_0 が次式で表されることを示せ．
$$\frac{W}{F_0} = \frac{1}{k}\left(\frac{1}{P}\ln\frac{1}{1-x} + K_A x\right) \quad (P\text{ は全圧，} x\text{ は成分 A の転化率})$$
また，r の単位を mol h⁻¹ g$_{cat}$⁻¹，$k=10$ mol h⁻¹ atm⁻¹ g$_{cat}$⁻¹，$K_A=0.1$ atm⁻¹ として，常圧下，$F_0=1000$ mol h⁻¹ の反応条件下で転化率 70 % $(x=0.7)$ を達成するのに必要な触媒質量 W [g] を求めよ．

5.15 定圧である気相接触反応を固定層反応器で行ったとき，触媒質量当たりの反応速度が反応温度および流速とともに図 5.16 のように変化したとする．(a)〜(d) 曲線のような変化を示す反応は，表面反応律速と境膜内拡散律速のいずれであると判断されるか，理由も示せ．ただし，細孔内の触媒表面はすべて有効であるとする．

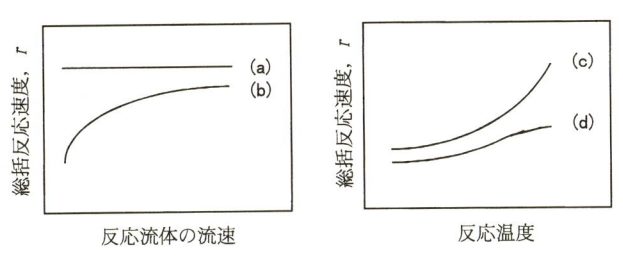

図 5.16 総括反応速度の反応流体の流速および反応温度への依存性

5.16 非多孔質の球状固体粒子が関与する気固系不均一反応において，固体粒子の転化率 x と反応時間 t の間に下の表のような関係が得られた．反応進行が未反応芯モデルに従い，粒子サイズは反応の進行によって変化しないものとして，律速段階を推定せよ．

t [h]	2	4	6	12	18	24	42
x [%]	14	27	37	63	80	90	100

参 考 文 献

第1章
1) Felder, R. M. and Rousseau, R. W. : Elementary Principles of Chemical Processes, 2nd Ed., John Wiley & Sons, 1986.
2) 橋本健治編：ケミカルエンジニアリング，培風館，1995．
3) 化学工学会編：化学工学便覧（改訂6版），丸善，1999．

第2章
1) 化学工学会編：「技術者のための化学工学の基礎と実践」，第2章流体工学の基礎，アグネ承風社 (1998).
2) 化学工学会編：化学工学便覧（改訂6版），p. 164，丸善，1999．
3) 加藤　宏編：ポイントを学ぶ流れの力学，丸善 (1989).
4) 小林清志，飯田嘉宏：新版移動論，朝倉書店，1989．
5) 亀井三郎編：化学機械の理論と計算（第2版），第2章流動，産業図書，1975．
6) 高安秀樹：フラクタル，p. 56，朝倉書店，1987．
7) 竹内　雍，川井利長，越智健二，佐藤忠正：解説化学工学，第3章流体の流れと流体輸送装置，培風館，1992．
8) 保原　充，大宮司久明編：数値流体力学，第10〜12章，東京大学出版会，1992．

第3章
1) Giedt, W. H. 著（横堀　進，久我　修共訳）：基礎伝熱工学，丸善，1984．
2) Holman, J. P. : Heat Transfer, (Metric Editions, Mechanical Engineering Series), McGraw-Hill, 1992.
3) Holman, J. P. 著（平田　賢監訳）：伝熱工学（上，下），ブレイン図書，1993．
4) 一色尚次，北山直方：伝熱工学，最新機械工学シリーズ7，森北出版，1998．
5) 田坂英紀：伝熱工学，機械工学入門講座4，森北出版，1996．
6) 甲藤好郎：伝熱概論，養賢堂，1996．
7) 槌田　昭，山崎慎一郎，前沢三郎：伝熱工学演習，学献堂，1994．
8) 国井大蔵：熱的単位操作（上），丸善，1976．
9) 北村健三，大竹一友：基礎伝熱工学，共立出版，1991．

第4章
1) 古崎新太郎：分離精製工学入門，学会出版センター，1992．
2) 国眼孝雄，近藤　忍，清水　賢：化学工学論文集，**12**, 360, 1986．
3) 日東電工資料，1998．

4) 例えば，酒井清孝監修：膜分離プロセスの理論と設計，アイピーシー，1993.
5) 相良 紘，渋谷博光著：分離，培風館，1995.

第5章
1) Smith, J. M. : Chemical Engineering Kinetics, McGraw-Hill, 1981.
2) 川合 智，尾上 薫，今村易弘：物理化学による化学工学基礎，槇書店，1996.

演習問題解答

【第1章】

1.1 95 wt % エタノール水溶液 650.7 g と水 209.3 g.

1.2 $\dfrac{du\rho}{\mu} = \varPhi\left(\dfrac{d\rho\sigma}{\mu^2}, \dfrac{d^3\rho^2 g}{\mu^2}\right).$

1.3 計算できる．過剰空気率 89 %.

1.4 ①

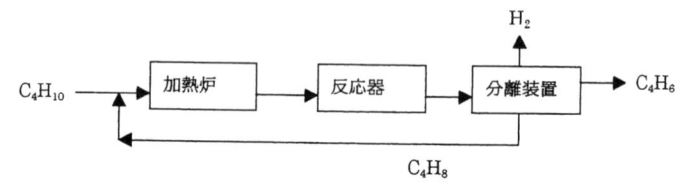

② 補給原料 C_4H_{10} 100 kmol h^{-1} を基準としたときのリサイクルされるブテン流量を R [kmol h^{-1}] とすると，反応器まわりの物質収支の表は次のようになる．

成 分	入 量 [kmol h^{-1}]	生成量 [kmol h^{-1}]	出 量 [kmol h^{-1}]	出 量 [kmol h^{-1}]	組 成 [mol %]
C_4H_{10}	100	-100	0	0	0
C_4H_8	R	$100-0.7(100+R)$	$0.3(100+R)$	42.86	12.5
C_4H_6	0	$0.7(100+R)$	$0.7(100+R)$	100	29.2
H_2	0	$100+0.7(100+R)$	$170+0.7R$	200	58.3
合 計				342.86	100.0

ブテンの出量がリサイクルされ入量となるから

$R = 0.3(100+R)$. したがって，$R = 42.86$ kmol h^{-1}

③ 反応器出口ガス組成を表の右欄に示す．

1.5 スチーム発生流量は 3.73 kg h^{-1}.

1.6 ① 反応器に供給される原料 100 mol を基準とする．反応器まわりの物質収支の表を書く．

成 分	入 量 [mol h^{-1}]	生成量 [mol h^{-1}]	出 量 [mol h^{-1}]
C_2H_4	54	$-(54)(0.05) = -2.7$	51.3
H_2O	37	$-2.7+0.135 = -2.565$	34.435
I	9	0	9
C_2H_5OH	0	$2.7-0.27 = 2.43$	2.43
$(C_2H_5)_2O$	0	$0.27/2 = 0.135$	0.135

反応 (B) により消費されたエタノールを x [mol h^{-1}] とすると，

$$\frac{2.7-x}{2.7}=0.9$$

したがって，$x=0.27$ mol h^{-1}．
② $\Delta H=\Delta H_2-\Delta H_1=-107.71$ kJ h^{-1}
③ 反応は発熱反応だから反応器を冷却して等温に保っている．
④ エタノールの反応率が上がると，発熱量が増大する．また，副生成物エーテルの生成量も増大するため．
⑤ 不活性物質の蓄積を防ぐためにパージが必要になる可能性がある．

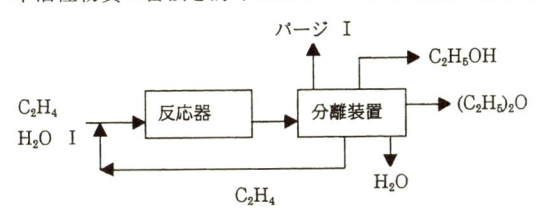

```
                    パージ I
                       ↑
                              → C₂H₅OH
   C₂H₄   → ┌─────┐ → ┌──────┐
   H₂O  I  │反応器│  │分離装置│ → (C₂H₅)₂O
          └─────┘  └──────┘
              ↑          ↓
              └── C₂H₄    H₂O
```

1.7 ① $T=151.3$ K．
② 液化するには $T_r=0.98$ の曲線が飽和蒸気線と交わる $p_r>0.87$ となる必要がある．したがって，圧力を 43.2 atm 以上にすればよい．

1.8 ヘキサンの液相組成 35.2 %，ヘキサンの気相組成 57.1 %，液相量 32.4 mol，気相量 67.6 mol．

1.9 $\alpha=5.4$．

1.10 液流量 88.9 kmol h^{-1}，蒸気流量 11.1 kmol h^{-1}

【第2章】

2.1 擬塑性流体：高分子水溶液，塑性流体：絵の具，ケチャップ，粘弾性流体：ホイップクリーム，卵白，チクソトロピック流体：マーガリン，ケチャップ．

2.2 省略．

2.3 相当直径 $D_e=0.615$ m，平均流速 $u=2.78\times10^{-3}$ m s^{-1}，$Re=1703<2100$．層流状態．

2.4 限界流速 $u_c=Re_c\nu/D=0.588$ m s^{-1}，∴ $Q=u_c\pi D^2/4=5.65\times10^{-4}$ m^3 s^{-1}=2.04 m^3 h^{-1}．

2.5 $u=(2\,gh)^{0.5}=5.42$ m s^{-1}，∴ $T=(A_1/A_2)(2H/g)^{0.5}=2766$ s=46.1 min．

2.6 省略（例題2.2参照）．

2.7 （例題2.3参照）　$W=155.4$ J kg^{-1}，$\eta=(W\rho Q/W_P)\times100=65$ %．

2.8 $\mu=1.27\times10^{-3}$ Pa s，$Re=27.3$．

2.9 摩擦速度 $u^*=0.044$ m s^{-1}．

	対数法則	指数法則
① $y=0.225$ m	1.01 m s^{-1}	1.05 m s^{-1}
② $y=0.01$ m	0.641 m s^{-1}	0.670 m s^{-1}
③ $y=0.001$ m	0.215 m s^{-1}	0.482 m s^{-1}

2.10　$u=0.189$ m s^{-1}, $Re=4330$.
　　　板谷の式より $f=9.91\times10^{-3}$, ファニングの式より $\Delta p=236$ Pa.

2.11　① $Re_x=6.49\times10^4<Re_{xc}$ 層流境界層, $\delta=1.82\times10^{-3}$ m, $u=7.41$ m s^{-1}.
　　　② $Re_x=6.49\times10^5>Re_{xc}$ 乱流境界層, $\delta=2.54\times10^{-2}$ m, $u=8.75$ m s^{-1}.

2.12　$\delta^*/\delta=1/8$. 乱流境界層の方が, 層内速度分布はよりシャープなものとなる.

2.13　$\mu=(d_p^2/18\,v)(\rho_p-\rho_1)g=0.993$ Pa s, $Re_p=\rho_1 d_p v/\mu=0.10<2$.

2.14　$D=C_D(\rho v^2/2)S=425$ N,　$v=(2D/\rho C_D S)^{0.5}=29.1$ m s^{-1}=105 km h^{-1}.

2.15　$Re=Du_0/\nu=2.0\times10^4>10^3$,　∴ $St=0.21$, $N_e=u_0 St/D=1.68$ s^{-1}.

2.16　すべて右側の液柱面の方が高くなる. h_1 は全圧, h_2 は動圧, h_3 は静圧.
　　　$h_1=h_2+h_3$

2.17　$Q=\alpha A_0(2\Delta p/\rho)^{1/2}=0.014$ m^3 s^{-1}, $\alpha=0.597-0.011\,m+0.432\,m^2=0.658$
　　　(∵ $m=0.39$), $Re=1.11\times10^5$,　∴ $10^5<Re<10^6$

2.18　タフト法：吹き流し, 髪の毛, 海底の海藻.
　　　トレーサー法：(流脈法) たばこの煙.

2.19　(長所) デジタル量として結果が得られるので処理しやすい.
　　　　　　　理想的, あるいは非現実的な仮想実験も可能.
　　　(短所) モデルとして組み込まれた現象以外のものは予測されない.
　　　　　　　信頼性(精度, 誤差, 安定性)の検証に多大な労力を要する.

【第3章】

3.1　① 略.
　　　② $h=3.1$ W m^{-2} K^{-1}.
　　　③ 2.7 kg hr^{-1}.

3.2　① $Re=1.57\times10^4$, $Nu=46.4$.
　　　② $h=56$ W m^{-2} K^{-1}.
　　　③ $T_2=60$℃.
　　　④ 略.

3.3　$Q=400$ W.

3.4　① $\bar{u}=0.927$ m s^{-1}.
　　　② $de=0.024$ m.
　　　③ $Re=2.91\times10^4$.

④ $Pr=5.12$, $Nu=148$.
⑤ $h=3.83\times10^3$ W m^{-2} K^{-1}.

3.5 $Q=1.25\times10^3$ W.

3.6 ① $\bar{u}=9.59$ m s^{-1}.
② $Re=1.43\times10^4$.
③ $Nu=43.3$.
④ $h=45.3$ W m^{-2} K^{-1}.
⑤ $Re=2.78\times10^5$.
⑥ $Nu=9.39\times10^2$.
⑦ $h=2.31\times10^4$ W m^{-2} K^{-1}.
⑧ 500倍.

3.7 ① 抵抗温度計(あるいは熱電対温度計).
② 放射温度計(あるいは示温塗料).
③ 熱電対温度計(あるいは抵抗温度計).
④ ガラスファイバー温度計.
⑤ 熱電対温度計,放射温度計.

【第4章】

4.1 略.

4.2 $W_{\min}=-\varDelta G_{\mathrm{mix}}=-(G_f-G_i)=-\{2\ln 4/7+6(\ln 12/7-\ln 4)\}RT=15.37$ kJ.

4.3 4段.

4.4 ① ⓐ $D=178$ mol h^{-1}, ⓑ $L=356$ mol h^{-1}, $L'=556$ mol h^{-1}, ⓒ $V=534$ mol h^{-1}, $V'=334$ mol h^{-1}.
② ⓐ $y=2.5\,x/(1+1.5\,x)$, ⓑ $y=0.67\,x+0.32$, ⓒ $y=-x+0.9$, ⓓ $y=1.66\,x-0.033$.
③ $x=0.69$, $y=0.85$.
④ $N_{\min}=5.4\to 6$.
⑤ $R_{\min}=1.74$.

4.5 ① $x_w=0.0124$.
② $N_{\min}=5.8$.
③ $R_{\min}=1.056$.
④ ⓐ $y=0.6787x+0.3149$, ⓑ $y=2.336x-0.01658$, ⓒ $N=8.2$.

4.6 ① $x_B=5.64\times10^{-3}$, $y_T=6.04\times10^{-4}$.
② $N_{0G}=4.09$.
③ $Z=2.86$ m.

4.7 ① $y_T = 0.011$.
② $L = 12.54 \text{ mol m}^{-2}\text{ s}^{-1}$.
③ $y = 49.9\,x + 0.011$.
④ $N_G = 6.0$.
⑤ $Z = 4.20$ m.

4.8 $V_{\text{mean}} = 1241 \text{ m s}^{-1}$, $\lambda = 96.8$ nm, λ は圧力に反比例する.

4.9 水素/窒素＝45.3％/54.7％.

4.10 海水の浸透圧：$\pi = 23.5$ atm, ショ糖水の浸透圧：$\pi = 2.2$ atm.

4.11 $Q = 60\ \mu\text{m}^3\text{ s}^{-1}$, $R = 0.919$.

【第5章】

5.1 $r_{H_2} = -1.5 \times 10^2 \text{ mol m}^{-3}\text{ s}^{-1}$, $r_{NH_3} = 1.0 \times 10^2 \text{ mol m}^{-3}\text{ s}^{-1}$.

5.2 $r = k_2 K_1^{1/2} [C_A(C_B)^{1/2} - C_C C_D / K_1 K_2 K_3 (C_B)^{1/2}]$.

5.3 $k_{310\text{K}}/k_{300\text{K}} = 1.68$, 2倍を示す $E = 53.6 \text{ kJ mol}^{-1}$.

5.4 $n = 1.8 \sim 2.0$, $n = 2$ のとき $k = 1 \times 10^{-5} \text{ dm}^3 \text{ mmol}^{-1} \text{ min}^{-1}$.

5.5 略.

5.6 $k = 8.52 \times 10^{-3} \text{ min}^{-1}$, $t_{90\%} = 270$ min.

5.7 3.07 dm^3.

5.8 $V = 2.45 \text{ dm}^3$, 5.45 dm^3 の管型反応器で転化率 $x = 88.7\%$

5.9 $t = 1.4$ h, $C_A = 246$, $C_B = 500$, $C_C = 254 \text{ mol m}^{-3}$.

5.10 ① 0.636, ② 0.788.

5.11 ヒント：図5.11を考慮せよ.

5.12 6.25 cm^3.

5.13 ヒント：式(5.55)の誘導手順を参照.

5.14 127 g.

5.15 (a), (c)：表面反応律速, (b), (d)：拡散律速.

5.16 ヒント：式(5.62), (5.65), (5.68)を比較検討.

付　表

SI 単位系で用いられる接頭語

記号	T	G	M	k	h	da	d	c	m	μ	n	p
名称	tera	giga	mega	kilo	hecto	deca	deci	centi	mili	micro	nano	pico
読み	テラ	ギガ	メガ	キロ	ヘクト	デカ	デシ	センチ	ミリ	マイクロ	ナノ	ピコ
倍数	10^{12}	10^{9}	10^{6}	10^{3}	10^{2}	10^{1}	10^{-1}	10^{-2}	10^{-3}	10^{-6}	10^{-9}	10^{-12}

基礎的な単位換算表

質量 [M]

1 oz (オンス)	2.83495×10^{-2} kg
1 lb (ポンド)	4.53592×10^{-1} kg
1 US ton	9.07185×10^{2} kg

長さ [L]

1 in (インチ)	2.54000×10^{-2} m
1 ft (フィート)	3.04800×10^{-1} m
1 yd (ヤード)	9.14400×10^{-1} m
1 mile (マイル)	1.60934×10^{3} m

体積 [L^3]

1 gal (ガロン)	3.78541×10^{-3} m^3	(US Gallon)
1 bbl (バレル)	1.58987×10^{-1} m^3	(石油 42 gal)

密度 [ML^{-3}]

1 g cm^{-3}	1×10^{3} kg m^{-3}
1 lb in^{-3}	2.76799×10^{4} kg m^{-3}
1 lb ft^{-3}	1.60185×10^{1} kg m^{-3}

力 [MLT^{-2}]

1 dyn (ダイン)	1×10^{-5} N
1 kgf	9.80665 N
1 poundal (lb ft s^{-2})	1.38255×10^{-1} N
1 lbf	4.44822 N

圧力 [ML^{-1}T^{-2}]

1 bar (バール)	1×10^{5} Pa
1 atm (気圧)	1.01325×10^{5} Pa
1 kgf cm^{-2}	9.80665×10^{4} Pa
1 dyn cm^{-2}	1×10^{-1} Pa
1 mmHg (Torr)	1.33322×10^{2} Pa
1 mmH$_2$O	9.80665 Pa

表面張力 [MT^{-2}]

1 dyn cm^{-1}	1×10^{-3} N m^{-1}

粘度 [ML^{-1}T^{-1}]

1 poise (ポイズ)(=g cm^{-1} s^{-1})	
	1×10^{-1} Pa s
1 c.p. (センチポイズ)	
	1×10^{-3} Pa s = 1 mPa s

動粘度, 拡散係数, 熱拡散係数 [L^{2}T^{-1}]

1 cm^2 s^{-1} (stokes)	1×10^{-4} m^2 s^{-1}
1 m^2 h^{-1}	2.77778×10^{-4} m^2 s^{-1}

仕事, 熱エネルギー [ML^2T^{-2}]

1 N m	1 J
1 erg (エルグ)	1×10^{-7} J
1 kg_f m	9.80665 J
1 cal_{th}	4.18400 J
1 cal_{IT}	4.18680 J
1 Btu_{th}	1.05435×10^3 J
1 Btu_{IT}	1.05400×10^3 J
1 kWh	3.60000×10^6 J
1 HPh	2.68452×10^6 J

仕事率 (動力) [ML^2T^{-3}]

1 kg_f m s^{-1}	9.80665 W
1 lb_f ft s^{-1}	1.35582 W
1 HP (英馬力)	7.45700×10^2 W horse power
1 PS (独馬力)	7.35499×10^2 W Pferde-staerke

熱伝導率 (熱伝導度) [$MLT^{-3}\theta^{-1}$]

1 cal_{th} (cm s K)$^{-1}$	4.18400×10^2 W m^{-1} K^{-1}
1 $kcal_{IT}$ (m h K)$^{-1}$	1.16300 W m^{-1} K^{-1}
1 Btu_{IT} (ft h °F)$^{-1}$	1.73074 W m^{-1} K^{-1}

熱伝達係数, 伝熱係数 [$MT^{-3}\theta^{-1}$]

1 cal_{th} (cm^2 s K)$^{-1}$	4.18400×10^4 W m^{-2} K^{-1}
1 $kcal_{IT}$ (m^2 h K)$^{-1}$	1.16300 W m^{-2} K^{-1}
1 Btu_{IT} (ft^2 h °F)$^{-1}$	5.67826 W m^{-2} K^{-1}

温度 摂氏温度 t [°C] と華氏温度 t [°F] との関係

t [°C] $=(t$[°F]$-32)/1.8$
t [°F] $=1.8\times t$ [°C]$+32$
T [K] $=t$ [°C]$+273.15$
t [°R] $=t$[°F]$+459.67=1.8\times T$ [K]

重要数値

重力加速度 (標準：北緯45°)
　　　　$g : 9.80665$ m s^{-2}
アボガドロ数　$N : 6.02296\times10^{23}$ mol^{-1}
氷点の絶対温度　273.150 K
気体定数　$R : 8.314$ J mol^{-1} K^{-1}
　　　　　　$=0.08205$ dm^3 atm mol^{-1} K^{-1}
　　　　　　$=1.987$ cal mol^{-1} K^{-1}

水の密度, 粘度および表面張力 (標準大気圧)

温度 [°C]	密度 [kg m^{-3}]	粘度 [mPa s]	表面張力* [N m^{-1}]
0	999.84	1.7919	—
10	999.70	1.3069	0.0742
20	998.21	1.0020	0.0728
30	995.65	0.7973	0.0712
40	992.22	0.6529	0.0696
50	988.05	0.5470	—
60	983.21	0.4667	—
70	977.79	0.4044	—
80	971.83	0.3550	—
90	965.32	0.3150	—
100	958.35	0.2822	—

(化学便覧より)　　　　　　*接触気相：空気

空気の密度および粘度 (標準大気圧)

温度 [°C]	密度 [kg m^{-3}]	粘度 [mPa s]
0	1.2928	0.01710
10	1.2471	0.01760
20	1.2046	0.01809
30	1.1649	0.01857
40	1.1277	0.01904
50	1.0928	0.01951
60	1.0600	0.01998
70	1.0291	0.02044
80	0.9999	0.02089
90	0.9724	0.02133
100	0.9463	0.02176

化学工学便覧改訂3版より引用。
(空気の密度は0°Cの値をもとに理想気体の状態方程式で計算)

付　表

ギリシア文字

大文字		小文字	英法綴り	名　称
A	*A*	α	Alpha	アルファ
B	*B*	β	Beta	ベータ
Γ	*Γ*	γ	Gamma	ガンマ
Δ	*Δ*	δ	Delta	デルタ
E	*E*	εϵ	Epsilon	エプシロン
Z	*Z*	ζ	Zeta	ゼータ
H	*H*	η	Eta	イータ
Θ	*Θ*	θϑ	Theta	シータ
I	*I*	ι	Iota	イオータ
K	*K*	χ	Kappa	カッパ
Λ	*Λ*	λ	Lambda	ラムダ
M	*M*	μ	Mu	ミュー
N	*N*	ν	Nu	ニュー
Ξ	*Ξ*	ξ	Ksi, Xi	クシー
O	*O*	o	Omicron	オミクロン
Π	*Π*	π	Pi	パイ
P	*P*	ρ	Rho	ロー
Σ	*Σ*	σ	Sigma	シグマ
T	*T*	τ	Tau	タウ
Υ	*Υ*	υ	Upsilon	ウプシロン
Φ	*Φ*	φϕ	Phi	ファイ
X	*X*	χ	Khi	カイ
Ψ	*Ψ*	ψ	Psi	プサイ
Ω	*Ω*	ω	Omega	オメガ

ギリシア語のアルファベット ($αλφάβητο$) は 24 文字.

索　引

ア　行

圧縮係数　23
圧縮性流体　40
圧力損失　51
圧力抵抗　59
粗さレイノルズ数　52
アントワンの式　26

EMD　131
位置エネルギー　16
1次反応　155
一般ろ過　140
一方拡散　131
移動単位数　135
移動単位高さ　135

ウシ血清アルブミン　144
運動エネルギー　16
運動の式　41
運動量厚さ　58

HETP　136
HTU　135
液活量係数　29
液空間速度　170
液相線　117
液相反応　154
NTU　135
エネルギー収支　15
エネルギー保存則　6
FEM　71
FDM　71
LHSV　171
エンタルピー　16

オイラー的観測　41
押出し流れ　73
オリフィス流量計　67

カ　行

回分式　157, 158, 162
解離吸着　176, 178, 179
カオス　55
化学工学　1
化学的過程　172
化学反応抵抗　173
化学プロセス　10
可逆反応　154
拡散律速　173, 183
撹拌レイノルズ数　39
過剰空気率　11
ガス吸収の操作線　133
活性化エネルギー　157
活量　29
カルマン渦流速計　62
カルマンの渦列　61
乾き基準　12
管型反応器　157
缶出液　8
完全黒体　93
完全混合　73, 157
完全燃焼　11
完全流体　43
換熱型熱交換器　102
管摩擦係数　50
還流　120
還流比　120

気液平衡関係　28
気空間速度　171
技術者資格試験　3
気相接触反応　172
気相線　118
気相反応　154
擬塑性流体　37
気体定数　22
気体の平均速度　138
逆浸透　140

q線　123
吸着速度　177
吸着点　175
吸着平衡　175
吸着平衡圧　176
吸着平衡定数　175
吸着律速　172, 180
吸熱反応　19
境界層　57
境界層理論　127
凝縮線　119
凝縮伝熱　101
強制対流伝熱　86
共沸混合物　124
共沸蒸留　125
境膜　128
境膜内拡散　173
境膜物質移動係数　129
境膜物質移動容量係数　135
局所物質移動係数　130
局所レイノルズ数　57
均一系反応　154
キングの式　65

空間時間　166
空間速度　166
空時収量　171
クヌッセン拡散法　148
クラウジウス-クラペーロンの
　式　26
クラペーロンの式　26
クロスフローろ過　140

形状抵抗　59
形態係数　97
ゲル分極　141
限界流束　145
限外ろ過　140
顕熱変化　18

204   索　引

工学単位系　4
向流接触　113
国際単位系　4, 45
混合ギブス関数　115
混合操作　8

サ　行

最高共沸混合物　125
細孔内拡散　182
細孔モデル　140, 148
最小還流比　124
最小理論仕事　115
最小理論段数　123
最低共沸混合物　125

GHSV　171
示温塗料　106
時間依存性流体　37
次元　4
次元解析　5
仕事　16
指数法則　48
自然対流伝熱　90
質量保存則　6
湿り基準　12
十字流れ　113
収縮係数　68
重力換算係数　45
重力単位系　4
縮流部　67
主流　56
循環原料　12
循環比　13
純粘性流体　37
常圧蒸留塔　2
蒸気圧　26
蒸発潜熱　18
蒸発操作　7
蒸留　117
蒸留操作　8
触媒有効係数　182

推進力　129
数値シミュレーション　71
スケール因子　15
ステップ数　123
ステファン-ボルツマンの式　95
ストークスの抵抗法則　61

ストローハル数　61

静圧　63
精密ろ過　140
精留　119
精留塔　9
積分法　162
石油精製プロセス　2
接触時間　171
絶対単位系　4
全圧　63
遷移域　38
全エネルギー　16
全還流　120
全縮　120
剪断応力　36
剪断速度　36
潜熱変化　18
栓流　73
全量ろ過　140
総括抵抗　173
総括転化率　13
総括反応速度　172
総括物質移動係数　130
総括物質移動容量係数　135
操作線　121
相対揮発度　29, 117
相対粗度　52
相当直径　39, 88
相平衡　25
層流　38
層流境界層　57
層流底層　58
速度係数　68
速度差分離法　112
阻止率　143
塑性流体　37
素反応　155

タ　行

対応状態原理　23
対数法則　48
ダイナミック膜　150
太陽熱温水器　77
ダイラタント流体　37
滞留時間　166, 171
対臨界圧　23
対臨界温度　23

多孔質　182, 186
脱離律速　172
タフト法　71
ダルシーの法則　144
単位　3
単位操作　25
単一反応　155
段型接触法　113
タンク型反応器　157
ダンクワーツの表面更新説　127
段効率　123
単蒸留　30
断熱型反応器　21

逐次反応　169
中間層　49
注入トレーサー法　69
超臨界流体　25
直列型プロセス　12

抵抗温度計　105
抵抗係数　60
定常状態　7
定常流　40
手がかり物質　13
転化率　13, 158, 164
伝導伝熱　79

頭　43
動圧　63
透過抵抗モデル　146
動水半径　39
透析器　151
動粘度　48
等モル相互拡散　131

ナ　行

内層　49
内部エネルギー　16
ナヴィエ-ストークスの式　42
流れ図　2
ナノろ過　140

二重境膜説　127, 128
ニュートンの粘性法則　35
ニュートン流体　36

熱　16

熱収支　19, 187
熱線・熱膜流速計　62
熱抵抗　81
熱電対　104
熱容量　18
熱力学第1法則　6
燃焼反応　11
粘性　35
粘性底層　49
粘弾性流体　37

濃度分極　141

ハ 行

排除厚さ　58
灰色体　94
ハーゲン-ポアズイユの法則　47
パージ　12
バッキンガムのΠ定理　5
発熱反応　19
パラジウム膜　150
半回分式　157
反射係数　146
反応器容積　163
反応時間　155, 160
反応生成物　19
反応速度　154
反応速度線図　165
反応速度定数　155
反応物質　19
反応律速　183

非圧縮性流体　40
非解離吸着　175, 177
光ファイバー温度計　106
比揮発度　29
ヒグビーの浸透説　127
ピストン流　73, 158
非定常熱伝導　84
非定常流　40
ピトー管　62
非ニュートン流体　36
比表面積　134
被覆率　175
微分接触法　113, 127
微分法　158
標準生成熱　19
標準燃焼熱　19

標準反応熱　19
表面反応律速　172, 179
ビンガム流体　37
ピンチポイント　124, 134

ファニングの式　51
ファンデルワールスの式　22
ファントホッフの式　145
VOC　150
フィックの拡散式　131
フィン効率　92
フェンスキの式　124
不可逆反応　154
不均一系反応　171
複合反応　155
物質移動係数　142
物質移動抵抗　173
物質移動容量係数　135
物質収支　7, 160, 161, 167
沸騰線　118
沸騰伝熱　100
物理的過程　172
物理プロセス　7
フラクタル　55
ブラジウスの式　51
プランクの分布則　94
プラントルの混合長　49
フーリエの法則　79
フローシート　13
プロセス　2
分画分子量　140
分子熱　18
分子熱容量　18
分縮　119
分配係数　114
分離係数　114
分離度　149

平均相対揮発度　29
平衡フラッシュ蒸留　31
平衡分離法　112
並発反応　168
並流接触　113
壁面トレース法　69
ヘスの法則　18
ヘッド　43
ベルヌーイ式　43
ベンチュリー管　67
ヘンリー定数　27

ヘンリーの法則　26, 129

放射式温度計　105
放射伝熱　93
飽和吸着量　177
補給原料　13
ポンションーサバリー法　121

マ 行

摩擦速度　48
摩擦損失頭　51
摩擦抵抗　59
マッケブーシール法　121
マノメーター　63

見かけ粘度　36
未反応芯モデル　184

モル比熱　18
モル平均速度　131
モル平均濃度　131
モル流量　160, 166

ヤ 行

有限差分法　71
有限要素法　71
UMD　131

溶解拡散モデル　140, 148
容積流量　163
よどみ点　63

ラ 行

ラウールの法則　28, 117
ラグランジュ的観測　41
ラングミュア型吸着平衡式　175
卵白アルブミン　143
乱流　38
乱流境界層　57

リサイクル　12
リサイクルパージ型プロセス　12
リサイクル比　167
離散化　71
理想気体法則　22
理想溶液　26
律速段階　156

流管　40
留出液　8
粒子レイノルズ数　40
流跡線　40
流線　40
流束　129
流体　35
流脈線　41

流量係数　68
理論空気量　11
理論段相当高さ　136
臨界点　23
臨界レイノルズ数　38

レイノルズ応力　47
レイノルズ数　5, 38

レイリーの式　30
レオロジー　36
レーザードップラー流速計　62
連続の式　41
連続流通式　157

露出率　175
ローディング速度　134

著者略歴

柘植 秀樹（つげ ひでき）
1942年　東京都に生まれる
1970年　慶應義塾大学大学院
　　　　工学研究科博士課程
　　　　単位取得退学
現　在　慶應義塾大学名誉教授
　　　　工学博士

上ノ山 周（かみのやま めぐる）
1955年　京都府に生まれる
1989年　横浜国立大学大学院
　　　　工学研究科博士課程
　　　　修了
現　在　横浜国立大学大学院
　　　　工学研究院機能の創
　　　　生部門教授
　　　　工学博士

佐藤 正之（さとう まきゆさ）
1943年　群馬県に生まれる
1965年　群馬大学工学部
　　　　化学工学科卒業
現　在　前群馬大学教授
　　　　工学博士

国眼 孝雄（こくがん たかお）
1944年　大阪府に生まれる
1969年　静岡大学大学院工学
　　　　研究科修士課程修了
現　在　前東京農工大学教授
　　　　工学博士

佐藤 智司（さとう さとし）
1961年　愛知県に生まれる
1985年　名古屋大学大学院
　　　　工学研究科博士課程
　　　　前期課程修了
現　在　千葉大学大学院工学
　　　　研究科共生応用化学
　　　　専攻教授
　　　　工学博士

応用化学シリーズ　4
化学工学の基礎

定価はカバーに表示

2000年10月25日　初版第1刷
2013年 9月10日　　第12刷

　　　　　著　者　柘　植　秀　樹
　　　　　　　　　上　ノ　山　　周
　　　　　　　　　佐　藤　正　之
　　　　　　　　　国　眼　孝　雄
　　　　　　　　　佐　藤　智　司
　　　　　発行者　朝　倉　邦　造
　　　　　発行所　株式会社　朝倉書店
　　　　　　　　　東京都新宿区新小川町 6-29
　　　　　　　　　郵便番号　162-8707
　　　　　　　　　電話　03(3260)0141
　　　　　　　　　FAX　03(3260)0180
　　　　　　　　　http://www.asakura.co.jp

〈検印省略〉

© 2000〈無断複写・転載を禁ず〉　　　平河工業社・渡辺製本

ISBN 978-4-254-25584-3　C 3358　　　Printed in Japan

JCOPY　〈(社)出版者著作権管理機構 委託出版物〉

本書の無断複写は著作権法上での例外を除き禁じられています．複写される場合は，そのつど事前に，(社)出版者著作権管理機構（電話 03-3513-6969，FAX 03-3513-6979，e-mail: info@jcopy.or.jp）の許諾を得てください．

◈ 応用化学シリーズ〈全8巻〉◈
学部2～4年生のための平易なテキスト

横国大 太田健一郎・山形大 仁科辰夫・北大 佐々木健・
岡山大 三宅通博・前千葉大 佐々木義典著
応用化学シリーズ 1
無 機 工 業 化 学
25581-2 C3358　　　　A 5 判 224頁 本体3500円

理工系の基礎科目を履修した学生のための教科書として、また一般技術者の手引書として、エネルギー，環境，資源問題に配慮し丁寧に解説。〔内容〕酸アルカリ工業／電気化学とその工業／金属工業化学／無機合成／窯業と伝統セラミックス

山形大 多賀谷英幸・秋田大 進藤隆世志・
東北大 大塚康夫・日大 玉井康文・山形大 門川淳一著
応用化学シリーズ 2
有 機 資 源 化 学
25582-9 C3358　　　　A 5 判 164頁 本体3000円

エネルギーや素材等として不可欠な有機炭素資源について，その利用・変換を中心に環境問題に配慮して解説。〔内容〕有機化学工業／石油資源化学／石炭資源化学／天然ガス資源化学／バイオマス資源化学／廃炭素資源化学／資源とエネルギー

前千葉大 山岡亜夫編著
応用化学シリーズ 3
高 分 子 工 業 化 学
25583-6 C3358　　　　A 5 判 176頁 本体2800円

上田充・安中雅彦・鶴田昌之・高原茂・岡野光夫・菊池明彦・松方美樹・鈴木淳史著。
21世紀の高分子の化学工業に対応し、基礎的事項から高機能材料まで環境的側面にも配慮して解説した教科書。

掛川一幸・山村 博・植松敬三・
守吉祐介・門間英毅・松田元秀著
応用化学シリーズ 5
機能性セラミックス化学
25585-0 C3358　　　　A 5 判 240頁 本体3800円

基礎から応用まで図を豊富に用いて，目で見てもわかりやすいよう解説した。〔内容〕セラミックス概要／セラミックスの構造／セラミックスの合成／プロセス技術／セラミックスにおけるプロセスの理論／セラミックスの理論と応用

前千葉大 上松敬禧・筑波大 中村潤児・神奈川大 内藤周式・
埼玉大 三浦 弘・理大 工藤昭彦著
応用化学シリーズ 6
触 媒 化 学
25586-7 C3358　　　　A 5 判 184頁 本体3200円

初学者が触媒の本質を理解できるよう，平易に分かりやすく解説。〔内容〕触媒の歴史と役割／固体触媒の表面／触媒反応の素過程と反応速度論／触媒反応機構／触媒反応場の構造と物性／触媒の調整と機能評価／環境・エネルギー関連触媒／他

慶大 美浦 隆・神奈川大 佐藤祐一・横国大 神谷信行・
小山高専 奥山 優・甲南大 縄舟秀美・理科大 湯浅 真著
応用化学シリーズ 7
電気化学の基礎と応用
25587-4 C3358　　　　A 5 判 180頁 本体2900円

電気化学の基礎をしっかり説明し，それから応用面に進めるよう配慮して編集した。身近な例から新しい技術まで解説。〔内容〕電気化学の基礎／電池／電解／金属の腐食／電気化学を基礎とする表面処理／生物電気化学と化学センサ

東京工芸大 佐々木幸夫・北里大 岩橋槇夫・
岐阜大 沓水祥一・東海大 藤尾克彦著
応用化学シリーズ 8
化 学 熱 力 学
25588-1 C3358　　　　A 5 判 192頁 本体3500円

図表を多く用い，自然界の現象などの具体的な例をあげてわかりやすく解説した教科書。例題，演習問題も多数収録。〔内容〕熱力学を学ぶ準備／熱力学第1法則／熱力学第2法則／相平衡と溶液／統計熱力学／付録：式の変形の意味と使い方

化学工学会監修 名工大 多田 豊編
化 学 工 学（改訂第3版）
—解説と演習—
25033-6 C3058　　　　A 5 判 368頁 本体2500円

基礎から応用まで，単位操作に重点をおいて，丁寧にわかりやすく解説した教科書，および若手技術者，研究者のための参考書。とくに装置，応用例は実際的に解説し，豊富な例題と各章末の演習問題でより理解を深められるよう構成した。

古崎新太郎・石川治男編著 田門 肇・大嶋 寛・
後藤雅宏・今駒博信・井上義朗・奥山喜久夫他著
役にたつ化学シリーズ 8
化　　学　　工　　学
25598-0 C3358　　　　B 5 判 216頁 本体3400円

化学工学の基礎について，工学系・農学系・医学系の初学者向けにわかりやすく解説した教科書。〔内容〕化学工学とその基礎／化学反応操作／分離操作／流体の運動と移動現象／粉粒体操作／エネルギーの流れ／プロセスシステム／他

上記価格（税別）は2013年8月現在